随机动态系统的间歇故障检测技术

盛 立 高 明 周东华 著

科学出版社

北 京

内 容 简 介

本书针对线性定常随机系统、时滞线性随机系统、分布式线性随机系统、时变或非线性随机系统等，以状态观测器/滤波器、等价空间法、分布式状态观测器、滚动时域估计等方法为研究工具，探讨了残差生成器的设计、间歇故障发生时刻与消失时刻的检测以及间歇故障可检测性分析等问题。全书主要内容包括：必要的研究背景和预备知识、线性定常随机系统的间歇故障检测问题、时滞线性随机系统的间歇故障检测问题、分布式线性随机系统的间歇故障检测与定位方法、时变或非线性随机系统的间歇故障检测前沿问题、实验验证了本书间歇故障检测理论的有效性。

本书可作为控制科学与工程科学研究生的参考书，同时对从事自动化系统研究、设计、开发和应用的广大科技工作者也具有一定的参考价值。

图书在版编目(CIP)数据

随机动态系统的间歇故障检测技术/盛立，高明，周东华著. —北京：科学出版社，2022.12
　　ISBN 978-7-03-074354-1

　　Ⅰ.①随…　Ⅱ.①盛…　②高…　③周…　Ⅲ.①线性随机系统-动态系统-故障诊断　Ⅳ.①TP277.3

中国版本图书馆 CIP 数据核字(2022)第 241480 号

责任编辑：赵艳春　高慧元／责任校对：王　瑞
责任印制：吴兆东／封面设计：蓝正设计

科学出版社 出版
北京东黄城根北街 16 号
邮政编码：100717
http://www.sciencep.com

北京九州迅驰传媒文化有限公司 印刷
科学出版社发行　各地新华书店经销
*
2022 年 12 月第 一 版　开本：720×1000　B5
2022 年 12 月第一次印刷　印张：15 3/4
字数：318 000
定价：118.00 元
(如有印装质量问题，我社负责调换)

前　　言

间歇故障是指一类持续时间有限，未经处理可以自行消失，并可能会重复出现的故障。对于一个存在间歇故障的系统，在间歇故障活跃时，系统可能会产生错误结果；在间歇故障不活跃时，系统又将输出正确结果。间歇故障具有随机性、重复性和累积性等特点，表现为在线检测时可被发现，而离线检测时则难以发现，随着时间的推移，间歇故障的幅值、频率和持续时间会逐渐变大，最终可演变为永久故障，对系统性能和设备运行安全构成了极大的威胁。一般而言，间歇故障比永久故障更加难以检测，因为不仅要检测出故障的发生时刻，还要检测出故障的消失时刻，现有的故障检测方法难以适用。系统的间歇故障检测已成为控制理论研究的前沿热点问题，也是故障诊断领域研究的难点问题。

本书结合作者近十年来的研究工作，详细介绍了随机动态系统的间歇故障检测技术。本书所涉及的系统包括线性定常随机系统、时滞线性随机系统、分布式线性随机系统、时变或非线性随机系统等；所使用的方法包括状态观测器/滤波器、等价空间法、分布式状态观测器、滚动时域估计、假设检验等；所研究的问题包括残差生成器的设计、间歇故障发生时刻与消失时刻的检测、间歇故障的可检测性分析等。本书较为全面地反映了国内外基于解析模型的间歇故障检测方面的最新成果。

本书第 1 章介绍了间歇故障的研究背景，综述了间歇故障检测技术的发展现状与研究难点。第 2 章 ～ 第 4 章针对线性定常随机系统、含未知扰动的线性定常随机系统、含模型不确定性的线性定常随机系统，分别基于 Kalman 滤波、未知输入观测器、等价空间等方法设计截断式残差，解决相应系统的间歇故障检测问题，并分析了间歇故障的可检测性。第 5 章 ～ 第 7 章研究了含有时滞的随机系统的间歇故障检测问题，所考虑的系统包括定常时滞随机系统、含未知扰动的线性随机周期时滞系统、含未知扰动的线性随机闭环时滞系统。第 8 章和第 9 章对分布式系统的间歇故障检测技术进行了介绍，主要研究了多智能体随机系统与传感器网络随机系统的间歇故障检测与定位问题。第 10 章和第 11 章对线性时变随机系统和一般非线性随机系统的间歇故障检测进行了初步的探讨。第 12 章主要介绍了间歇故障检测理论的实验验证方法。在本书编写过程中，盛立完成了第 5 章 ～ 第 9 章内容的编写，高明编写了第 1 章 ～ 第 3 章与第 10 章 ～ 第 12 章的内容，周东华负责第 4 章内容的编写。

　　本书涉及的研究工作得到了众多科研机构的支持，其中特别感谢国家自然科学基金委员会、山东省自然科学基金委员会、山东省泰山学者计划的资助。本书的写作得到了许多学者的关心和帮助，他们的研究方法给予了作者很好的启发。另外，清华大学博士生鄢镕易和赵英弘，中国石油大学（华东）博士生牛艺春、张森和怀务祥参加了本书部分内容的编写、仿真或校对工作，谨向他们表示衷心的感谢。感谢小熙、团子、圆圆三位小朋友的陪伴，世界因为你们而更加精彩。

　　由于作者水平有限，以及所做研究工作的局限性，书中难免存在疏漏之处，恳请广大读者批评指正。

目　　录

主要符号对照表

$\mathbb{R}$	全体实数集
$\mathbb{N}$	全体非负整数集
$\mathbb{N}^+$	全体正整数集
$\varnothing$	空集
$\mathbb{R}^{m \times n}$	全体 $m \times n$ 实矩阵空间
$I(I_p)$	具有适宜维数 (维数为 p) 的单位矩阵
$A^\perp$	矩阵 A 的零空间正交基
A^{-1}	矩阵 A 的逆
$A^\dagger$	矩阵 A 的伪逆
A^{T}	矩阵 A 的转置
$\mathrm{diag}\{\cdots\}$	对角矩阵
$\mathrm{diag}_l\{A\}$	$\mathrm{diag}\{\underbrace{A, \cdots, A}_{l}\}$
$\otimes$	Kronecker 积
$\mathbb{E}[x]$	随机变量 x 的数学期望
$\mathrm{Var}[x]$	随机变量 x 的方差
$\mathrm{rank}(A)$	矩阵 A 的秩
$\sup(\inf)$	上界 (下界)
$\mathrm{Im}(A)$	A 的复数域空间
$\lambda(A)$	方阵 A 的特征值

第 1 章 绪 论

1.1 引 言

随着科技的进步与发展，系统的自动化程度和复杂度越来越高，规模越来越大。一方面，人们对系统的研究不断深入，研究对象逐渐从静态系统向动态系统、从确定性系统向随机系统转变，研究的数学工具从单纯的数据处理方法转变为基于状态空间方程的解析模型方法。另一方面，人们对系统性能提出了更高的要求，系统的可靠性和安全性日益引起人们的关注。现今，系统的稳定性和可靠性已经成为自动化系统设计中最为重要的问题之一，为了提高系统的稳定性，传统的方法是采用质量更高和稳定性更好的系统组件，然而这些组件并不能保证系统始终处于无故障的运行状态。虽然在这些性能更强的组件支持下，系统能够在长时期内保持正常工作，但是间歇故障时有发生，严重威胁着系统的安全性和可靠性。

根据 IFAC 安全过程技术委员会给出的定义 [1]，故障是指系统的参数或特性超出了通常的或标准的范围。根据故障持续时间不同，系统故障可进一步被划分为永久故障和间歇故障 (见表 1.1)。永久故障指的是：假设故障一旦出现，除非通过某种干预来消除，否则故障将永久存在。尽管关于这方面的研究已经取得了大量的成果，但是永久故障的发生意味着系统性能已经下降，如果系统不能得到及时维修，则不能消除故障带来的隐患。随着现代技术的快速发展，针对间歇故障 (Intermittent Fault，IF) 的研究正受到越来越多的关注。按照 IEEE 标准术语词典的定义 [1]，间歇故障是一种由于同一种原因而反复出现，每次持续时间有限，且不经外部补偿措施可以自行消失，从而使系统重新恢复可接受性能的故障。

表 1.1 故障相关术语

术语	描述	参考标准
故障	系统至少一个特性或参数出现较大偏差，超出了可接受/通常/标准的范围	IFAC
永久故障	一种除非通过某种干预加以消除，否则将一直存在的故障	IEV 192-04-04
间歇故障	一种经常由于同一原因而反复出现、每次持续时间有限、没有外部补偿措施仍然可以自行消失使系统重新恢复可接受性能的故障	IEEE Standards

对于一个存在间歇故障的系统，在间歇故障活跃时，系统可能会产生错误结

果；在间歇故障不活跃时，系统又将输出正确结果。间歇故障具有随机性和累积性，表现为在线检测时可被发现，而离线检测时则难以发现，随着时间的推移，间歇故障的幅值、频率和持续时间会逐渐变大，最终可演变为永久故障。在没有得到及时处理的情况下，间歇故障的表现形式如图 1.1 所示，在故障发生的初始阶段，幅值较小，类似于微小的噪声和干扰，随着时间的推移，故障的幅值与持续时间逐渐增加，表现出明显的间歇性，逐渐演变为严重的间歇故障，最终可能会演变为永久故障，甚至引发灾难性事故。

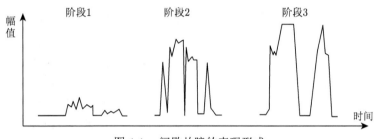

图 1.1　间歇故障的表现形式

由于缺乏有效的检测技术，系统故障往往直接危害现代工业系统的安全可靠运行，带来巨大的经济损失甚至危害人民群众生命安全。例如，2008 年，一架美军 B-2 隐形轰炸机自关岛空军基地起飞时坠毁，原因是该轰炸机外部 24 个传感器中的 3 个受潮发生故障，造成飞机控制系统功能紊乱，其直接经济损失达 14 亿美元；2011 年 "7·23" 甬温线重大铁路交通事故的部分原因是雷击导致通信设备故障，且检测故障不准导致故障不能及时维修，其直接经济损失达 19371.65 万元，且造成 40 人死亡，172 人受伤 [2]；在 2018 年 10 月 29 日和 2019 年 3 月 10 日，印度尼西亚狮子航空公司和埃塞俄比亚航空公司的两架 737MAX8 客机相继在执飞商业航班过程中失事，失事的两架飞机很可能是因为迎角探测器在高速环境下出现故障，导致获得的迎角信号过大，错误地触发了机动特性增强模式 [3]；此外，2019 年泉城站 "11·22" 爆燃事故是因变压器高压套管故障引发爆燃，事故造成 1 人死亡，2 人重伤。在以上案例中，由于运行时间增加，工作环境恶劣以及设计缺陷等，系统性能水平明显低于正常水平，难以完成预期功能，也说明了系统在实际运行过程中难免发生故障。鉴于间歇故障具有演变为永久故障的风险，若能对间歇故障很好地检测，可以起到对永久故障的预防作用，从而在不破坏系统性能的情况下及时维护和维修。

因此，随机动态系统的间歇故障诊断技术研究具有重要意义。随机动态系统的故障诊断主要包括三个方面：故障检测、故障分离、故障估计。故障检测是指确定故障是否发生和故障发生的时间；故障分离是对不同的故障进行定位和分类；

故障估计主要是确定故障的大小。精确诊断间歇故障的幅值、故障活跃时间、故障间隔时间、故障发生时间和消失时间等数字特征具有重要意义。如图 1.2 所示，若间歇故障建模为脉冲形式，则 f_1 为间歇故障幅值，τ_1 和 τ_2 分别为间歇故障的发生时刻和消失时刻，d_1 和 d_2 分别为间歇故障的活跃时间和间隔时间。首先，需要精确检测间歇故障的发生和消失，由于间歇故障随机发生和消失，当检测到故障发生后，可能在对系统的进一步研究中，故障已经消失，按照传统的故障检测逻辑，可能误将系统诊断为无故障，从而使系统长期运行在间歇故障环境下，对系统危害极大；其次，若间歇故障的幅值较小且活跃时间较短，频繁的停机检修会带来生产效率的下降和维修成本的增加。尽管间歇故障在许多领域都很常见，但是现有的故障检测方法大多不能精确诊断间歇故障的以上特征，专门针对间歇故障以上特征进行的研究很少，这主要是因为间歇故障的检测与永久故障的检测相比，更加困难。

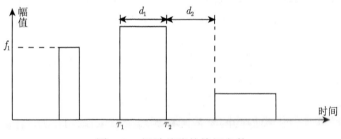

图 1.2　间歇故障的特征参数

检测环节是故障诊断的首要环节，尽管早在 20 世纪 70 年代就有人对间歇故障开展了研究，但是系统性的间歇故障检测理论一直不够丰富和完善，主要原因是间歇故障不同于永久故障，关于永久故障的相关理论不能直接应用于间歇故障，其主要检测难点在于以下几个方面。

(1) 检测实时性要求高。间歇故障检测不仅要在故障消失前检测到故障的发生时刻，还要在下一次故障发生前检测到故障的消失时刻。而间歇故障的持续时间很短，发生时间随机，所以要求间歇故障的检测具有良好的实时性。

(2) 早期故障检测困难。间歇故障早期的幅值小，故障症状不明显，容易湮没在噪声和系统不确定性干扰中，导致检测困难。

(3) 离线检测困难。不同于永久故障可以离线测试，间歇故障的出现条件不清晰，难以被激活，对其线下检测需要大量的测试资源，因此不宜做离线检测。

传统的故障诊断技术经过多年发展已经较为成熟，在众多的故障诊断技术中，基于解析模型的方法以现代控制理论为基础，依托日益发展的计算机技术，对在线精确检测故障具有独特优势。同样地，间歇故障作为其中一种故障形式，也可以利用基于解析模型的方法进行研究。近年来的研究表明，基于解析模型的方法使得间歇故障的检测精度更高，而检测技术的进步促进了人们对解析模型构建的系统有更深入的理解。从根本上讲，间歇故障检测的目的不仅仅在于分析系统性能以检测间歇故障，而且要判断系统基本动态特性是否允许间歇故障被检测，在系统的解析模型已经建立的情况下，得到关于间歇故障可检测性的一些基本结论，进一步地，分析间歇故障的可分离性与定位问题。因此，基于解析模型的间歇故障检测研究对认识间歇故障工作机理、指导间歇故障的检测具有重要意义。

针对不同的目标和采用不同的技术，往往能建立不同的系统解析模型，这也是各种基于解析模型的间歇故障检测技术的主要区别。根据系统的解析模型不同，间歇故障的检测理论主要经历了线性定常系统到线性时变系统的间歇故障检测研究过程；而系统中的未知扰动、随机时滞等问题使得间歇故障检测的复杂度增加，在此方面，含有未知扰动的线性时变系统的间歇故障检测理论得到进一步的完善。此外，针对非线性系统，间歇故障检测技术得到了初步的研究，但是由于非线性系统的间歇故障难以像线性系统那样与状态变量等解耦，非线性系统的间歇故障检测尤为困难，目前的理论成果尚不完善。

综上所述，基于解析模型的间歇故障检测理论在探讨间歇故障的可检测性，设计间歇故障的检测、分离和定位方法等方面具有明显的优势，对防止早期故障演变为永久故障具有重要意义。但目前仍缺乏间歇故障检测理论较为系统的总结，本书旨在总结基于解析模型的间歇故障检测理论，以期在此方面有更大突破。

1.2　研究背景

由于间歇故障具有自我恢复能力，起初对间歇故障的研究并没有像永久故障一样得到太多的关注。但在电子工业中间歇故障经常发生且难以解释其发生原因，随着对系统安全重视程度的提高，人们对间歇故障的发生机理和检测技术的研究表现出了越来越多的需求。2008~2014 年，IEEE 组织了 9 次主题为"预测与健康管理"和"预测与系统健康管理"的国际会议，将间歇故障诊断这一研究领域推向新的研究热潮，为了更清楚地说明这一增长趋势，本书作者于 2022 年 3 月 15 日在 Web of Science 数据库中进行了相关文献检索，首先以"intermittent fault"或"intermittent faults"为关键词进行了主题和标题的精确检索，注意这里的关键词均包括引号，确保搜索结果的精确性，之后又以这两个关键词进行了主题和标题的模糊检索，检索结果如表 1.2 所示。将检索范围限定为 2010~2021 年，图 1.3 显示了检索结果主题精确含有"intermittent fault"或"intermittent faults"关键词的文献数量大体呈上升趋势，具有波动式上升的特点。图 1.4 显示了其间主题中模糊包含 intermitttent 和 fault 词汇的相关文献数量，不仅在数量上远多于精确检索结果，上升趋势也更为明显，在 2016～2020 年相关文献尤其多。近年来，随着间歇故障诊断问题在线性系统方面的突破和人工智能技术的发展，相关文献数量增长较快，然而微小间歇故障，以及非线性系统的间歇故障诊断问题等研究难度大，目前尚缺乏相关成果。

表 1.2　　2010～2021 年 Web of Science 相关检索结果

精确检索		模糊检索	
topic/篇	title/篇	topic/篇	title/篇
468	167	1800	294

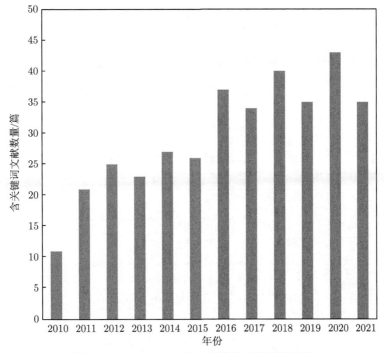

图 1.3　　2010～ 2021 年，精确检索关键词结果

在除电子电路行业以外的其他领域，如航空航天和电力电气等行业，由于系统复杂性高且工作环境复杂，也常常出现间歇故障。表 1.3 列出了间歇故障在几个领域的部分研究情况，本节旨在介绍间歇故障在几个领域的研究背景以及间歇故障的部分研究成果，以说明间歇故障是广泛存在的，对其研究是非常必要的。

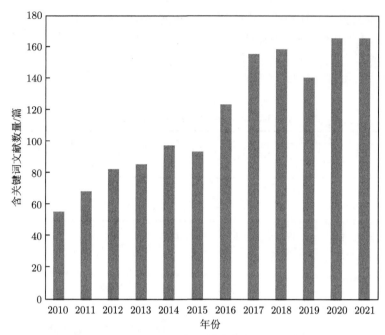

图 1.4　　2010~2021 年，模糊检索关键词结果

表 1.3　　间歇故障在不同领域的研究成果

研究领域	研究问题	研究方法	发表年份和文献
电子电路系统	数字电路元件故障、连接故障检测等	马尔可夫模型	1973: [5]；1979: [6]
	间歇性开路故障特征分析	等效电路模拟	2006: [4]
航空航天系统	线缆间歇故障检测	时频域反射计	2011: [9]
	线路连接故障	传感器融合和神经网络	1994: [10]
电力电气系统	永磁直流电机电路和机械间歇故障检测	小波变换、经验模态分解	2007: [18]
	电弧放电间歇故障	频率分析、神经网络	2009: [14]；2021: [15]
	PMSM 匝间短路故障	小波变换	2015: [19]；2018: [20]
机械传动系统	轴承、齿轮间歇故障检测	信号处理、特征提取	2017: [21]
	PMSM 轴承故障检测	电流分析和声音分析结合	2017: [22]

注：表中文献序号只起到举例作用，不参与正文中的文献引用。

1.2.1　电子电路系统

电子电路中故障分为永久故障、瞬时故障与间歇故障[4]。在电子电路系统中，永久故障指的是不可以自发地从故障状态回到正常状态的故障，对系统的正常工作有持续影响；瞬时故障通常是由粒子辐射、电磁波或者电源波动引起的故障，且发生是瞬时的，一般不是元件故障；间歇故障可以自动地从故障状态回到正常状态，一般情况下，间歇故障一旦发生，就会在某一位置反复发生。瞬时故障和间歇故障的区别在于，瞬时故障的发生通常和外界干扰有关，具有更大的随机性。

随着半导体技术和集成电路技术的发展和广泛应用，电子电路行业几乎成为间歇故障最普遍存在的领域。研究表明，间歇故障是造成数字系统失效的主要原因，且在理想情况下，其发生频率仍是永久故障的 10~30 倍。在大规模集成电路中，永久故障平均每 7700 小时发生一次，而间歇故障平均每 100 小时发生一次。诱发电路发生间歇故障的原因很复杂，例如，外部温度或者辐射的影响，某些半导体有特定的工作温度区间，超出这个区间则可能诱发间歇故障，但是当回到这个区间时，电路又恢复到正常工作状态；导线接触不良或者电路板和导线蠕变腐蚀，引起电路阻抗变化和间歇性的断路现象；此外，电化学迁移、摩擦腐蚀、金属晶须的产生都会引起间歇故障。尽管有时可以大致判断诱发间歇故障产生的因素，但是对这些故障产生机理的阐述尚不明确。如金属晶须在电路中广泛存在，但是其产生机理尚不明确，金属晶须容易使得相近导线短路，晶须气化形成的金属蒸气或者金属晶须松动可能引起周围电路短路，造成不易察觉发生原因的间歇故障。

电子工业是最早开展研究间歇故障的领域，为了研究间歇故障的检测问题，20世纪 60 年代就已经有时域反射计技术，现在已经广泛通过反射计检测线缆中的通断情况，并且定位故障点。1973 年，针对时序数字电路，Breuer[5] 建立了间歇故障的马尔可夫链传递模型，可以计算有多大的概率能够检测到故障。尽管这种描述方法假设了各间歇故障信号是独立的，且结果受离散时间步长的影响，但是这也为建立模型描述间歇故障开辟了道路，此后又有学者在如何建立更好的马尔可夫模型来描述间歇故障的问题上取得了一些成果。直到 1979 年，Malaiya 等 [6]系统地总结了用于描述间歇故障的各种模型，比较了 Breuer[5] 的离散模型和后来发展的连续模型在模型参数以及相应的测试方法上的不同，并且指出，现有的模型都假设了间歇故障独立发生，但实际并非如此，间歇故障的物理建模仍需要进一步改进。实际上，以上数字电路的间歇故障已经具备足够大的幅值和活跃时间，使得锁存器能够翻转并且传播错误逻辑信号至输出端，检测方法仍然是基于永久故障的方法，其与永久故障检测问题的不同之处在于引入了概率的思想分析故障是否可被检测，可以从理论上指导提高故障被检测到的概率。另外，集成电路自动测试机设计了间歇故障检测单元，是广泛使用的间歇故障检测产品，通过采集传感器数据，依靠信号滤波等方法检测信号中是否包含故障特征，但数据平均处理等操作增加了故障漏报率。

电子电路间歇故障的建模方法主要基于间歇故障表现出来的特性进行建模，除以上所述的马尔可夫模型，还采用了其他模型研究间歇故障，例如，Maia 等 [4]用开关和可变电阻组成的等效电路来模拟间歇性开路故障的通断特性；alpha 计数模型可用于确定相关故障类型的 alpha 指数，以区分间歇故障和其他类型的故障 [7]；Wu 等 [8] 建立包含间歇故障特性的观测方程来设计滤波器等。基于间歇故障的特性建模并不能解释间歇故障的产生机理，但是可以帮助判断间歇故障是否发生。

目前，基于间歇故障的诱发因素研究间歇故障的产生机理，基于间歇故障表现的特性研究建立模型描述间歇故障，以及研究间歇故障的检测方法已成为间歇故障领域广泛研究的三个方面，传统的间歇故障检测大多是实验室检测方法，面临着缺乏在线检测方法指导，缺乏测试分析，难以评估漏报率和误报率的问题。

1.2.2　航空航天系统

随着大量电子设备应用于航空航天系统，航空航天系统也饱受着高密度电子设备带来的间歇故障困扰。如一个飞机故障的处理流程是，当飞行员在飞行中遇到问题时，会将故障汇报给地勤人员，但是在地勤人员的机内测试中，往往无法复制原有的故障，这导致只能猜测某个线路可更换单元是有故障的，并对其进行更换，而无法保证解决问题。研究表明，在机载航空电子和卫星系统中，飞行报告中约有 50% 的故障未能在随后的维修中被测试出来，而这样的故障又反复出现，导致循环修复和成本增加。

在航空航天领域中，间歇故障存在多种描述形式，如不可复制故障 (Can Not Duplicate，CND)、不明显故障 (No Evidence of Failure，NEOF)、没有问题发现 (No Problem Found，NPF)、重新测试正常 (Reset OK，RETOK) 等。航空航天系统的间歇故障可分为三类：工程设计类间歇故障、测试空白类间歇故障和连接类间歇故障。工程设计类间歇故障主要指系统在正常操作时产生的系统暂时性输出错误，主要由系统元件间的复杂交互行为或者系统设计问题引起，如电磁干扰、负载或接地回路的瞬间切换、软硬件设计缺陷等。该类问题通常难以采取有效措施补偿和修复，属于设计问题。测试空白类间歇故障指的是系统内置测试单元测试失效或者测试不到结果，但仍有间歇故障发生，面对此类问题需要完善测试程序或者提高测试精度，提高间歇故障的检测能力。连接类间歇故障则是电路系统中广泛存在的一类故障，此类故障找到故障点最易于修复。但由于航空航天系统往往对硬件的空间利用率较高，像线缆等部件大多挤在狭小的专用空间，一般的检测方法即使检测到了故障发生，但反映故障发生时刻的上升沿和下降沿信号不能很快地稳定到阈值水平，导致短路和开路的故障点难以检测定位。

由于电子电路系统与航空航天工业密不可分，近年来航空航天工业的发展又推动了电子电路系统的间歇故障检测技术发展。在时域检测方法的基础上，通过时频域反射技术检测间歇故障，可以更准确地检测线缆故障 [9]。2008 年，美国 Universal Synaptic 公司设计了间歇故障检测器和间歇故障检测与分离系统 [10]，通过传感器融合技术和神经网络处理故障信号，用于检测间歇故障，包括焊点松动、继电器触点脏污、导线磨损或连接器引脚松动引起的小故障，间歇故障的检测能力得到提高。除实验测试、故障树等经典方法，神经网络、模糊逻辑等方法的应用提高了数据处理的能力[10-12]，使得间歇故障检测能力进一步提高。

但是，由于航天系统一般处于极端环境工作，为了保证航天任务顺利进行，多采用增加防护措施的办法使系统耐高温高压等，但防护能力是有限的，系统功能难免遭到破坏。另外，航空航天系统广泛使用的陀螺仪、加速度计等元件，在提供精密的测量的同时，又对高温和振动情况敏感，系统受强干扰的影响也易发生间歇故障，因此提高极端环境下的间歇故障诊断能力对维护系统正常运行具有重要意义。然而，强干扰下的间歇故障诊断研究目前仍是一个充满挑战的问题。

1.2.3 电力电气系统

电力电气系统是由发电、输电、变电、配电和用电等环节组成的电能生产与消费系统，该系统也是一个复杂的系统，包括了弱电设备和强电设备。除电子电路等弱电设备可能发生的一些间歇故障外，由于电力传输采取高压传输，受环境湿度等影响，高压输电线和地下电缆经常发生间歇性的电弧放电现象，导致输电线路改变，使系统发生故障。例如，由于三相负载不平衡，会发生三相电中性点电压偏移，导致某个线路电压突然升高发生故障。相比于电子电路系统，电力电气系统存在大量的电接触点和开关设备，以及耐高压元件，且工况复杂，随着系统逐渐发热磨损、机械磨损和外界腐蚀等，这些部件可能造成损坏诱发间歇故障。另外，电力电气系统广泛使用电磁感应电机等电气设备，电机的绕组线圈承载功率大，容易出现线路老化和开路短路现象，铁磁元件等长期使用使得磁阻变大，表现为电气设备短暂失灵。

电力电气系统的间歇故障检测研究集中于检测高压传输中的电弧放电故障和电机间歇故障方面。通常，电弧放电的能量高、破坏性强、随机性强且放电时间短，造成了电弧放电故障的检测困难。针对电弧放电引起的间歇故障，由于故障持续时间短，传统的过电流保护装置无法检测到故障，Wang等[13]提出了一种基于受限玻尔兹曼机和堆叠式自动编码器的早期故障识别方法，并利用训练好的网络进行了实验验证。2009年，Kim[14]用天线采集电弧故障的电磁辐射数据，分析了故障信号的特征。基于经验模态分解的方法，可以将非线性非平稳信号分解并提取信号特征。2021年，Shu等[15]用基于自适应噪声的完备经验模态分解方法，提取了强噪声下的电弧故障特征，提高了传统方法的故障特征提取能力。

永磁同步电机运行可靠、结构简单，在电动汽车和航空航天等领域都有广泛的应用[16]。永磁同步电机的故障一般可分为电气故障和机械故障，其中电气故障主要有绕组短路故障和绕组开路故障。由于机械振动和线路老化等影响，电机绕组可能发生间歇性匝间短路故障，此类故障的预防和检测对维护系统安全具有重要意义[17]。针对感应电机的间歇故障，2007年，Zanardelli等[18]用时频分析和小波变换的方法处理数据，并通过线性回归的方法识别故障类型。Obeid 等 [19] 用小波变换的方法研究了匝间短路故障的检测问题，能够对早期故障实现灵敏的检测。Liang 等 [20] 利用电流信号和振动信号相结合的方法检测短路故障，通过改进的小波包变换时频分析方法对两个参数进行分析，研究表明此方法可以消除频谱混叠，得到准确的故障特征。

1.2.4　机械传动系统

机械传动系统广泛应用于各行各业，是自动化装置、电力传送设备及一般的机械设备中受力和传导力的关键，对保证系统功能完整性有重要意义。暴露于外界的机械传动系统时刻遭受外界灰尘等污染，长期污染会导致机械部件的摩擦变大，降低机械传动能力，使设备短暂失灵。在运行时机械传动系统面临着摩擦性损耗，这也是造成机械传动系统故障的主要原因，在极端工况中这种损耗更是极易造成系统故障。如钻井、航空航天等领域，机械系统长期运行在极端温度和压力的环境中，加剧了各传动部件的机械磨损。

常用的机械传动部件有齿轮、涡轮、链条、履带、轴承等。在磨损不均但是机械部件可以运行的情况下，机械传动系统中的故障极易表现为间歇性。对于齿轮等机构，长时间的磨损可能造成轮齿断裂，从而使传动过程出现周期性的不稳定振动，引起整个传动系统间歇故障。对于轴承、连杆等机构，磨损不均或者载荷分布不均易造成系统的振动，加速机械系统退化和间歇故障发生。对于靠摩擦传动的设备，摩擦力不足易造成间歇性的打滑。

机械传动系统的间歇故障检测技术主要围绕解决提取早期故障信号、提取故障特征信息等方面取得了一定的成果。通过实验室大量采集轴承、齿轮等在故障下的振动信号，可以得到故障发生时的特征信息，实际中通过实时采集传感器信号，利用信号处理方法和特征提取方法可以和实验室结果对比，诊断是否发生间歇故障。通过采集气缸振动信号，用 Teager 算子提取瞬态冲击信号，以诊断气缸的磨损程度 [21]。永磁同步电机由于机械振动和高温高压的工作环境影响，机械材料经常面临磨损和腐蚀影响，发生间歇性的机械故障，主要包括偏心故障和轴承故障等 [17]。Lu 等 [22] 研究了一种实时检测轴承故障算法，该算法由电流分析算法和声音分析算法组成，通过电流分析算法从 PMSM 正弦电流中提取旋转相位信息，以提供等相位采样脉冲，然后通过声音分析算法，解调重采样的声音信号，以显示轴承故障特征顺序，用于故障识别。

从以上间歇故障的研究背景中也可以发现，虽然永久故障的检测技术已经有了充分的理论和实践成果，但是间歇故障检测往往面临故障信号弱、故障时间短等问题，不易被检测到，这要求间歇故障的检测精度要高，检测实时性要好。间歇故障的检测重点在于"防微杜渐"，不仅要测得到，还要说明测得结果的意义，因此尽管一些传统的故障检测方法也可以检测间歇故障，但是限于测试分析困难和精度问题，难以成为更好的方法。目前，基于解析模型的间歇故障检测方法在间歇故障检测精度、误报率和漏报率分析等方面取得了一些成果，成为一种更有优势的间歇故障检测方法。

1.3 间歇故障的主要类型

执行器和传感器是现代系统的重要组成部件，在文献 [23] 的研究中，将间歇故障分为执行器故障和传感器故障。执行器故障直接导致系统的功能被破坏，系统不能按照设定计划运行；传感器故障导致对系统的状态观测出现错误，在反馈系统中，传感器故障也引发系统的动态发生变化。一方面，一些线路老化、电磁干扰、元器件故障等引起的间歇性功能失效，这些故障直接或间接地导致执行器功能异常，可归为执行器故障；另一方面，若传感器的相关线路或部件发生故障，则直接或间接地导致传感器故障。有效区分二者的故障类型是有必要的，一般情况下，若发生了执行器故障，可能需要改变控制律来达到控制效果；若发生了传感器故障，可能必须对故障进行容错，或修复后保证系统安全运行。针对不同的执行器或者传感器故障，往往需要不同的检测方法，或者需要建立不同的系统模型，以保证间歇故障的可检测性。下面从执行器和传感器的间歇故障的角度介绍相关研究成果。

1.3.1 执行器间歇故障

执行器间歇故障是电子设备、航天器、通信系统、机械装置等系统中常见的故障类型，如执行器控制杆间歇性断开、齿轮箱过齿、轴承滚珠磨损等，均可造成执行器间歇性失效。引起执行器间歇故障的原因非常多，如系统内部的电路连接故障、元器件工作异常和机械磨损等，外部工作环境的复杂性也影响执行器发生间歇故障的概率，如温度引起的半导体部件工作异常，高压环境、振动等加剧机械磨损等。据 Tafazoli[24] 对在轨航天器故障的研究，由执行器故障引发的飞行任务失败超过了所有故障的 50%，包括电气故障和机械故障等。执行器通过系统控制指令施加给受控对象以控制作用，执行器发生间歇故障直接关系到系统性能和安全，因此，众多学者针对执行器故障检测进行了研究。

近年来，传统的机械、液压和气动系统逐渐被电子系统取代，这意味着机电执行器逐渐取代传统的液压执行器。Yang 等 [25] 提出了基于稀疏编码器和长短期记忆网络的故障检测方法，通过分析残差可以实现对机电执行器的故障检测。Zhang 等 [26] 对电动汽车的旋转系统执行器故障进行了研究，将旋转系统视为线性参数时变系统，设计了基于模型的故障检测机制。对于可回收火箭，常见的执行器包括方向舵、副翼等，它们大多是电磁执行器，在工作过程中电机参数变化可能导致间歇故障，在火箭返回阶段，需要调节飞行攻角来控制火箭的飞行，而这个过程最可能遇到的问题之一便是执行器卡死，Laila 等 [27] 研究了可回收火箭在返回阶段可能遇到的执行器故障问题并提出了基于卡尔曼滤波设计残差的检测方法。在飞机执行器间歇故障的研究方面，Varga 等 [28] 应用线性参数时变鲁棒模型和残差评价等方法，综合研究了飞机失控、卡死、效率下降等间歇故障。Kunst 等 [29] 针对电磁加速计舵机回路的故障状态演变规律建立了隐马尔可夫模型，实现间歇故障检测。自基于离散事件的间歇故障检测方法被提出，众多研究者就致力于解决其因状态过多而导致检测复杂度上升的问题 [30-32]。Huang 等 [33] 针对水箱系统的执行器故障，提出了基于规则库的离散事件系统，随着新故障加入，不断改变规则，以克服状态过多的缺点并实现尽可能准确的检测故障。

1.3.2 传感器间歇故障

随着现代工业系统的发展，传统化工系统、电力机车等系统的自动化程度大大提高，这得益于大量传感器的使用，使得系统的运行状况可以被精确监控，同时，传感器间歇故障也成为一种常见的故障类型。实际上，传感器的工作环境往往非常恶劣，许多传感器的安装位置直接处在高温、高压和强振动环境中，如随钻测量时，为了获得钻头位置等信息，在钻铤中部署了大量传感器。传感器测量值是系统信息的源头，然而，传感器在提供有效信息的同时，也提供了大量的干扰信息，甚至是错误信息，如传感器的零点漂移、失效、固定偏差等故障信息，严重干扰系统的安全性和可靠性。一方面，传感器间歇故障占用信道资源，增加生产维修成本，另一方面，错误的测量若经反馈回路至控制器，会产生错误的控制信号，导致系统运行出错，甚至造成严重后果。例如，汽车特别是无人驾驶汽车的发展严重受到所用的加速踏板传感器、制动踏板传感器、速度传感器以及加速度传感器等传感器的制约，若传感器间歇故障问题不能解决，将直接威胁乘客的生命安全。

早期研究大多针对传感器永久故障，可以直接根据冗余传感器的测量值对比，从而直接检测是否发生故障，但是一些情况下，布置冗余传感器的成本较高，因此基于系统模型的检测方法得到关注 [34]。为了实现精确测量，自动驾驶汽车广泛应用传感器融合技术，由于多个传感器测量数据具有相关性，Pan 等 [35] 提出了一种基于数据相关性和冗余度的故障检测方法，实现了及时检测故障。Ng 等 [36] 用故障检测滤波器和等价方程方法构造结构化残差，通过广义 Shiryayev 序贯概率比检验实现残差与已知故障模式匹配，实验中该方法能够检测到汽车左前轮速度传感器间歇故障。无线传感器网络布局灵活、覆盖范围广，经常工作在恶劣、极端环境下，容易发生间歇故障。基于实验测试，Mahapatro 等 [37] 讨论了传感器网络测试时间间隔和最大测试次数。Benhamida 等 [38] 研究了由无线通信线路损耗引起的传感器网络节点间歇故障，提出了一种自适应邻域节点故障检测方法。近年来，多智能体系统的发展得益于集成了大量传感器，在多智能体协同合作过程中，传感器的间歇故障和通信故障会导致合作失败。Lindner 等 [39] 用一种矩阵结构建立了描述多智能体协同合作和观测的形式化方法，研究了传感器间歇故障检测问题。此外，基于 Petri 网的方法、基于自动机的方法也被应用于传感器间歇故障检测 [40,41]。

1.4 间歇故障的研究方法

前面已经提到，一些传统的永久故障检测方法可以用来检测间歇故障，因此，间歇故障的检测方法基本和传统的永久故障检测方法一脉相承，这从现有的故障检测文献中可以看出来 [42]。但是近年来，不断丰富的基于解析模型的间歇故障检测理论指出了间歇故障检测的一些关键问题，如间歇故障的可检测性、漏报率和误报率分析等，这对指导系统的健康维护很有意义。随着间歇故障检测理论的研究不断深入，间歇故障检测方法既有理论成果、又有专利技术成果，既有数据驱动方法、又有模型驱动方法，这些方法层出不穷，亟须进行整合和分类。根据现有的方法，参考周东华等 [43,44] 在 2009 年和 2020 年提出的分类框架，间歇故障检测方法大体上可分为定性分析法和定量分析法，而定性分析法和定量分析法又可细分为几个方面，具体分类见图 1.5。

1.4.1 定性分析法

基于定性分析的故障诊断主要依赖对系统运行机理、故障特性以及故障行为与成因之间因果关系等先验信息的分析,利用逻辑推理的方法检测和分离故障,通常需要借助系统的离散事件模型进行分析。离散事件系统是指选取的系统状态是不连续的，由某些事件驱动系统状态演变的模型。离散事件系统有不同的建模方法，自 20 世纪 80 年代以来，先后发展出了 20 多种建模方法。这些建模方法也可以按照定性和定量进行划分 [45]。

在定性 (逻辑) 建模时，用系统的状态和事件来描述系统，有限状态自动机模型、Petri 网、FRP 模型和时序逻辑模型是常用的模型工具，而极小极大的代数模型、马尔可夫链、GSMP 模型和仿动态测量系统模型对定量描述系统行为更科学准确。在间歇故障诊断中，定性分析法主要基于逻辑层次模型，通过一定的分析方法如故障树、故障表、有向图、模糊逻辑等方法诊断间歇故障。

Correcher 等 [11] 将系统分为正常和故障两种状态，通过水泵和阀门系统的故障诊断实验验证了所提出的方法。对于数字电路，部分研究将系统分为故障和正

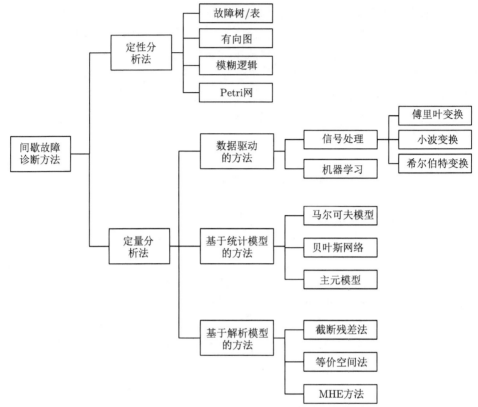

图 1.5　间歇故障检测方法分类示意图

常两种状态，用一定的测试序列驱动故障发生来检测间歇故障。基于故障和正常两种状态的离散事件系统，通过输入测试序列对应某个位置有故障发生和无故障发生，可以建立测试序列和故障点的关系图表和关系树。这种故障树和故障表的方法被用于定性的故障诊断。关于此种方法的研究，例如，Kamal[46] 在研究组合电路间歇故障检测问题时，利用定性推理方法，对每次检测的结果进行归类和比较以检测出间歇故障，提出了故障表的概念。Mallela 等 [47] 利用上述方法进一步研究了数字电路间歇故障的诊断问题，通过把系统分割为多个最小子单元，当有故障发生时，可以将故障定位到每个子单元，基于此构建了故障诊断树，然后用定性推理方法得到了间歇故障可诊断系统允许发生故障的单元数上界。

间歇故障的信号往往较弱，因此难以确定是否发生了间歇故障，有研究者提出了应用模糊逻辑进行分析的方法。Musierowicz 等 [48] 在故障和正常两种状态之外，引入了不确定状态作为第三种状态，在间歇故障检测时，对不确定状态用模糊逻辑的方法分析其归为正常状态还是故障状态。

通信系统中存在间歇连通的问题，直接影响网络可靠性和通信质量。间歇连通诱导出现不同的设备网 (Device Net) 故障模态，用这些模态描述通信系统，Lei 等 [49] 提出了一种新的基于有向图的定位辨识方法，该方法综合考虑数据链路层和物理层的故障源特性实现故障诊断。与已有的方法相比，该方法采用了一种混合模拟数字域分析方法来定位故障节点，显著提高了故障诊断的精度和抗干扰能力。

Petri 网最初应用于控制理论是为了解决自动机建模不能描述并发系统的问题，同时 Petri 网在状态增多时对系统的描述更为简练。Petri 网一般是一个由位置和变迁两种结点组成的有向图，系统的动态行为通过标记变化和变迁点火反映出来 [50]。Yang 等 [51] 基于 Petri 网理论，考虑单个电子设备发生故障的情况，提出了一种检测电子设备间歇故障的方法。李舜酩等 [52] 考虑了计算机系统中的一类间歇故障 (接口故障)，利用 Petri 网来对故障发生过程进行定性建模，通过对模型的分析确定影响故障检测概率的过程参数。

1.4.2　定量分析法

基于定量分析的故障诊断方法依靠测量值、系统参数或统计特性等量化值进行故障诊断。目前主要有基于模型的方法和数据驱动的方法，而基于模型的方法又可以分为基于解析模型的方法和基于统计模型的方法，数据驱动的方法又可以分为基于机器学习的方法和基于信号处理的方法。

1. 基于解析模型的方法

解析模型用于定量描述系统的运行过程，根据解析模型可以获得系统运行的状态信息，甚至可以预测系统未来的动态特性，其结构如图 1.6 所示。根据精确的解析模型可以显著提高故障检测的精度，当系统模型精确描述真实系统时，模型输出等于实际输出，系统残差为 0，若把残差加在系统上，对系统无影响，因此残差就是系统解析冗余的一种存在形式，实际上，真实系统受噪声和干扰的影响，残差不为 0。依据研究对象的不同，解析模型可以建立为线性定常系统、线性时变系统、非线性系统等。基于随机系统的解析模型，可以通过等价空间方法和设计滤波器等，生成残差来检测系统的间歇故障，残差的设计也是基于模型间歇故障检测的关键和难点。

基于解析模型的间歇故障检测思路主要包括残差生成、残差处理和决策逻辑三个方面，这和传统的永久故障检测思路基本是一样的，不同之处在于考虑精确检测间歇故障发生和消失的必要性，传统的残差生成方式需要重新进行设计。相应地，残差评价逻辑也有所不同。基于模型的间歇故障检测结构如图 1.7 所示。

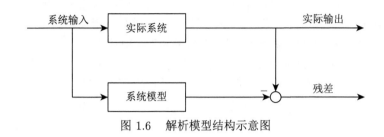

图 1.6   解析模型结构示意图

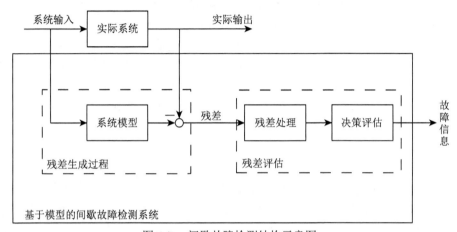

图 1.7   间歇故障检测结构示意图

将系统建模为确定性系统，Bennett 等 [53] 针对感应电机具有双线性的特点，设计了新的基于速度反馈的时变线性观测器，可以检测单个传感器故障，提高了传感器间歇故障的检测精度。Sedighi 等 [54] 提出了一个前馈观测器，可用于满足 Lipschitz 条件且未知输入有界的非线性系统的间歇故障检测。基于观测器的方法可被用来处理活跃和非活跃阶段均具有长持续时间的间歇故障。例如，对一个含有传感器间歇故障的系统，由一种观测器得到的残差可以表示为

$$r_k = Ce_k + f_k \tag{1.1}$$

式中，r_k 是残差；C 是测量方程的系数矩阵；e_k 是观测器的估计误差；f_k 是传感器故障。当有足够的时间使得估计误差收敛到 0 时，残差准确反映了故障信息。此外，Segovia 等 [55] 通过在滑动窗口内应用最小二乘原理，提出了一种基于参数估计的方法来诊断间歇传感器故障。Yaramasu 等 [56] 针对飞机电源系统间歇电弧故障，设计了飞机电源系统中负载电路模型系数和线路参数估计方法，若这些参数出现短期偏差，则视为出现间歇故障，而与故障相关的线路参数则被进一步用于估计间歇故障的位置。

基于解析模型的间歇故障诊断方法来源于传统的故障诊断方法，通过构造滤

波器或者等价空间可以得到系统的解析冗余项，在传统的故障检测问题中，解析
冗余即为类似式 (1.1) 所示残差，但在间歇故障检测问题上，这个形式的解析冗
余不能很好地满足同时检测间歇故障的发生和消失的要求。Chen 等 [57] 首次在一
种新颖的框架下，系统地研究了一种有效的基于解析模型的间歇故障检测方法及
其可检测性，将间歇故障建模为如下形式：

$$f_k = \sum_{i=1}^{\infty} [\Gamma(k - k_{a,i}) - \Gamma(k - k_{d,i})] \times F_i \qquad (1.2)$$

式中，$\Gamma(\cdot)$ 是阶跃函数；$k_{a,i}$ 和 $k_{d,i}$ 是第 i 次间歇故障的发生时间和消失时间；F_i
是第 i 个间歇故障的幅值，即间歇故障是一系列幅值随机、发生和消失随机的脉
冲信号的叠加。为了保证在故障消失前检测到故障发生，并且在下一时刻的间歇
故障发生前检测到这一时刻间歇故障的消失信号，Chen 等 [57] 通过选取滑动窗口
提出了截断式残差设计方法，所设计的截断式残差只跟噪声和窗口内的故障信息有
关，通过假设检验的方法，提出了间歇故障检测的逻辑。基于此理论，Yan 等 [58]
针对参数摄动的系统，提出了鲁棒间歇故障诊断方法，从理论上分析了间歇故障
的鲁棒可检测性，此外，通过设计一组残差，使其只对特定故障敏感，而与其他
故障解耦，可以实现间歇故障的分离。

Ding[59] 在故障检测理论中指出基于观测器的残差生成方法和等价空间法本
质上是一样的，在间歇故障检测中，等价空间法被证实同样有效。Yan 等 [60] 提
出了一种等价空间法检测含未知扰动的线性随机系统的间歇传感器故障，等价空
间法通过设计残差并寻求残差方程的等价方程使新残差只对故障敏感，而对扰动
和估计误差不敏感。张森等 [61] 用等价空间法研究了含时变时滞和未知扰动系统
的间歇故障检测问题，利用提升技术将线性时变系统转化为线性时不变系统，利
用两个假设检验分别检测间歇故障的发生和消失。

Abbaspour 等 [62] 研发了一种基于非线性观测器的神经网络，其可以同时检
测无人机系统中的间歇执行器和传感器故障。该方法利用扩展卡尔曼滤波器对神
经网络的权重进行更新。然后，观测器的预期输出和实际输出被神经网络用于检测
和识别故障。Niu 等 [63] 提出了基于滚动时域估计器 (Moving Horizon Estimator,
MHE) 的非线性系统间歇故障检测方法，该方法设计的状态估计器能够保证在固
定窗口时间内使估计误差回落到阈值水平以下，从而能够在固定时间内检测到间
歇故障消失。

2. 基于统计模型的方法

基于统计模型的方法需要大量的系统先验信息，如系统状态的转移概率、间
歇故障的发生概率、系统变量的协方差矩阵等，而不需要对系统和故障深入建模。

利用数理统计的方法，可研究对象的回归、聚类、分布等诸多问题，统计方法已大量应用于间歇故障检测。间歇故障检测用到的主要统计模型包括马尔可夫模型、贝叶斯网络、主元模型等。

基于统计模型的检测结构如图 1.8 和图 1.9 所示，其中，结构示意图 1.8 代表的是建立过程统计模型，即通过输入测试序列，可以根据过程统计模型计算不同输出的概率，并由此概率可以指导选择合适的测试序列，进而通过实际输出现象和逻辑判断识别间歇故障，如马尔可夫模型、贝叶斯网络等；另一种统计模型是建立输出统计模型，如结构示意图 1.9，通过输出信息，利用统计方法建立数据的相关性等模型，进而可以在此模型下分析实际输出的数据特征和有无间歇故障，如主元模型等。

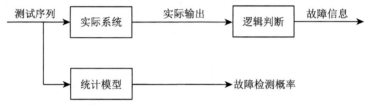

图 1.8   基于统计模型的间歇故障检测结构示意图 (一)

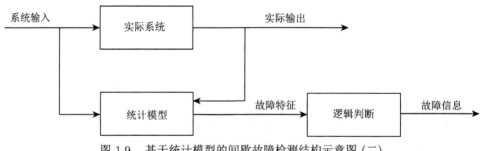

图 1.9   基于统计模型的间歇故障检测结构示意图 (二)

马尔可夫模型通过状态转移概率定量描述了离散事件系统。早在 1973 年 Breuer 研究数字电路的间歇故障检测问题时，就将系统状态选取为故障态和无故障态，并用马尔可夫模型描述故障在系统中的转移概率 [5]。间歇故障的检测结果依赖于输入的测试序列，依据马尔可夫模型可以计算某个测试序列下最终检测到间歇故障的概率。后来这种模型描述方法被进行了许多改进，发展出了离散马尔可夫模型、连续马尔可夫模型等，Malaiya 等 [6] 在 1979 年总结了这些方法。Hsu 等 [64] 针对两态马尔可夫模型不能准确描述间歇故障特性的不足，提出了一种三态马尔可夫模型用于描述计算机系统的间歇故障，把间歇故障视为一个独立的状态，研究结果表明该模型可显著提高故障检测精度。

但是,马尔可夫模型只能描述状态之间的转移关系,无法描述其他影响故障发生的因素,不利于揭示间歇故障的发生机理。贝叶斯网络是一种概率图模型,用条件概率描述了各个相关变量之间的关系。根据贝叶斯网络可以定量计算间歇故障发生的概率,估计未知参数等。将关于未知参数的先验信息与样本信息综合,再根据贝叶斯公式,得出后验信息,然后根据后验信息则可以推断未知参数。Contant 等 [65] 通过引入一个参数描述系统正常运行的概率,从而建立了描述间歇故障行为的统计模型,此方法在打印机软件系统的间歇故障诊断中得到了很好的应用。但该方法基于近似处理,参数估计的精度不高。Abreu 等 [66] 提出了新的贝叶斯方法估计参数,可以得到更精确的极大似然估计,用于获得间歇故障发生的后验概率。在之后的研究中,Abreu 等 [67] 通过引入启发式的最小压缩集算法,进一步提高了参数估计的精度。无线传感器网络由于自身性能有限,工作环境恶劣,经常面临间歇故障的困扰,严重影响了其工作可靠性。考虑无线传感器网络的拓扑结构随机且不具有中心处理节点,Sun 等 [68] 通过比较每个节点的估计和获取的邻居节点能量值得到一组差值序列用于检测间歇故障,通过大量实验给出概率模型的先验值,并基于先验值给出了间歇故障可诊断性的条件。

主元分析可用于降低原始空间数据的维数,通过研究新的空间里的数据特征,分析是否包含故障信息。刘丽云等 [69] 研究了化工过程的故障诊断问题,通过将协方差分解,选择最大方差方向为新的坐标轴方向,建立了主元空间,在主元空间下研究了反映信号特征的统计量,根据统计量的变化可以诊断间歇故障。

3. 数据驱动的方法

数据驱动的方法不需要建立系统的模型,但是需要对故障信号的特征有先验的认识,这种先验的认识往往是对故障特征的认识,可以从统计数据中得到,也可以基于物理原理分析得到。在间歇故障检测时,仅通过获取和处理测量数据,分析测量数据的特征,进而诊断间歇故障,见图 1.10。数据驱动的方法主要有机器学习的方法、信号处理的方法等。机器学习的方法通过训练得到数据正常和间歇故障下的特征模型,通过将数据输入训练好的模型,进而将间歇故障分类,信号处理主要通过数学处理,研究信号在时域和频域的特征,进而诊断间歇故障。

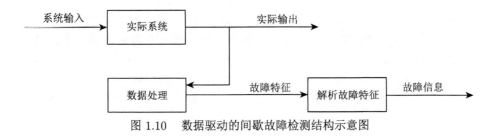

图 1.10 数据驱动的间歇故障检测结构示意图

机器学习的方法主要包括神经网络和支持向量机等方法。卷积神经网络是一种可以增强信号特征和高精度分类的方法，在模式识别等领域得到了广泛的应用。Shi 等 [70] 通过对信号平滑处理等操作，按照信号的趋势进行了分类，并且认为间歇故障是某几种趋势的组合，将信号截取为合适窗口长度的图片并输入训练好的神经网络，则可以根据信号趋势寻找间歇故障的发生和消失时刻，从而检测间歇故障。Wu 等 [71] 研究了电力系统的间歇故障诊断方法，建立了隐马尔可夫模型和支持向量机的检测机制，有效降低了间歇故障误报率。

信号处理指的是对信号进行数学变换得到时域和频域信息，处理后的信号往往表现出明显的时域和频域特征。应用信号处理和特征提取方法，可以对测量数据的特征进行分析处理，通过大量数据可以得到故障信号的先验特征，进而通过在线测量信号的特征和先验特征信息可以检测间歇故障。为了获得信号的时域或频域特征，常用的信号处理方法包括傅里叶变换、小波变换、时频分析、经验模式分解等。而为了实现间歇故障检测，可以通过神经网络等算法直接对特征进行分类，或者基于决策优化的方法设计合理的检测阈值，进而判断间歇故障是否发生。

故障的发生往往引起信号频率的变化，对于平稳信号，频谱分析是永久故障诊断和间歇故障诊断中常用的方法，对非平稳信号，往往通过时频谱分析检测间歇故障。Sun 等 [68] 将采集信号作连续小波变换和希尔伯特变换，分析信号的频率变化特征，并基于多尺度形态谱曲线特征分析和支持向量机方法对故障进行分离。Zanardelli 等 [72] 在研究电气间歇故障和机械间歇故障时，通过非抽取离散小波变换分析定子电流信号，得到间歇故障的特征信息，然后根据能量阈值进行故障检测。Zanardelli 和 Strangas 等 [18,73] 先后研究了交流电机磁场定向电流间歇故障信号，分别用快速傅里叶变换和小波变换、短时傅里叶变换、非抽取小波分析、Wigner 分布和 Choi-Williams 分布的方法研究了间歇故障离线检测问题，在故障分离问题上，利用线性判别分析法和 k-均值聚类法进行间歇故障分离。

经验模式分解 (Empirical Mode Decomposition，EMD) 法是信号处理的另一主要方法，它是依据数据自身的时间尺度特征来进行信号分解，使复杂信号分解为有限个本征模函数 (Intrinisic Mode Function，IMF)，而本征模函数包含了原始信号不同时间尺度的特征信息。与快速傅里叶分解和小波分解相比，它不需要已知基函数，基函数由数据本身分解得到，同时由于分解是基于信号序列时间尺度的局部特性，因此具有自适应性，在非线性和非平稳信号的处理上有巨大优势。EMD 进行间歇故障诊断的思想是，根据信号的本征振动模式，对信号进行不断的筛选，从而诊断出故障。Antoniadou 等 [74] 模拟了风力涡轮机齿轮箱的周期性齿轮故障、间歇性齿轮故障和负载突变的情况，利用经验模式分解和希尔伯特变换得到振动信号的本征模函数的频谱图，通过和无故障模式对比可以诊断间歇故障。为了降低误报率，Guo 等 [75] 基于 EMD 和多重支持向量机进行间歇故障诊断。但是，EMD 方法只能获取故障发生时刻的特征信息，为了研究不同时刻故障之间的相互影响，Guo 等 [75] 提出了一种基于 EMD 和隐马尔可夫模型 (Hidden Markov Model，HMM) 的间歇故障诊断方法。通过将 EMD 分解得到的 IMF 进行特征提取，将提取结果作为观测值，然后将观测值输入到训练好的 HMM 中进行决策，求取最大似然概率值作为识别结果。仿真结果显示其对未知系统状态进行识别和分类的能力，诊断效果优于神经网络方法。

对比现有的间歇故障检测方法，定性分析法仅从逻辑关系上判断间歇故障的发生，检测精度低、检测慢，适合离线大量测试情况。基于统计模型的方法建立在系统模型未知的情况下，仅对系统的故障特征或发生逻辑等有先验的认识，通过统计方法获取实际信号特征等，并根据一定的检测逻辑实现间歇故障检测，主要优点是利用了大量测量信息，检测精度高。同时，基于马尔可夫模型的方法能得到故障检测的一些理论成果，可以指导提高间歇故障检测精度，但是这种方法需要大量离线测试来建立系统的统计模型。数据驱动的方法建立在某些先验信息已知的情况下，一般来说，当故障特征未知时，需要先进行大量离线实验和网络训练，获得故障特征，利用训练好的模型或者故障特征，可以进行实时间歇故障检测，且精度较高，缺点是不能对检测结果进行深入分析。基于解析模型的方法通过数学手段分析解析冗余的特征，可以简单地实现间歇故障检测，同时具有高精度和高实时性，可以对间歇故障的可检测性、漏报率和误报率进行理论分析，缺点是需要系统解析模型已知。

1.5 仿 真 分 析

针对近年来基于解析模型的间歇故障检测理论，本节通过仿真演示传统的故障检测方法直接应用于间歇故障检测的效果。尽管上面提到了各种间歇故障诊断方法都在各自领域发挥了作用，但是由于基于解析模型的间歇故障诊断方法更多地利用了系统的信息，使其能够在间歇故障的检测精度、间歇故障的可检测性分析和间歇故障的分离等方面具有更多优势。传统的基于解析模型的故障检测方法核心是残差生成器的设计，对于确定性系统，主要有基于龙伯格 (Luenberger) 观测器的方法，对于随机系统，主要有基于卡尔曼滤波器的方法、基于 H_∞ 滤波器的方法等。

1.5.1 基于龙伯格观测器的间歇故障检测

考虑如图 1.11所示的机械系统，系统由两个滑块和弹簧组成，选择滑块位移和速度为系统状态，则可以建立如下系统模型：

$$\begin{bmatrix} \dot{x}_1 \\ \dot{x}_2 \\ \dot{x}_3 \\ \dot{x}_4 \end{bmatrix} = \begin{bmatrix} 0 & 0 & 1 & 0 \\ 0 & 0 & 0 & 1 \\ -\dfrac{k_1 + k_2}{m_1} & \dfrac{k_2}{m_1} & \dfrac{c}{m_1} & 0 \\ \dfrac{k_2}{m_2} & -\dfrac{k_2}{m_2} & 0 & \dfrac{c}{m_2} \end{bmatrix} \begin{bmatrix} x_1 \\ x_2 \\ x_3 \\ x_4 \end{bmatrix} + \begin{bmatrix} 0 & 0 \\ 0 & 0 \\ \dfrac{1}{m_1} & 0 \\ 0 & \dfrac{1}{m_2} \end{bmatrix} \begin{bmatrix} w_1 \\ w_2 \end{bmatrix}$$

$$(1.3)$$

式中，w_1 和 w_2 是系统噪声；$m_1 = 0.25\text{kg}$；$m_2 = 0.1\text{kg}$；$k_1 = k_2 = 1\text{N/m}$；$c = 0.01\text{N·s/m}$。取离散步长为 0.1，用欧拉法将系统离散化，可得到线性离散系统，此系统的性能受滑块和地面之间摩擦力以及弹簧拉力的影响，由于摩擦不均或者弹簧质地不均、性能下降等原因，滑块加速度会发生变化，将这些变化建模为间歇故障，离散系统记为

$$x(k+1) = Ax(k) + Bw(k) + f(k)$$
$$y(k) = Cx(k) + v(k)$$

$$(1.4)$$

式中，$f(k)$ 是间歇故障

$$A = \begin{bmatrix} 0.9605 & 0.0197 & 0.0985 & 0.0007 \\ 0.0491 & 0.9507 & 0.0016 & 0.0979 \\ -0.7812 & 0.3873 & 0.9565 & 0.0196 \\ 0.9654 & -0.9720 & 0.0490 & 0.9410 \end{bmatrix}$$

$$B = \begin{bmatrix} 0.0198 & 0.0002 \\ 0.0002 & 0.0494 \\ 0.3939 & 0.0066 \\ 0.0066 & 0.9786 \end{bmatrix}, \quad C = \begin{bmatrix} 1 & 0 & 0 & 0 \\ 0 & 1 & 0 & 0 \\ 0 & 0 & 1 & 0 \\ 0 & 0 & 0 & 1 \end{bmatrix}$$

针对确定性系统元部件故障，Ge 等[76] 利用龙伯格观测器设计了解耦观测器。当发生间歇故障时，系统 (1.4) 状态向量 $x(k)$ 的部分分量发生异常，能够利用该方法进行检测。根据 Ge 等提出的方法，设计龙伯格观测器的矩阵系数。当不考虑随机噪声 $w(k)$ 与 $v(k)$ 的影响时，基于龙伯格鲁棒观测器方法的间歇故障检测结果如图 1.12(a) 所示 (纵轴表示故障和残差统计量的幅值，无明确物理含义，因此无单位)。可以看出，对于确定性系统，上述方法能够迅速检测出间歇故障的发生时刻，但是该方法的检测结果具有明显的拖尾效应，无法快速检测间歇故障的消失时刻，因此只能检测间隔时间较长的间歇故障。但是，当考虑系统存在随

机噪声 $w(k)$ 与 $v(k)$ 时，由图 1.12(b) 可知，即使加入很小的过程噪声 (没有测量噪声)，该方法也完全失效，无法确定故障的发生时刻和消失时刻。

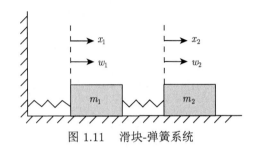

图 1.11　滑块-弹簧系统

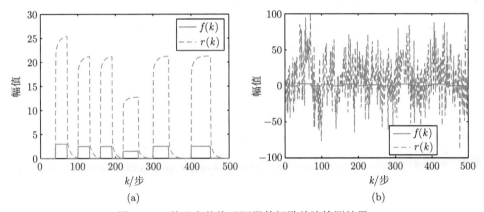

(a)　　　　　　　　　　　　　　(b)

图 1.12　基于龙伯格观测器的间歇故障检测结果

1.5.2　基于卡尔曼滤波器的间歇故障检测结果

卡尔曼滤波分为一步预测和测量更新两个过程，可以得到随机动态系统的最优状态估计。对系统 (1.4)，当不含故障时，卡尔曼滤波的步骤如下。

1. 一步预测

$$\hat{x}(k+1|k) = A\hat{x}(k)$$

$$P(k+1|k) = \Lambda P(k)\Lambda^{\mathrm{T}} + BQ_wB^{\mathrm{T}}$$

2. 测量更新

$$K(k+1) = CP(k+1|k)(CP(k+1|k)C^{\mathrm{T}} + Q_v)^{-1}$$

$$\hat{x}(k+1) = \hat{x}(k+1|k) + K(k+1)(y(k+1) - C\hat{x}(k+1|k))$$

$$P(k+1) = (I - K(k+1)C)P(k+1|k)$$

式中，$\hat{x}(k)$ 代表状态估计值；$K(k+1)$ 代表卡尔曼增益；$P(k)$ 代表估计误差协方差。通过测量输出和状态估计结果可以得到残差，即残差

$$r(k) = y(k) - C\hat{x}(k) \tag{1.5}$$

通过选取一段时间的残差范数的平均值构造如下残差评价函数：

$$J_{kf}(k) = \sum_{i=0}^{L-1} \|r(k-i)\|^2$$

式中，L 是选取的时间窗口长度，则残差统计量反映了系统的故障信息。

仿真所用噪声满足 $Q_w = I$，$Q_v = 0.3^2 I$，初始值设为 $x(0) = [0.1 \ -0.3 \ 0.2$ $-0.3]^{\mathrm{T}}$。由图 1.13 和图 1.14 可以看出，当无故障发生时，残差统计量维持在较低的水平，这是因为残差统计量只含有噪声信息，而当故障发生时，残差迅速增大，检测到故障；但是当故障消失时，由于故障导致状态估计值发生偏离，所以需要一段时间恢复到稳定状态，导致残差统计量不能很快地回落到阈值以下，例如，图 1.14 中前两次故障只能检测为一次。当故障信号的幅值较小时，残差统计量容易受噪声影响，不易被检测到。因此，传统的故障检测方法只能检测间歇故障发生频率较低，故障信号较大的情况，对间歇故障检测的漏报率较高。

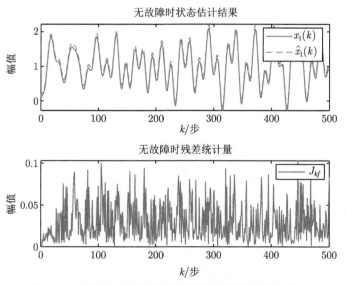

图 1.13   基于卡尔曼滤波的间歇故障检测-无故障情况

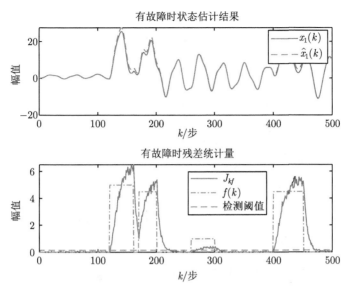

图 1.14   基于卡尔曼滤波的间歇故障检测-有故障情况

1.5.3   基于 H_i/H_∞ 方法的间歇故障检测

假设系统受到的干扰是能量有界的，一个多目标故障检测问题是：① 使得残差对未知扰动具有鲁棒性以提高估计精度；② 使得残差对故障具有敏感性以提高故障检测精度。但是同时实现对未知扰动敏感和对故障敏感是矛盾的，Zhong 等 [77] 提出了一种 H_i/H_∞ 故障检测方法，可以在二者之间取舍达到一定的设计目的。基于文献 [77] 所用的系统模型和理论成果，本节进行了仿真分析，仿真结果如图 1.15(a) 和图 1.15(b) 所示，分别为永久故障下此方法的状态估计结果和故障检测结果。可以看出，其所提出的 H_i/H_∞ 方法在故障发生时可以准确地检测到其发生时刻，该方法有良好的检测结果。

尽管基于 H_i/H_∞ 方法对永久故障具有良好的检测结果，但将其用于检测间歇故障时，故障消失之后残差评价函数需要足够的时间才能降到阈值之下，不能保证在下一次间歇故障发生之前检测到故障消失，因此，不能满足快速检测的要求。图 1.16(a) 和图 1.16(b)，分别为间歇故障下的状态估计结果和故障检测结果，可以看出，当第一个故障发生时，该方法可以准确检测到故障发生，但是由于故障消失后，残差没有及时降低到阈值以下，严重影响了后面的间歇故障检测结果。此外，在幅值较小、故障活跃时间较短时，为检测到故障，需将阈值设置得较小，使得残差不能很好地反映间歇故障的发生和消失，导致高误报率。因而，检测结果可信度不高。

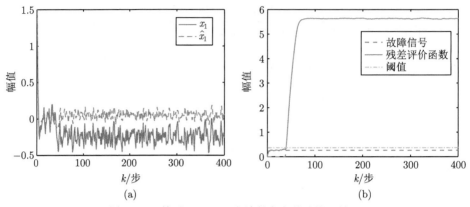

图 1.15　基于 H_i/H_∞ 方法的永久故障检测结果

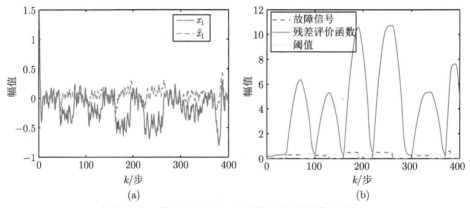

图 1.16　基于 H_i/H_∞ 方法的间歇故障检测结果

1.6　全 书 概 况

　　本书详细介绍基于解析模型的间歇故障检测理论，涉及大量的公式推导和理论分析，主要是作者近 10 年来的研究成果。为了更好地理解本书的内容，读者需在自动控制原理、现代控制原理和矩阵理论等方面有一定的理论基础。本书的内容遵循由一般的系统 (线性定常、集中式系统) 引向特殊系统 (含未知扰动、含时滞、分布式系统) 的结构安排。其中，第 1 章为绪论，主要向读者介绍间歇故障研究领域的相关情况，以对间歇故障检测问题的背景和难点有一个清晰的把握。第 2 章 ~ 第 4 章分别介绍线性定常随机系统、含未知扰动系统和含模型不确定性系统的间歇故障检测方法，并且提供了大量的理论分析，这 3 章考虑了不同形式的噪声或干扰情况，可归为本书的第二部分内容；第 5 章 ~ 第 7 章系统地研究了含有时滞的各类系统的间歇故障检测问题，可归为本书的第三部分内容；第 8 章和第 9 章对分布式系统的间歇故障检测技术进行了介绍，可视为本书的第四部分内容；第 10 章和第 11 章主要介绍了线性时变随机系统和非线性随机系统的间歇故障检测，需要指出，目前仍缺乏时变系统和非线性系统的间歇故障检测理论，尤其在非线性系统的间歇故障检测问题上，间歇故障消失时刻的检测十分困难，像线性系统那样引入时间窗口的方法对检测精度的提高十分有限，这里作为本书的第五部分。第 12 章主要介绍了间歇故障检测理论的实验验证方法，可作为本书的第六部分。全书结构如图 1.17 所示。

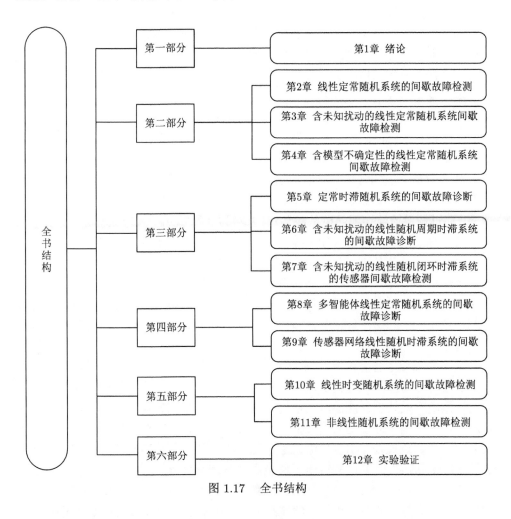

图 1.17 全书结构

具体来说，第 2 章介绍了一种线性定常随机系统的间歇故障检测方法。在系统建模时，综合考虑了执行器故障和传感器故障进行建模。基于卡尔曼滤波器的状态估计结果，得到了传统残差，分析了传统残差的不足。利用一段时间窗口的信息，设计了一种新的残差信号，其对间歇故障的发生和消失更敏感。在残差评价环节，给出了一种 χ^2 检验方式，定量分析了间歇故障的可检测性。

第 3 章介绍了含未知扰动的线性定常随机系统的间歇故障检测问题，主要分为两部分介绍。第一部分建立了带有执行器间歇故障的线性定常随机系统，详细介绍了一种基于降维干扰观测器的截断式残差设计方法，对截断式残差精确检测间歇故障的机理进行了理论分析，并应用概率分析方法，分析了间歇故障的发生时刻可检测性、消失时刻可检测性、漏报率、误报率等，研究结果显示出基于解析模型的间歇故障检测方法在检测精度、理论分析和结果解释方面具有独特的优势。第二部分建立了带有传感器间歇故障的线性定常随机系统，所设计残差可以对外部未知扰动和状态信息同时解耦。由于残差信号只与噪声和故障信息有关，在噪声符合高斯白噪声的情况下，提出了假设检验的方法检测间歇故障是否发生。

第 4 章介绍了含模型不确定性系统的间歇故障检测问题，针对一类含时变参数摄动的不确定系统和执行器间歇故障，重新设计了截断式残差和间歇故障检测算法，所设计的截断式残差可以对未知时变摄动解耦，且对间歇故障敏感，实现了对间歇故障的检测。

第 5 章从一般的含定常时滞的随机系统出发，利用提升技术将定常时滞系统转变为无时滞系统。然后，利用降维观测器和滑动时间窗口构造了新的残差生成器，并通过假设检验实现间歇故障诊断的逻辑判断。此外，利用随机分析方法，研究了定常时滞系统的间歇故障可检测性和漏报率、误报率等性能指标。

第 6 章进一步拓展了第 5 章的工作，介绍了带有周期时滞的线性随机系统的间歇故障检测问题。此外，考虑实际系统的复杂性，研究了系统含未知扰动的情况，该章研究的时滞具有周期性变化规律，用提升法将周期时滞系统转化为一般的线性系统，并利用等价空间法设计残差，并对此类问题进行了可检测性等方面的理论分析。

第 7 章介绍了含有定常时滞的随机闭环系统的传感器间歇故障检测，并且考虑了系统含有未知扰动的情况。该章所述内容通过改变观测器的结构和重新设计观测器参数有效处理系统的时滞问题，通过观测器的重新设计，使得最终残差对状态时滞和比例积分控制器引入的时滞误差进行解耦，在此基础上，引入滑动时间窗口设计截断式残差用以检测间歇故障，提出两个假设检验分别检测间歇故障的发生时刻和消失时刻，并给出了可检测性等理论分析。

第 8 章给出了一类多智能体线性离散随机系统以及一种对其进行间歇故障检测和定位的方案。考虑多智能体的信息交互，给出了一种分布式观测器设计方法，并结合降维未知输入观测器 (Unknown Input Observer, UIO) 方法，通过将每个智能体的故障分量进行抽离解耦的方法实现故障的定位。此外，利用截断式残差和假设检验逻辑实现对其故障检测。

第 9 章研究了另一种分布式系统,即传感器网络线性随机时滞系统,由于分布式系统存在大量的信息交互,时滞问题出现的可能性更大。该章主要目标是解决基于传感器网络的随机时滞系统的间歇故障检测和定位问题。该章内容和前面定常时滞系统的不同之处在于,该章所述问题是分布式的。此外,该章还论述了间歇故障的定位问题。

第 10 章主要介绍线性时变随机系统的间歇故障检测技术,主要包括基于滚动时域估计的方法和等价空间的方法。值得一提的是,尽管滚动时域估计并不是一种新的状态估计方法,但是在间歇故障检测中,通过改进的动态加权的滚动时域估计算法,可以设计残差使得间歇故障的检测精度进一步提高。

第 11 章介绍了一种非线性随机系统的间歇故障检测方法,基于滚动时域估计算法,传统的残差设计也可以具备较高的间歇故障检测精度。尽管如此,对此问题尚未有较好的理论成果,有待于进一步深入研究。

第 12 章主要介绍了间歇故障检测技术的实验验证方法,其中第一部分是关于三容水箱系统的间歇泄漏故障检测实验。三容水箱是典型的闭环系统控制实验设备之一,通过对水箱建模并实验模拟间歇故障,验证了闭环控制系统的间歇故障检测方法。第二部分是三轴加速度计间歇故障检测实验,三轴加速度计和陀螺仪组成井下工具面角测量系统,通过建立系统数学模型,利用线性系统间歇故障检测方法实现了三轴加速度计传感器故障检测。

参 考 文 献

[1] 赵英弘. 数据驱动的间歇故障诊断方法及应用 [D]. 北京: 清华大学博士学位论文, 2020.

[2] 张峻峰. 随机不确定系统鲁棒滤波方法及在间歇故障诊断中的应用 [D]. 北京: 清华大学博士学位论文, 2019.

[3] 袁鹏, 马悦飞. 波音 737MAX 飞机事故与质量启示 [J]. 质量与可靠性, 2021(1): 64-66.

[4] Maia W C, Brizoux M, Fremont H, et al. Improved physical understanding of intermittent failure in continuous monitoring method[J]. Microelectronics Reliability, 2006, 46: 1886-1891.

[5] Breuer M A. Testing for intermittent faults in digital circuits[J]. IEEE Transactions on Computers, 1973, C-22(3): 241-246.

[6] Malaiya Y K, Su S Y H. A survey of methods for intermittent fault analysis[C]. Procedings of the 1979 National Computer Conference, New York, 1979: 577-585.

[7] Bondavalli A, Chiaradonna S, Giandomenico F D, et al. Threshold-based mechanisms to discriminate transient from intermittent faults[J]. IEEE Transactions on Computers, 2000, 49(3): 230-245.

[8]　Wu X D, Song Z H. Multi-step prediction of chaotic time-series with intermittent failures based on the generalized nonlinear filtering methods[J]. Applied Mathematics and Computation, 2013, 219(16): 8584-8594.

[9]　Shi X D, Zhang L, Jing T, et al. Research on aircraft cable defects locating method based on time-frequency domain reflection[J]. Procedia Engineering, 2011, 17: 446-454.

[10]　Sorensen B A, Kelly G, Sajecki A, et al. An analyzer for detecting intermittent faults in electronic devices[C]. Proceedings of Autotestcon '94, Anaheim, 1994: 417-421.

[11]　Correcher A, Garcia E, Morant F, et al. Intermittent failure diagnosis in industrial processes[C]. 2003 IEEE International Symposium on Industrial Electronics, Rio de Janeiro, 2003: 723-728.

[12]　Madden M G, Nolan P G. Monitoring and diagnosis of multiple incipient faults using fault tree induction[J]. IEEE Proceedings-Control Theory and Applications, 1999(146): 204-212.

[13]　Wang Y, Lu H, Xiao X, et al. Cable incipient fault identification using restricted Boltzmann machine and stacked autoencoder[J]. IET Generation Transmission & Distribution, 2020, 14(7): 1242-1250.

[14]　Kim C J. Electromagnetic radiation behavior of low-voltage arcing fault[J]. IEEE Transactions on Power Delivery, 2009, 24(1): 416-423.

[15]　Shu H, Deng Y, Dong J, et al. A detection method of high impedance arcing fault for distribution network with distributed generation based on CEEMDAN and TEO algorithm[J]. International Transactions on Electrical Energy Systems, 2021, 31(8): Art.no.e12926.

[16]　王小强, 苏建徽. 永磁同步电机常见故障建模与仿真研究 [J]. 微特电机, 2020, 48(5): 7-13.

[17]　李红梅, 陈涛, 姚宏洋. 电动汽车 PMSM 退磁故障机理、诊断及发展 [J]. 电工技术学报, 2013, 28(8): 276-284.

[18]　Zanardelli W G, Strangas E G, Aviyente S. Identification of intermittent electrical and mechanical faults in permanent-magnet AC drives based on time-frequency analysis[J]. IEEE Transactions on Industry Applications, 2007, 43: 971-980.

[19]　Obeid N H, Boileau T, Nahid-Mobarakeh B. Modeling and diagnostic of incipient inter-turn faults for a three phase permanent magnet synchronous motor using wavelet transform[C]. 2015 IEEE Industry Applications Society Annual Meeting, Addison, 2015: 1-8.

[20]　Liang H, Chen Y, Liang S Y, et al. Fault detection of stator inter-turn short-circuit in PMSM on stator current and vibration signal[J]. Applied Sciences, 2018, 8(9): Art.no.1677.

[21]　周斌, 靳世久, 梅检民, 等. 基于 Teager 算子的柴油机活塞-气缸磨损故障特征增强方法 [J]. 振动与冲击, 2017, 36(15): 84-89.

[22]　Lu S L, He Q B, Zhao J W. Bearing fault diagnosis of a permanent magnet synchronous motor via a fast and online order analysis method in an embedded system[J]. Mechanical Systems and Signal Processing, 2018, 113: 36-49.

[23] 鄢镕易. 线性随机动态系统间歇故障诊断 [D]. 北京: 清华大学博士学位论文, 2016.

[24] Tafazoli M. A study of on-orbit spacecraft failures[J]. Acta Astronautica, 2009, 64: 195-205.

[25] Yang J, Guo Y, Zhao W. An intelligent fault diagnosis method for an electromechanical actuator based on sparse feature and long short-term network[J]. Measurement Science and Technology, 2021, 32(9): Art. no. 095102.

[26] Zhang H, Wang J. Active steering actuator fault detection for an automatically-steered electric ground vehicle[J]. IEEE Transactions on Vehicle Technology, 2017, 66(5): 3685-3702.

[27] Laila B M, Naveen N S. Actuator fault detection in the re-entry phase of an RLV using Kalman filter[C]. 2013 International Conference on Control Communication and Computing, Thiruvananthapuram, India, 2013: 341-345.

[28] Varga A, Ossmann D. LPV model-based robust diagnosis of flight actuator faults[J]. Control Engineering Practice, 2013, 31(7): 135-147.

[29] Kunst N, Judkins J, Lynn C, et al. Damage propagation analysis methodology for electromechanical actuator prognostics[C]. Proceedings of Aerospace Conference, Big Sky, 2009: 1-7.

[30] Sampath M, Sengupta R, Lafortune S, et al. Diagnosability of discrete event systems[J]. IEEE Transactions on Automatic Control, 1995, 40(9): 1555-1575.

[31] Jiang S Z, Huang V C, Kumar R. A polynomial time algorithm for diagnosability of discrete event systems[J]. IEEE Transactions on Automatic Control, 2001, 46(8): 1318-1321.

[32] Deng G, Jing Q, Liu G, et al. A novel fault diagnosis approach based on environmental stress level evaluation[J]. Proceedings of the Institution of Mechanical Engineers, Part G: Journal of Aerospace Engineering, 2013, 227(5): 816-826.

[33] Huang Z, Chandra V, Jiang S, et al. Modeling discrete event systems with faults using a rules-based modeling formalism[J]. Mathematical and Computer Modelling of Dynamical Systems, 2003, 9(3): 233-254.

[34] Sedighi T, Phillips P, Foote P D. Model-based intermittent fault detection[J]. Procedia Cirp, 2013, 11: 68-73.

[35] Pan H, Sun W, Sun Q, et al. Deep learning based data fusion for sensor fault diagnosis and tolerance in autonomous vehicles[J]. Chinese Journal of Mechanical Engineering, 2021, 34: 1-11.

[36] Ng H K, Chen R H, Speyer J L. A vehicle health monitoring system evaluated experimentally on a passenger vehicle[J]. IEEE Transactions on Control Systems Technology, 2006, 14(5): 854-870.

[37] Mahapatro A, Khilar P M. Detection and diagnosis of node failure in wireless sensor networks: A multiobjective optimization approach[J]. Swarm & Evolutionary Computation, 2013, 13: 74-84.

[38] Benhamida F Z, Challal Y, Koudil M. Efficient adaptive failure detection for Query/Response based wireless sensor networks[J]. 2011 IFIP Wireless Days, 2011, doi: 10.1109/WD.2011.6098190.

[39] Lindner M, Kalech M, Kaminka G A. A representation for coordination fault detection in large-scale multi-agent systems[J]. Annals of Mathematics & Artificial Intelligence, 2009, 56(2): 153-186.

[40] Trigos M A, Ba Rrientos A, Del Cerro J. Systematic process for building a fault diagnoser based on petri nets applied to a helicopter[J]. Mathematical Problems in Engineering, 2015: 1-13.

[41] Carvalho L K, Basilio J C, Moreira M V, et al. Diagnosability of intermittent sensor faults in discrete event systems[C]. 2013 American Control Conference, Washington, 2013: 929-934.

[42] 周东华, 李刚, 李元. 数据驱动的工业过程故障诊断技术——基于主元分析与偏最小二乘的方法 [M]. 北京：科学出版社, 2011.

[43] 周东华, 胡艳艳. 动态系统的故障诊断技术 [J]. 自动化学报, 2009, 35(6): 748-758.

[44] Zhou D H, Zhao Y H, Wang Z D, et al. Review on diagnosis techniques for intermittent faults in dynamic systems[J]. IEEE Transactions on Idustrial Electronics, 2020, 67: 2337-2347.

[45] 胡峰, 温熙森, 孙国基. 离散事件动态系统理论及应用 [J]. 电脑与信息技术, 2001(5): 10-20.

[46] Kamal S. An approach to the diagnosis of intermittent faults[J]. IEEE Transactions on Computers, 1975, C-24(5): 461-467.

[47] Mallela S, Masson G M. Diagnosable systems for intermittent faults[J]. IEEE Transactions on Computers, 1978, C-27(6): 560-566.

[48] Musierowicz K, Lorenc J, Marcinkowski Z, et al. A fuzzy logic-based algorithm for discrimination of damaged line during intermittent earth faults[C]. 2005 IEEE Russia Power Technology, s.t. Petersburg, 2005, doi: 10.1109/PTC.2005.4524495.

[49] Lei Y, Djurdjanovic D. Diagnosis of intermittent connections for DeviceNet[J]. Chinese Journal of Mechanical Engineering, 2010, 23(5): 606-612.

[50] 王丽亚, 吴智铭, 张钟俊. 基于 Petri 网的离散事件系统控制理论 [J]. 上海交通大学学报, 1994, 28(5): 115-120.

[51] Yang H, Jiang B, Zhang Y M. Tolerance of intermittent faults in spacecraft attitude control: switched system approach[J]. IET Control Theory and Applications, 2012, 6(13): 2049-2056.

[52] 李舜酩, 楚向磊. 新三态故障分类模型及其阈值确定 [J]. 南京航空航天大学学报, 2008, 40(3): 292-296.

[53] Bennett S M, Patton R J, Daley S. Sensor fault-tolerant control of a rail traction drive[J]. Control Engineering Practice, 1999, 7(2): 217-225.

[54] Sedighi T, Foote P D, Sydor P. Feed-forward observer-based intermittent fault detection[J]. CIRP Journal of Manufacturing Science and Technology, 2017, 17: 10-17.

[55] Segovia P, Blesa J, Duviella E, et al. Sliding window assessment for sensor fault model-based diagnosis in inland waterways[J]. IFAC Papers OnLine, 2018, 51(5): 31-36.

[56] Yaramasu A, Cao Y N, Liu G J, et al. Aircraft electric system intermittent arc fault detection and location[J]. IEEE Transactions on Aerospace and Electronic Systems, 2015, 51(1): 40-51.

[57] Chen M Y, Xu G B, Yan R Y, et al. Detecting scalar intermittent faults in linear stochastic dynamic systems[J]. International Journal of Systems Science, 2015, 46(8): 1337-1348.

[58] Yan R Y, He X, Zhou D H. Detection of intermittent faults for linear stochastic systems subject to time-varying parametric perturbations[J]. IET Control Theory & Applications, 2016, 10(8): 903-910.

[59] Ding S. Model-based Fault Diagnosis Techniques: Design Schemes, Algorithms, and Tools[M]. Berlin: Springer Science & Business Media, 2008.

[60] Yan R Y, He X, Zhou D H. Detecting intermittent sensor faults for linear stochastic systems subject to unknown disturbance[J]. Journal of the Franklin Institute, 2016, 353(17): 4734-4753.

[61] 张森, 盛立, 高明. 具有时变时滞的线性离散随机系统的间歇故障检测 [J]. 控制理论与应用, 2021, 38(6): 806-814.

[62] Abbaspour A, Aboutalebi P, Yen K K, et al. Neural adaptive observer-based sensor and actuator fault detection in nonlinear systems: Application in UAV[J]. ISA Transactions, 2017, 67: 317-329.

[63] Niu Y, Sheng L, Gao M, et al. Intermittent fault detection for nonlinear stochastic systems[C]. IFAC-Papers OnLine, 2020, 53(2): 694-698.

[64] Hsu Y T, Hsu C F. Novel model of intermittent faults for reliability and safety measures in long-life computer systems[J]. International Journal of Electronics, 1991, 71(6): 917-937.

[65] Contant O, Lafortune S, Teneketzis D. Diagnosis of intermittent faults[J]. Discrete Event Dynamic Systems-Theory and Applications, 2004, 14(2): 171-202.

[66] Abreu R, Zoeteweij P, van Gemund A J C. A new Bayesian approach to multiple intermittent fault diagnosis[C]. Proceedings of the 21st International Joint Conference on Artificial Intelligence, Pasadena, 2009: 653-658.

[67] Abreu R, van Gemund A J C. Diagnosing multiple intermittent failures using maximum likelihood estimation[J]. Artificial Intelligence, 2010, 174(18): 1481-1497.

[68] Sun Y Q, Feng H L. Intermittent fault diagnosis in wireless sensor networks[J]. Applied Mechanics and Materials, 2012, 160(1): 318-322.

[69] 刘丽云, 国蓉, 牛鲁娜, 等. 基于主元分析方法的化工过程故障诊断与识别 [J]. 化工自动化及仪表, 2020, 47(5): 398-406, 449.

[70] Shi J, Zhu X, Niu N. Intermittent fault identification method based on STRCNN[J]. 2019 Prognostics and System Health Management Conference (PHM-Paris), 2019: 343-349.

[71] Wu X J, Zhang B F, Zhang X L. Intermittent fault diagnosis method of power system based on HMM-SVM characteristics[J]. Applied Mechanics & Materials, 2011, 63-64: 850-854.

[72] Zanardelli W G, Strangas E G. Methods to identify intermittent electrical and mechanical faults in permanent magnet AC drives based on wavelet analysis[C]. Proceedings of the 2005 IEEE Vehicle Power and Propulsion Conference, Chicago, 2005: 154-160.

[73] Strangas E G, Aviyente S, Zaidi S S H. Time-frequency analysis for efficient fault diagnosis and failure prognosis for interior permanent-magnet AC motors[J]. IEEE Transactions on Industrial Electronics, 2008, 55(12): 4191-4199.

[74] Antoniadou I, Manson G, Staszewski W J. Damage detection in gearboxes considering intermittent faults and time-varying loads[C]. Proceedings of the 2nd International Conference on Smart Diagnostics of Structures: IEEE, 2011: 14-16.

[75] Guo M W, Ni S H, Zhu J H. Diagnosing intermittent faults to restrain BIT false alarm based on EMD-MSVM[J]. Applied Mechanics and Materials, 2012, 105-107(1): 729-732.

[76] Ge W, Fang C Z. Detection of faulty components via robust observation[J]. International Journal of Control, 1988, 47(2): 581-599.

[77] Zhong M, Ding S X, Zhou D, et al. An H_i/H_∞ optimization approach to event-triggered fault detection for linear discrete time systems[J]. IEEE Transactions on Automatic Control, 2020, 65(10): 4464-4471.

第 2 章　线性定常随机系统的间歇故障检测

2.1　引　　言

在认识实际系统的过程中，我们往往通过系统的某些运行状态描述系统的动态变化，如一辆行驶的汽车，我们会关注它的位置、速度或者加速度等信息，这些状态往往不是静态的，而是动态变化的。在一些情况下，某些系统状态的动态变化可以用微分方程来描述，并由此建立系统的动态解析数学模型。另外，我们又通过传感器实时地测量系统的状态信息，可以建立系统的状态和测量输出之间的代数方程。微分方程和测量方程构成连续时间的系统方程，对应地，离散情况下，差分方程表述的状态空间表达式和测量方程共同描述离散系统的动态变化。此外，考虑实际系统的建模误差和传感器的测量噪声，随机动态系统可以较准确地描述大多数实际系统，在自动控制领域中广泛地将研究对象建模为随机动态系统。线性定常随机动态系统的状态量是按照某一定常状态转移矩阵线性变化的，相比于后面章节所研究的系统，更简单且易于研究。

通常，间歇故障可分为突变间歇故障和缓变间歇故障。其中，突变间歇故障往往是由电磁干扰等外部因素造成的，具有随机性；缓变间歇故障是由器件磨损、线路老化等系统内部因素造成的，其发生频率和幅值具有一定的动态特性，并且在达到某个发生频率后系统将会失效，需要更换元件或设备 [1-3]。近年来，在系统的可靠性研究领域，根据缓变间歇故障的动态特性进行寿命预测得到了越来越多的关注 [1]。然而，间歇故障动态特性的准确建立依赖于其发生时刻和消失时刻的准确检测，而间歇故障间歇发生的特点给检测问题带来了极大困难，使得传统故障检测方法不再适用 [4-6]。同时，应当指出，随机噪声有时表现出间歇故障的特点，并造成间歇故障的误报和漏报。因此，分析间歇故障的可检测性是十分必要，也是十分困难的。

随机系统的间歇故障依据其发生部位主要分为执行器故障和传感器故障 [7]。由于系统是动态变化的，难以通过状态信息或测量信息直接检测故障。一般情况下，在进行故障检测时，两种故障都需要综合数学模型信息和测量信息产生解析冗余信号，在故障检测方式上并无不同。目前，广泛采用状态估计的方法产生解析冗余信号，在这种意义下解析冗余信号又称为残差。对传统的永久故障进行检测时，残差对估计误差、噪声和故障敏感，而估计误差包含过去时刻的故障信息，难以在间歇故障消失时及时地检测到消失时刻，因此不再适用。间歇故障的检测目的是设计一种残差信号，使其对噪声和当前时刻的故障敏感，而对过去的故障不敏感，从而及时地检测故障的消失时刻[6,8]。

本章介绍了一类线性定常随机动态系统的间歇故障检测方法，基本思想是通过状态估计器生成合适的残差。首先，建立了包含执行器故障和传感器故障的数学模型，利用卡尔曼滤波器进行系统的状态估计。在传统残差的基础上，利用一段时间窗口的状态和测量信息，对残差中的估计误差进行解耦，得到一种新的残差信号。进而利用新的残差信号构建残差评价函数并进行检测，给出间歇故障的可检测性理论分析。最后，通过一个数值仿真对本章所提的方法进行验证。

2.2　问 题 描 述

考虑一类线性离散随机动态系统：

$$\begin{cases} x(k+1) = Ax(k) + Bu(k) + Ww(k) + Ef(k) \\ y(k) = Cx(k) + Vv(k) + Ff(k) \end{cases} \tag{2.1}$$

式中，$x(k) \in \mathbb{R}^{n_x}$，$u(k) \in \mathbb{R}^{n_u}$，$y(k) \in \mathbb{R}^{n_y}$ 分别为系统的状态、已知控制输入和系统测量输出；$w(k) \in \mathbb{R}^{n_w}$，$v(k) \in \mathbb{R}^{n_v}$ 分别表示系统的过程噪声和测量噪声；假设 $w(k)$ 与 $v(k)$ 分别为协方差为 R_w、R_v 的互不相关的零均值高斯白噪声；$f(k) \in \mathbb{R}$ 为间歇故障信号；$E \in \mathbb{R}^{n_x \times 1}$ 和 $F \in \mathbb{R}^{n_y \times 1}$ 表征间歇故障信号的方向；A、B、C、W、V 为已知适维常数矩阵。

考虑式 (2.1) 中间歇故障信号 $f(k)$ 具有如下形式：

$$f(k) = \sum_{q=1}^{\infty} \left(\Gamma\left(k - \mu_q\right) - \Gamma\left(k - \nu_q\right) \right) m(q) \tag{2.2}$$

式中，$\Gamma(\cdot)$ 为离散阶跃函数；μ_q、ν_q 分别为该间歇故障的第 q 次发生时刻和第 q 次消失时刻，且满足条件 $\mu_q < \nu_q < \mu_{q+1}$。因此间歇故障的持续时间可以表示为 $\tau_q^{\mathrm{dur}} = \nu_q - \mu_q$；同理，第 q 次间歇故障的间隔时间定义为 $\tau_q^{\mathrm{int}} = \mu_{q+1} - \nu_q$。$m(q)$：$\mathbb{N}^+ \to \mathbb{R}$ 表示第 q 次间歇故障的未知幅值。

注释 2.1　若系统为具有恒定采样间隔的离散系统，实际上第 q 次间歇故障的活跃时间为 $\tau_q^{\mathrm{dur}} = (\nu_q - \mu_q)T$，其中 T 为系统的采样时间。为讨论方便，本书将统一用采样步数表示间歇故障的持续时间和间隔时间。

假设 2.1　(1) 间歇故障 $f(k) \in \mathbb{R}$ 的故障幅值具有幅值下界 ρ，即 $\forall q \in \mathbb{N}^+$，$|f(q)| \geqslant \rho$；

(2) 间歇故障 $f(k) \in \mathbb{R}$ 的活跃时间与间隔时间具有已知的最小值 $\tilde{\tau}$，即 $\tilde{\tau} = \min\{\tilde{\tau}^{\mathrm{dur}}, \tilde{\tau}^{\mathrm{int}}\}$，其中，$\tilde{\tau}^{\mathrm{dur}} \triangleq \inf_{q \in \mathbb{N}+} \tau_q^{\mathrm{dur}}$ 为间歇故障活跃时间的最小值；同理 $\tilde{\tau}^{\mathrm{int}} \triangleq \inf_{q \in \mathbb{N}+} \tau_q^{\mathrm{int}}$ 为间歇故障间隔时间的最小值。

注释 2.2 基于已有文献提供的相关实验结果数据 [2,3]，在假设 2.1 中假设间歇故障 $f(k)$ 的幅值具有已知下界 ρ，间歇故障的活跃时间与间隔时间具有已知的最小值 $\tilde{\tau}$ 是符合实际的。

系统无故障时，经典的卡尔曼滤波器构建如下。

(1) 一步预测：

$$\hat{x}(k+1|k) = A\hat{x}(k) + Bu(k) \tag{2.3}$$

$$P(k+1|k) = AP(k)A^{\mathrm{T}} + WR_w W^{\mathrm{T}} \tag{2.4}$$

(2) 测量更新：

$$K(k) = P(k+1|k)C^{\mathrm{T}}(CP(k+1|k)C^{\mathrm{T}} + R_v)^{-1} \tag{2.5}$$

$$\hat{x}(k+1) = x(k+1|k) + K(k)(y(k+1) - C\hat{x}(k+1|k)) \tag{2.6}$$

$$P(k+1) = (I - K(k)C)P(k+1|k) \tag{2.7}$$

式中，$\hat{x}(k)$ 代表状态估计值；$K(k)$ 代表卡尔曼增益；$P(k)$ 代表估计误差协方差；初值 $\hat{x}(0)$ 给定且 $P(0)$ 已知；I 为具有适宜维数的单位矩阵。

2.3 残 差 生 成

定义滤波器的估计误差 $e(k) = x(k) - \hat{x}(k)$，以及一步预测的估计误差：

$$
\begin{aligned}
e(k|k-1) &= x(k) - \hat{x}(k|k-1) \\
&= Ae(k-1) + Ww(k-1) + Ef(k-1)
\end{aligned} \tag{2.8}
$$

由卡尔曼滤波器和系统方程得到残差为

$$
\begin{aligned}
r(k) &= y(k) - C\hat{x}(k|k-1) \\
&= Ce(k|k-1) + Vv(k) + Ff(k) \\
&= CAe(k-1) + CWw(k-1) + CEf(k-1) + Vv(k) + Ff(k)
\end{aligned} \tag{2.9}
$$

可以看出，残差受估计误差、噪声和故障的影响。以下将设计一种新的残差，将残差中的估计误差进行解耦。给定常数 N，记 $\tilde{y}(k) = [y^{\mathrm{T}}(k-N) \quad y^{\mathrm{T}}(k-N+1) \quad \ldots \quad y^{\mathrm{T}}(k)]^{\mathrm{T}}$，则

$$\tilde{y}(k) = Sx(k-N) + \tilde{B}\tilde{u}(k) + \tilde{W}\tilde{w}(k) + \tilde{V}\tilde{v}(k)$$

$$+ \tilde{E}\tilde{f}(k) + \tilde{F}\tilde{f}(k) \tag{2.10}$$

式中

$$\tilde{u}(k) = [u^{\mathrm{T}}(k-N) \quad u^{\mathrm{T}}(k-N+1) \quad ... \quad u^{\mathrm{T}}(k)]^{\mathrm{T}}$$

$$\tilde{w}(k) = [w^{\mathrm{T}}(k-N) \quad w^{\mathrm{T}}(k-N+1) \quad ... \quad w^{\mathrm{T}}(k)]^{\mathrm{T}}$$

$$\tilde{v}(k) = [v^{\mathrm{T}}(k-N) \quad v^{\mathrm{T}}(k-N+1) \quad ... \quad v^{\mathrm{T}}(k)]^{\mathrm{T}}$$

$$\tilde{f}(k) = [f^{\mathrm{T}}(k-N) \quad f^{\mathrm{T}}(k-N+1) \quad ... \quad f^{\mathrm{T}}(k)]^{\mathrm{T}}$$

$$S = \begin{bmatrix} C^{\mathrm{T}} & (CA)^{\mathrm{T}} & ... & (CA^N)^{\mathrm{T}} \end{bmatrix}^{\mathrm{T}}$$

$$\tilde{F} = \mathrm{diag}_N\{F\}, \quad \tilde{V} = \mathrm{diag}_N\{V\}$$

令 α 代表 B、W 和 E，则 $\tilde{B}$、$\tilde{W}$ 和 $\tilde{E}$ 具有如下形式

$$\tilde{\alpha} = \begin{bmatrix} 0 & 0 & ... & 0 & 0 \\ C\alpha & 0 & ... & 0 & 0 \\ CA\alpha & C\alpha & ... & 0 & 0 \\ \vdots & \vdots & & \vdots & \vdots \\ CA^{N-1}\alpha & CA^{N-2}\alpha & ... & C\alpha & 0 \end{bmatrix}$$

进一步，定义

$$\bar{y}(k-N+j) = CA^{j+1}\hat{x}(k-N-1), \quad 0 \leqslant j \leqslant N$$

$$\tilde{\bar{y}}(k) = [\bar{y}^{\mathrm{T}}(k-N) \quad \bar{y}^{\mathrm{T}}(k-N+1) \quad ... \quad \bar{y}^{\mathrm{T}}(k)]^{\mathrm{T}}$$

则有

$$\tilde{\bar{y}}(k) = SA\hat{x}_{k-N-1} \tag{2.11}$$

根据式 (2.10) 和式 (2.11)，有

$$\sigma(k) = \tilde{y}(k) - \tilde{\bar{y}}(k)$$

$$= SAe(k-N-1) + \tilde{B}\tilde{u}(k) + \tilde{W}\tilde{w}(k) + \tilde{V}\tilde{v}(k)$$

$$+ \tilde{F}\tilde{f}(k) + SWw(k-N-1) + SEf(k-N-1) + SBu(k-N-1) \tag{2.12}$$

为了解耦估计误差，需要如下假设。

假设 2.2   系统 (2.1) 是完全能观的。

注释 2.3   系统 (2.1) 完全能观意味着其能观性矩阵满足秩判据。注意到 S 是其能观性矩阵的一部分，因此，随着时间窗口 N 的增大，一定能找到一个满足 $\text{rank}(S) = n_x$ 的 S，使得 S 的左逆存在。

根据式 (2.9) 和式 (2.12)，设计新的残差使其与估计误差解耦：

$$
\begin{aligned}
\xi(k) &= r(k-N) - \Theta_\sigma(k)(\sigma(k) - SBu(k-N-1)) \\
&= Vv(k-N) + Ff(k-N) \\
&\quad - CS^\dagger(\tilde{W}\tilde{w}(k) + \tilde{D}\tilde{v}(k) + \tilde{F}\tilde{f}(k)) \\
&= \Theta_w\tilde{w}(k) + \Theta_v\tilde{v}(k) + \Theta_f\tilde{f}(k)
\end{aligned}
\tag{2.13}
$$

式中

$$
\begin{aligned}
\Theta_\sigma &= CS^\dagger \\
\Theta_w &= -CS^\dagger\tilde{W} \\
\Theta_v &= V\mathcal{I}_v - CS^\dagger\tilde{V} \\
\Theta_f &= F\mathcal{I}_f - CS_i^\dagger\tilde{F} \\
\mathcal{I}_v &= [I_{n_v} \quad 0 \quad \dots \quad 0] \\
\mathcal{I}_f &= [1 \quad 0 \quad \dots \quad 0]
\end{aligned}
$$

至此，已经生成了只对噪声和间歇故障敏感的残差。需要指出，这里的残差采用了一段时间的信息构造出来，仍然对过去一段时间的故障敏感，但是，这段时间是已知且固定的。在传统残差 (2.9) 中，估计误差包含了过去所有时刻的信息，导致残差对更多时刻的故障敏感，并使得故障消失时刻的时延难以评价判断。

注释 2.4   本章利用一段时间窗口的状态和测量信息解耦估计误差，使得新设计的残差达到快速检测间歇故障的消失时刻的目的，窗口长度应使得 S 的左逆存在。由于 S 的形式与能观性矩阵类似，为保证其左逆存在，一般窗口长度会大于系统维数。在本书的其他章节 (第 3~10 章)，广泛采用降维观测器的方式估计系统状态，此时为了解耦残差中的估计误差，同样需选用一段时间窗口的信息。然而，在降维系统的输出矩阵维数满足列满秩的情况下，不必令窗口长度大于系统维数，因此可能会具有更小的检测时延。

2.4　残差评价

定义残差评价函数:

$$J(k) = \|\xi(k)\|_{\mathscr{R}^{-1}}^2 = \xi^{\mathrm{T}}(k)\mathscr{R}^{-1}\xi(k) \tag{2.14}$$

式中

$$\mathscr{R} = \Theta_w \tilde{R}_w \Theta_w^{\mathrm{T}} + \Theta_v \tilde{R}_v \Theta_v^{\mathrm{T}} \tag{2.15}$$

$\tilde{R}_w$ 和 $\tilde{R}_v$ 为 $\tilde{w}$ 和 $\tilde{v}$ 的协方差, 满足

$$\tilde{R}_w = \mathrm{diag}_N\{R_w\}$$

$$\tilde{R}_v = \mathrm{diag}_N\{R_v\}$$

显然当 $\tilde{f}(k) = 0$ 时, $\xi(k)$ 服从正态分布 $N(0, \mathscr{R})$, 并且 $J(k)$ 服从标准 χ^2 分布。给定故障检测阈值 J_{th}, 间歇故障的检测逻辑如下:

$$\begin{cases} J(k) \geqslant J_{\mathrm{th}}, \ \text{有故障, 报警} \\ J(k) < J_{\mathrm{th}}, \ \text{无故障, 不报警} \end{cases} \tag{2.16}$$

注释 2.5　(1) 本书主要涉及两种残差评价方式, 分别在不同的章节采用。一种是构造残差的 χ^2 分布评价函数 (第 2、10 章), 可根据 χ^2 分布分析间歇故障的误报率、漏报率与检测阈值的关系。另一种是构造残差的高斯分布评价函数 (第 3~9 章), 可根据高斯分布分析间歇故障的误报率、漏报率与检测阈值 (假设检验的接受域和拒绝域) 的关系。

(2) 受随机变量的影响, 间歇故障检测的另一个难点是检测阈值的设置。本节通过对 $\xi(k)$ 的范数加权处理, 得到了始终服从标准 χ^2 分布的随机变量 $J(k)$, 此时它的期望是一个定值。因此, 无论系统的参数如何变化, 其检测阈值可以保持不变。

2.5　间歇故障的可检测性

受随机变量的影响, 检测结果的误报和漏报难以避免, 因此, 分析检测结果的误报率、漏报率与检测阈值的关系是十分必要的。广义的间歇故障可检测性指的是间歇故障是否可检测, 在基于解析模型的间歇故障检测框架下, 可以对间歇故障可检测的概率进行定量分析。本节中, 对间歇故障的可检测性进行了定量的定义。下面给出间歇故障在所设计的残差评价函数下, 其误报率、漏报率以及间歇故障依概率可检测的定义。

定义 2.1 (间歇故障的可检测性定义) 给定概率 p_1, p_2 和阈值 J_{th}，第 q 个间歇故障的发生时刻和消失时刻 μ_q 和 ν_q，检测逻辑如式 (2.16) 所示。给定如下条件：

(1) 检测到发生时刻 $k_{q,a}$ 满足对 $\forall k \in [k_{q,a}, \nu_q)$，有 $\text{Prob}\{J(k) \geqslant J_{\text{th}}\} \geqslant p_1$，称 $k_{q,a}$ 为 $J(k)$ 检测到的第 q 个间歇故障的发生时刻，并且 $1 - p_1$ 称为检测的漏报率；

(2) 检测到消失时刻 $k_{q,d}$ 满足对 $\forall k \in [k_{q,d}, \mu_{q+1})$，有 $\text{Prob}\{J(k) < J_{\text{th}}\} \geqslant p_2$，称 $k_{q,d}$ 为 $J(k)$ 检测到的第 q 个间歇故障的消失时刻，并且 $1 - p_2$ 称为检测的误报率。

若上述条件同时满足，则称间歇故障 $f(k)$ 是概率意义下可检测的。

以下定理给出了一种阈值选取方式和间歇故障可检测性的关系。

定理 2.1 选取 $J_{\text{th}} = \mathscr{J}(p, n_y)$，其中，$p$ 是给定的概率，阈值 $\mathscr{J}(p, n_y)$ 可以通过查 χ^2 分布表得到。若时间窗口 N 和 f_k 的下界 ρ 满足如下条件：

$$N + 1 < \min\{\tilde{\tau}^{\text{dur}}, \tilde{\tau}^{\text{int}}\} \tag{2.17}$$

$$\rho \geqslant \sqrt{\frac{4 \mathscr{J}(p, n_y)}{(N+1)\lambda_{\min}(\Theta_f^{\text{T}} \mathscr{R}^{-1} \Theta_f)}} \tag{2.18}$$

则间歇故障 $f(k)$ 是概率意义下可检测的。

证明 记无故障时的残差评价函数为

$$\varpi(k) = \|\Theta_w \tilde{w}(k) + \Theta_v \tilde{v}(k)\|_{\mathscr{R}^{-1}}^2 \tag{2.19}$$

根据间歇故障可检测性定义，首先证存在间歇故障的消失时刻满足定义 2.1 中的条件 (2)。当 $N + 1 < \tilde{\tau}^{\text{int}}$ 时，可知存在 $k_{q,d} \in [\nu_q, \mu_{q+1})$，此时对 $\forall k \in [k_{q,d}, \mu_{q+1})$，有 $\|\tilde{f}(k)\| = 0$。因此，由 χ^2 分布得

$$\text{Prob}\{J(k) \leqslant \mathscr{J}(p, n_y)\} = p \tag{2.20}$$

下面证存在间歇故障的发生时刻满足定义 2.1 中的条件 (1)。当 $N + 1 < \tilde{\tau}^{\text{dur}}$ 时，可知存在 $k_{q,a} \in [\mu_q, \nu_q)$，此时对 $\forall k \in [k_{q,a}, \nu_q)$，有

$$\|\tilde{f}(k)\| \geqslant (N+1)\rho \tag{2.21}$$

根据三角不等式，$J(k)$ 满足

$$\begin{aligned}
J(k) &= \|\Theta_w \tilde{w}(k) + \Theta_v \tilde{v}(k) + \Theta_f \tilde{f}(k)\|_{\mathscr{R}^{-1}}^2 \\
&\geqslant (\|\Theta_f \tilde{f}(k)\|_{\mathscr{R}^{-1}} - \sqrt{\varpi(k)})^2
\end{aligned} \tag{2.22}$$

对于给定的概率 p，有

$$\text{Prob}\{\varpi(k) < \mathscr{J}(p, n_y)\} = p \tag{2.23}$$

根据

$$\|\Theta_f \tilde{f}(k)\|_{\mathscr{R}^{-1}} \geqslant \|\tilde{f}(k)\| \sqrt{\lambda_{\min}(\Theta_f^{\mathrm{T}} \mathscr{R}^{-1} \Theta_f)}$$

$$\geqslant (N+1)\rho \sqrt{\lambda_{\min}(\Theta_f^{\mathrm{T}} \mathscr{R}^{-1} \Theta_f)} \tag{2.24}$$

式中，$\lambda_{\min}(\cdot)$ 代表矩阵的最小特征值。结合式 (2.18)，有

$$\|\Theta_f \tilde{f}(k)\|_{\mathscr{R}^{-1}} \geqslant (N+1)\rho \sqrt{\lambda_{\min}(\Theta_f^{\mathrm{T}} \mathscr{R}^{-1} \Theta_f)}$$

$$\geqslant 2\sqrt{\mathscr{J}(p, n_y)} \tag{2.25}$$

由式 (2.23)，可得

$$\text{Prob}\{\varpi(k) < \mathscr{J}(p, n_y)\}$$

$$= \text{Prob}\Big\{ \|\Theta_f \tilde{f}(k)\|_{\mathscr{R}^{-1}} - \sqrt{\varpi(k)}$$

$$> \|\Theta_f \tilde{f}(k)\|_{\mathscr{R}^{-1}} - \sqrt{\mathscr{J}(p, n_y)} \Big\}$$

$$\leqslant \text{Prob}\Big\{ \|\Theta_f \tilde{f}(k)\|_{\mathscr{R}^{-1}} - \sqrt{\varpi(k)} > \sqrt{\mathscr{J}(p, n_y)} \Big\} \tag{2.26}$$

根据式 (2.22)，可以推导出

$$\text{Prob}\{J(k) \geqslant \mathscr{J}(p, n_y)\} \geqslant p \tag{2.27}$$

综上，当定理中的条件成立时，残差评价函数满足定义 2.1 的概率意义下可检测条件。证毕。

2.6　仿　真　验　证

本节将给出一个数值例子，以更好地解释说明以上间歇故障检测理论。考虑系统具有如下参数：

$$A = \begin{bmatrix} 1 & 0.01 \\ -0.01 & 1 \end{bmatrix}, \quad B = 0, \quad C = W = V = I, \quad F = 0$$

$$E = \begin{bmatrix} -0.1 & 0.1 \end{bmatrix}^{\mathrm{T}}, \quad R_w = 0.24 \times 10^{-4} I, \quad R_v = 0.5I$$

设置状态初值为 $x_0 = [2\ \ 2]^{\mathrm{T}}$，窗口长度 $N = 20$。注入如下间歇故障：

$$f_k = \begin{cases} 4, & 155 \leqslant k \leqslant 180 \\ 3, & 243 \leqslant k \leqslant 300 \\ 4.5, & 390 \leqslant k \leqslant 442 \\ 5, & 550 \leqslant k \leqslant 600 \\ 5, & 650 \leqslant k \leqslant 700 \end{cases}$$

传统故障检测方法采用残差 $r(k)$ 检测故障，即构造残差评价函数

$$J_r(k) = r^{\mathrm{T}}(k)r(k) \tag{2.28}$$

然而，这种方法无法快速检测间歇故障的消失，导致残差评价函数在故障消失一段时间后才降低到阈值水平以下。如图 2.1 中 $J_r(k)$ 所示，其检测结果具有明显的拖尾效应。利用本章所设计的残差，可以快速检测间歇故障的发生和消失，如图 2.1 中 $J(k)$ 所示。

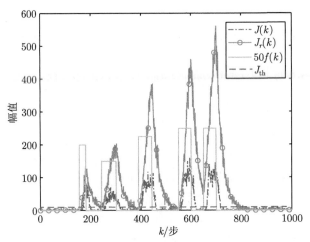

图 2.1　间歇故障的检测结果

2.7　本 章 小 结

本章介绍了一类线性定常随机动态系统的间歇故障检测方法。首先，建立了包含执行器故障和传感器故障的数学模型，利用卡尔曼滤波器进行系统的状态估计。在传统残差的基础上，利用一段时间窗口的状态和测量信息，对残差中的估计误差进行解耦，得到一种新的残差信号。进而，利用新的残差信号构建残差评价函数并进行检测。由于残差评价函数在无故障时满足 χ^2 分布，利用统计工具

建立了一种间歇故障的可检测性定量分析理论。最后，通过一个数值仿真对本章所提的方法进行验证，结果表明，新的残差信号具有良好的检测效果。

参 考 文 献

[1] Correcher A, Garcia E, Morant F. Intermittent failure dynamics characterization[J]. IEEE Transactions on Reliability, 2012, 61(3): 649-658.

[2] Rashid L, Pattabiraman K, Gopalakrishnan S. Characterizing the impact of intermittent hardware faults on programs[J]. IEEE Transactions on Reliability, 2015, 64(1): 297-310.

[3] Qi H, Ganesan S, Pecht M. No-fault-found and intermittent failures in electronic products[J]. Microelectronics Reliability, 2008, 48(5): 663-674.

[4] 鄢镕易, 何潇, 周东华. 线性离散系统间歇故障的鲁棒检测方法 [J]. 上海交通大学学报, 2015, 49(6): 812-818.

[5] 鄢镕易, 何潇, 周东华. 一类存在参数摄动的线性随机系统的鲁棒间歇故障诊断方法 [J]. 自动化学报, 2016, 42(7): 1004-1013.

[6] 周东华, 史建涛, 何潇. 动态系统间歇故障诊断技术综述 [J]. 自动化学报, 2014, 40(2): 161-171.

[7] 周东华, 叶银忠. 现代故障诊断与容错控制 [M]. 北京: 清华大学出版社, 2000.

[8] Chen M, Xu G, Yan R, et al. Detecting scalar intermittent faults in linear stochastic dynamic systems[J]. International Journal of Systems Science, 2015, 46(8): 1337-1348.

第 3 章 含未知扰动的线性定常随机系统
间歇故障检测

3.1 引　言

前面已经介绍，随机动态系统的数学模型包括系统方程和测量方程，系统方程描述了系统的输入和状态之间的关系，而测量方程描述了传感器的输出和状态之间的关系。利用随机动态系统的数学模型，依据故障发生的部位不同，间歇故障可以大致分为执行器间歇故障和传感器间歇故障。

随着控制理论与计算机技术的发展，现代工业技术装备和自动化控制系统变得更加复杂化、高效化和智能化。在实际工业系统中，为提高产品质量和产量，需要安装大量传感器来监测系统状态和环境信息，进而设计控制信号，并且在故障发生时制定正确的维护维修策略[1-4]。由于设备的老化、电磁干扰及机械振动磨损等因素引起的元器件老化、连接回路虚连、环境应力作用、设计缺陷及组成器件的间断性相互干扰等现象，系统不可避免地会产生各种类型的传感器间歇故障[5-8]。由于实际系统中往往采用闭环反馈控制器，因此，传感器间歇故障发生时，基于输出信号所设计的控制指令也会受到故障影响，引发系统性故障，甚至酿成灾难性事故。

执行器间歇故障是电子设备、航天器、通信系统、机械装置等系统中常见的故障类型，如执行器控制杆间歇性断开、齿轮箱过齿、轴承滚珠磨损等，均可造成执行器间歇性失效[9-11]。据 Tafazoli[12] 对在轨航天器故障的研究，执行器故障包括电气故障和机械故障等，造成了过半以上的飞行任务失败。执行器通过系统控制指令施加给受控对象以控制作用，其间歇故障会直接影响系统性能和安全。

目前研究表明，虽然在建模时区分了执行器故障和传感器故障，但仅就故障检测来说，二者在残差生成、残差评价以及故障可检测性分析的方法上基本相同[13-17]。依据故障和状态、输入等变量的耦合关系不同，又可以把故障分为加性故障和乘性故障[18-22]。需要指出，由于间歇故障相较于永久故障，需要额外检测其消失时刻，研究上更加复杂，目前仅有加性间歇故障的相关研究[23,24]。

另外，已有众多研究学者对含未知扰动的系统进行了研究，这些研究包括含未知扰动系统的状态估计、控制和故障诊断等。其中，一种未知输入观测器的方法被提出, 其在解耦未知扰动、提高状态估计精度等方面具有明显优势, 是处理未知扰动的一种主流方法 [25-27]。另一种采用等价空间构造残差的方法避免了状态估计器的设计, 可以直接解耦未知干扰的影响, 在诊断永久故障方面获得了广泛应用 [28-30]。

本章考虑含有未知扰动的线性定常随机系统间歇故障检测问题, 分别介绍了基于未知输入观测器的方法和基于等价空间的方法 [31,32]。在第一部分, 针对一类含未知扰动和执行器间歇故障的线性离散系统, 构建了降维未知输入观测器实现状态估计。利用一段时间窗口信息, 生成截断式残差检测间歇故障。通过分析间歇故障信号与滑动时间窗口的相对位置关系, 分别提出了两个假设检验用于检测间歇故障的发生时刻与消失时刻。同时, 给出执行器间歇故障可检测的充分条件, 严格分析了检测速率、误报率、漏报率等检测性能, 并对所提的方法进行仿真验证。在第二部分, 针对一类含未知干扰和传感器间歇故障的线性离散系统, 基于等价空间方法, 设计优化标量残差, 相对于随机噪声, 该残差对传感器间歇故障非常敏感。通过分析标量残差的统计特性, 提出两个假设检验检测传感器间歇故障的发生时刻和消失时刻。在该方法框架下, 定义并分析传感器间歇故障的鲁棒可检测性, 给出可检测条件, 并分析误报率和漏报率等检测性能。最后, 通过仿真, 验证所提方法的有效性。

3.2　基于未知输入观测器的方法

3.2.1　问题描述

考虑一类具有未知扰动的线性离散随机动态系统:

$$\begin{cases} x(k+1) = Ax(k) + Bu(k) + Ed(k) + Ff(k) + w(k) \\ y(k) = Cx(k) + v(k) \end{cases} \tag{3.1}$$

式中, $x(k) \in \mathbb{R}^n$, $u(k) \in \mathbb{R}^m$, $y(k) \in \mathbb{R}^n$ 分别为系统的状态、已知控制输入和测量输出; $w(k) \in \mathbb{R}^n$, $v(k) \in \mathbb{R}^n$ 分别表示系统的过程噪声和测量噪声; 假设 $w(k)$ 与 $v(k)$ 分别为协方差为 R_w、R_v 的零均值高斯白噪声; $d(k) \in \mathbb{R}^d$ 为系统的外部扰动; $f(k) \in \mathbb{R}$ 为间歇故障信号; $F \in \mathbb{R}^{n \times 1}$ 表征间歇故障信号的方向; $C \in \mathbb{R}^{n \times n}$ 为满秩矩阵, 在本章中, 为不失一般性, 令矩阵 C 为单位矩阵; $A \in \mathbb{R}^{n \times n}$, $B \in \mathbb{R}^{n \times m}$ 和 $E \in \mathbb{R}^{n \times d}$ 为已知适维常数矩阵。

式(3.1)中间歇故障信号 $f(k)$ 考虑为具有如下动态特性的执行器间歇故障 [23]:

$$f(k) = \sum_{q=1}^{\infty} \left(\Gamma(k - \mu_q) - \Gamma(k - \nu_q) \right) m(q) \tag{3.2}$$

式中，$\Gamma(\cdot)$ 为离散阶跃函数；μ_q、ν_q 分别为该间歇故障的第 q 次发生时刻和第 q 次消失时刻，且满足条件 $\mu_q < \nu_q < \mu_{q+1}$。因此间歇故障的持续时间可以表示为 $\tau_q^{\mathrm{dur}} = \nu_q - \mu_q$；同理，第 q 次间歇故障的间隔时间定义为 $\tau_q^{\mathrm{int}} = \mu_{q+1} - \nu_q$；$m(q)$：$\mathbb{N}^+ \to \mathbb{R}$ 表示第 q 次间歇故障的未知幅值。

假设 3.1 (1) 间歇故障 $f(k)$ 具有幅值下界 ρ_i，即 $\forall q \in \mathbb{N}^+$，$|m(q)| \geqslant \rho_i$；

(2) 间歇故障 $f(k) \in \mathbb{R}$ 的活跃时间与间隔时间具有已知的最小值 $\tilde{\tau}$，即 $\tilde{\tau} = \min\left\{\tilde{\tau}^{\mathrm{dur}},\ \tilde{\tau}^{\mathrm{int}}\right\}$，其中，$\tilde{\tau}^{\mathrm{dur}} \triangleq \inf_{q \in \mathbb{N}^+} \tau_q^{\mathrm{dur}}$ 为间歇故障活跃时间的最小值；同理 $\tilde{\tau}^{\mathrm{int}} \triangleq \inf_{q \in \mathbb{N}^+} \tau_q^{\mathrm{int}}$ 为间歇故障间隔时间的最小值。

假设 3.2 (1) 矩阵 E、F 为列满秩矩阵；

(2) 系统 $\{A,\ C,\ E\}$ $(C = I_n)$ 具有稳定的不变零点，其中，矩阵 I_n 表示 n 阶单位矩阵。若矩阵 E 不为列满秩，则可以通过矩阵线性变换得到列满秩矩阵 $\bar{E}$，其中，$E = \bar{E}N$。因此可以定义新的系统未知扰动信号 $\bar{d}(k) = Nd(k)$，以达到满足假设 3.2 中 (1) 的目的 [25]。

本章通过构建一组降维观测器实现对外部未知扰动的解耦。考虑到检测间歇故障不仅要求检测发生时刻与消失时刻，而且要求在每次故障消失 (发生) 之前检测出间歇故障的发生 (消失)，引入了滑动时间窗口构造截断残差信号，来实现残差对间歇故障敏感。通过滑动时间窗口与间歇故障信号的相对位置关系，对截断残差统计特性进行分析，提出两个假设检验分别用于检测间歇故障的发生时刻和消失时刻。

3.2.2 残差生成

为简化表达，令 $p = n - 1$，$\tilde{I}_p = \begin{bmatrix} I_p & 0_{p \times 1} \end{bmatrix}$，$\tilde{I}_1 = \begin{bmatrix} 0_{1 \times p} & I_1 \end{bmatrix}$，则系统(3.1)可以写成如下形式：

$$\begin{cases} x_p(k+1) = A_{11}x_p(k) + A_{12}\vartheta(k) + B_1u(k) + E_1d(k) + F_1f(k) + \tilde{I}_pw(k) \\ \vartheta(k+1) = A_{21}x_p(k) + A_{22}\vartheta(k) + B_2u(k) + E_2d(k) + F_2f(k) + \tilde{I}_1w(k) \\ y_p(k) = x_p(k) + \tilde{I}_pv(k) \\ y_\vartheta(k) = \vartheta(k) + \tilde{I}_1v(k) \end{cases} \tag{3.3}$$

式中，定义 $x(k) = \begin{bmatrix} x_p^{\mathrm{T}}(k) & \vartheta(k) \end{bmatrix}^{\mathrm{T}}$。其中对应的系数矩阵为系统(3.1)相应的系数矩阵的分块子矩阵，形式如下：

$$A = \begin{bmatrix} A_{11} & A_{12} \\ A_{21} & A_{22} \end{bmatrix}, \quad B = \begin{bmatrix} B_1^{\mathrm{T}} & B_2^{\mathrm{T}} \end{bmatrix}^{\mathrm{T}}$$

$$E = \begin{bmatrix} E_1 \\ E_2 \end{bmatrix}, \qquad F = \begin{bmatrix} F_1 \\ F_2 \end{bmatrix}$$

且满足 $\mathrm{rank}(E) = \mathrm{rank}(E_1) = q$；若不满足该条件，则由假设 3.2，可以对式(3.1)进行线性变换以满足该条件。为简化表达，本章假设系统(3.1)已经通过相应的线性变换满足 $\mathrm{rank}(E) = \mathrm{rank}(E_1) = q$。

首先构建降维未知输入观测器，根据文献 [25] 可以设计一阶降维观测器实现对外部干扰解耦，形式如下：

$$\begin{cases} z(k+1) = Nz(k) + Gy_p(k) + Hu(k) \\ \hat{\vartheta}(k) = z(k) + Ly_p(k) \end{cases} \tag{3.4}$$

式中，对于任意的 $K \in \mathbb{R}^{1 \times p}$，参数满足如下关系：

$$\begin{cases} L = E_2 E_1^{\dagger} + K\left(I_p - E_1 E_1^{\dagger}\right) \\ N = A_{22} - LA_{12} \\ H = B_2 - LB_1 \\ G = NL + A_{21} - LA_{11} \end{cases}$$

其中，$E_1^{\dagger}$ 表示矩阵 E_1 对应的左伪逆。根据文献 [25] 所给出的如下算法计算式(3.4)中相应的参数矩阵。

算法 3.1　(1) 对 E_1 进行正交三角分解，得到如下形式：

$$SE_1 = \begin{bmatrix} \bar{E}_1 \\ 0 \end{bmatrix}$$

式中，$\bar{E}_1$ 为 $q \times q$ 的非奇异矩阵；令 $Q = S^{-1}$。

(2) 对子矩阵 A_{12}、K 进行线性变换有

$$SA_{12} = \begin{bmatrix} \overline{A}_{12}^1 \\ \overline{A}_{12}^2 \end{bmatrix}, \qquad KS^{\mathrm{T}} = \begin{bmatrix} \overline{K}_1 & \overline{K}_2 \end{bmatrix}$$

式中，$\overline{A}_{12}^1$ 的行数为 q，$\overline{K}_1$ 的列为 q。$\overline{A}_{12}^1 \in \mathbb{R}^{q \times 1}$，$\overline{K}_1 \in \mathbb{R}^{1 \times q}$。

(3) 利用 S 为正交矩阵与上述相关公式，则 L 可以按如下计算：

$$E_1^{\dagger} = \begin{bmatrix} \left(\overline{E}_1\right)^{-1} & 0 \end{bmatrix} S$$

$$\left[I_p - E_1 E_1^{\dagger} \right] = S^{\mathrm{T}} \begin{bmatrix} 0 & 0 \\ 0 & I_{p-q} \end{bmatrix}$$

即

$$L = \begin{bmatrix} E_2 \left(\overline{E}_1 \right)^{-1} & \bar{K}_2 \end{bmatrix} S$$

(4) 计算相应的系数矩阵, $N = N_1 - \overline{K}_2 \overline{A}_{12}^2$, 其中 $N_1 = A_{22} - E_2 \left(\overline{E}_1 \right)^{-1} \overline{A}_{12}^1$; 由于 S 为非奇异矩阵, 故矩阵 $\bar{K}_2$ 可以任意选取; 因此极点可以按要求配置。

(5) 计算系数矩阵 $G = NL + A_{21} - LA_{11}$, $H = B_2 - LB_1$。

将算法 3.1 应用于式(3.4), 可以得到如下形式的一阶降维观测器:

$$\hat{\vartheta}(k+1) = z(k+1) + Ly_p(k+1) = N\hat{\vartheta}(k) + LA_{12}\vartheta(k) + A_{21}x_p(k) + B_2 u(k)$$
$$+ E_2 d(k) + LF_1 f(k) + L\tilde{I}_p w(k) + (A_{21} - LA_{11}) \tilde{I}_p v(k) + L\tilde{I}_p v(k+1) \tag{3.5}$$

由式(3.3)可知 $\mathrm{rank}\left(\hat{\vartheta} \right) = 1$; 不妨假设 $N = \lambda$, 考虑到式(3.4)的极点可以进行任意配置, 在这里假设 $0 < \lambda < 1$。因此我们可以定义降维误差:

$$e_2(k+1) = \vartheta(k+1) - \hat{\vartheta}(k+1)$$
$$= \lambda e_2(k) + Pf(k) + Sw(k) - Q\tilde{I}_p v(k) - L\tilde{I}_p v(k+1) \tag{3.6}$$

式中, $P = F_2 - LF_1$; $S = \tilde{I}_1 - L\tilde{I}_p$; $Q = A_{21} - LA_{11}$。基于式(3.6)的降维估计误差, 可以定义残差信号 $r(k) = y_{\vartheta}(k) - \hat{\vartheta}(k)$。接下来, 对该残差信号引入滑动时间窗口 $\Delta k(0 < \Delta k < \bar{\tau})$ 构建新的截断残差实现对间歇故障发生时刻和消失时刻的检测。截断残差形式如下:

$$r(k, \Delta k) = r(k) - \lambda^{\Delta k} r(k - \Delta k) = \sum_{i=0}^{\Delta k - 1} \lambda^{\Delta k - 1 - i} \Big(Pf(k - \Delta k + i)$$
$$+ Sw(k - \Delta k + i) - Q\tilde{I}_p v(k - \Delta k + i) - L\tilde{I}_p v(k - \Delta k + 1 + i) \Big)$$
$$+ \tilde{I}_1 v(k) - \lambda^{\Delta k} \tilde{I}_1 v(k - \Delta k) \tag{3.7}$$

由式(3.7)可得, 新截断残差信号 $r(k, \Delta k)$ 在滑动时间窗口 $[k - \Delta k, k]$ 内仅对长度为 Δk 的滑动时间窗口内的间歇故障 $f(k)$ 敏感, 并且对外部干扰 $d(k)$ 解耦, 而与历史残差信息无关。因此与初始残差信号 $r(k)$ 相比, 截断残差信号 $r(k, \Delta k)$ 可用于检测间歇故障发生时刻和消失时刻。

3.2.3　截断残差信号 $r(k, \Delta k)$ 统计特性分析

为了实现对截断残差信号的统计特性分析，将 $r(k, \Delta k)$ 分为如下两个部分：

$$
\begin{cases}
p_1(k, \ \Delta k) = \displaystyle\sum_{i=0}^{\Delta k-1} \lambda^{\Delta k-1-i} Sw(k - \Delta k + i) \\[3mm]
p_2(k, \ \Delta k) = \displaystyle\sum_{i=0}^{\Delta k-1} \lambda^{\Delta k-1-i} \left(-Q\tilde{I}_p v(k - \Delta k + i) - L\tilde{I}_p v(k - \Delta k + 1 + i) \right) \\[3mm]
\qquad\qquad\quad + \tilde{I}_1 v(k) - \lambda^{\Delta k} \tilde{I}_1 v(k - \Delta k)
\end{cases}
$$

$$(3.8)$$

由系统(3.1)可知，过程噪声 $w(k)$ 与测量噪声 $v(k)$ 分别为零均值协方差已知的高斯白噪声，由式(3.8)可知，$p_1(k, \ \Delta k)$，$p_2(k, \ \Delta k)$ 也为相互独立的零均值高斯白噪声。即在没有故障的情况下，$\mathbb{E}\left[p_1(k, \ \Delta k)\right] = \mathbb{E}\left[p_2(k, \ \Delta k)\right] = 0$，其中 $\mathbb{E}[\cdot]$ 为随机变量的数学期望；则 $p_1(k, \ \Delta k)$ 的协方差为 $\mathrm{Var}[p_1(k, \ \Delta k)] = \mathbb{E}\left[p_1^2(k, \ \Delta k)\right]$，具体形式如下：

$$
\begin{aligned}
&\mathrm{Var}\left[p_1(k, \ \Delta k)\right] \\[2mm]
&= \mathbb{E}\left[\sum_{i=1}^{\Delta k-1} \sum_{j=1}^{\Delta k-1} \lambda^{\Delta k-1-i} Sw(k - \Delta k + i) \lambda^{\Delta k-1-j} w^{\mathrm{T}}(k - \Delta k + j) S^{\mathrm{T}} \right] \\[2mm]
&= \sum_{i=0}^{\Delta k-1} \lambda^{2(\Delta k-1-i)} Sw(k - \Delta k + i) w^{\mathrm{T}}(k - \Delta k + i) S^{\mathrm{T}} \\[2mm]
&= \frac{1 - \lambda^{2\Delta k}}{1 - \lambda^2} S R_w S^{\mathrm{T}}
\end{aligned}
$$

$$(3.9)$$

同理，我们可以定义 $p_2(k, \ \Delta k)$ 的协方差为 $\mathrm{Var}\left[p_2(k, \ \Delta k)\right] = \mathbb{E}[p_2^2(k, \ \Delta k)]$。

$$
\begin{aligned}
&\mathrm{Var}\left[p_2(k, \ \Delta k)\right] \\[2mm]
&= \lambda^{2\Delta k-2} \left(Q\tilde{I}_p + \lambda\tilde{I}_1 \right) R_v \left(Q\tilde{I}_p + \lambda\tilde{I}_1 \right)^{\mathrm{T}} \\[2mm]
&\quad + \lambda^{2\Delta k-4} (Q + \lambda L)\tilde{I}_p R_v \tilde{I}_p^{\mathrm{T}} (Q + \lambda L)^{\mathrm{T}} \\[2mm]
&\quad + \cdots + \lambda^2 (Q + \lambda L)\tilde{I}_p R_v \tilde{I}_p^{\mathrm{T}} (Q + \lambda L)^{\mathrm{T}} + (Q + \lambda L)\tilde{I}_p \\[2mm]
&\quad \times R_v \tilde{I}_p^{\mathrm{T}} (Q + \lambda L)^{\mathrm{T}} + \left(L\tilde{I}_p + \tilde{I}_1 \right) R_v \left(L\tilde{I}_p + \tilde{I}_1 \right)^{\mathrm{T}} \\[2mm]
&= \frac{1 - \lambda^{2\Delta k-2}}{1 - \lambda^2} (Q + \lambda L)\tilde{I}_p R_v \tilde{I}_p^{\mathrm{T}} (Q + \lambda L)^{\mathrm{T}} + \lambda^{2\Delta k-2} \left(Q\tilde{I}_p + \lambda\tilde{I}_1 \right) R_v
\end{aligned}
$$

$$\times \left(Q\tilde{I}_p + \lambda\tilde{I}_1 \right)^{\mathrm{T}} + \left(L\tilde{I}_p + \tilde{I}_1 \right) R_v \left(L\tilde{I}_p + \tilde{I}_1 \right)^{\mathrm{T}} \tag{3.10}$$

由式(3.7)和式(3.8)可得 $p(k, \ \Delta k) = p_1(k, \ \Delta k) + p_2(k, \ \Delta k)$，则可以得 $p(k, \ \Delta k)$ 的数学期望 $\mathbb{E}[p(k, \Delta k)] = 0$，方差为

$$\mathrm{Var}[p(k, \ \Delta k)] = \mathrm{Var}\left[p_1(k, \ \Delta k)\right] + \mathrm{Var}\left[p_2(k, \ \Delta k)\right]$$

$$= \lambda^{2\Delta k - 2} \left(Q\tilde{I}_p + \lambda\tilde{I}_1 \right) R_v \left(Q\tilde{I}_p + \lambda\tilde{I}_1 \right)^{\mathrm{T}}$$

$$+ \frac{1 - \lambda^{2\Delta k}}{1 - \lambda^2} S R_w S^{\mathrm{T}} + \frac{1 - \lambda^{2\Delta k - 2}}{1 - \lambda^2} (Q + \lambda L) \tilde{I}_p R_v \tilde{I}_p^{\mathrm{T}} (Q + \lambda L)^{\mathrm{T}}$$

$$+ \left(L\tilde{I}_p + \tilde{I}_1 \right) R_v \left(L\tilde{I}_p + \tilde{I}_1 \right)^{\mathrm{T}} \tag{3.11}$$

为了方便后续表达，令

$$\sigma(\Delta k) = \sqrt{\mathrm{Var}[p(k, \ \Delta k)]}$$

考虑如图 3.1 所示间歇故障与滑动时间窗口 $[k - \Delta k, k]$ 的相对位置关系 [23]，对 $p(k, \Delta k)$ 进行统计特性分析。

3.2.4 间歇故障发生时刻检测

由式(3.7)可知，在没有故障时，残差信号 $r(k, \Delta k)$ 仅与过程噪声 $w(k)$ 和测量噪声 $v(k)$ 相关。由图 3.1 可知，滑动时间窗口的移动会引起 $\mathbb{E}[r(k, \ \Delta k)]$ 的变化。当滑动时间窗口如图 3.1(a) 所示时，$0 < k - \Delta k < k \leqslant \mu_q$，$\mathbb{E}[r(k, \ \Delta k)] = 0$；当 $k - \Delta k \leqslant \mu_q < k < \nu_q$ 时，$\mathbb{E}[r(k, \ \Delta k)] \neq 0$。因此，引入以下两个假设检验用于检测间歇故障 $f(k)$ 的第 q 次的发生时刻 μ_q：

$$\begin{cases} H_0^{\mathrm{A}}: \ \mathbb{E}[r(k, \ \Delta k)] = 0 \\ H_1^{\mathrm{A}}: \ \mathbb{E}[r(k, \ \Delta k)] \neq 0 \end{cases} \tag{3.12}$$

对于给定的显著性水平 γ，基于 Mahalanobis 距离，可以计算上述假设检验的接受域为

$$V(\Delta k) = \left(-h_{\frac{\gamma}{2}}\sigma(\Delta k), \ h_{\frac{\gamma}{2}}\sigma(\Delta k) \right) \tag{3.13}$$

在式(3.13)中，$h_{\frac{\gamma}{2}}$ 为标准正态分布变量落入概率为 $\frac{\gamma}{2}$ 的分布区间 $[h_{\frac{\gamma}{2}}, \ +\infty)$ 的边界值。根据式(3.12)与式(3.13)，定义如下随机变量：

$$\mu_q^{\mathrm{d}}(\Delta k) = \inf\{k > \mu_q: \ r(k, \ \Delta k) \notin V(\Delta k)\} \tag{3.14}$$

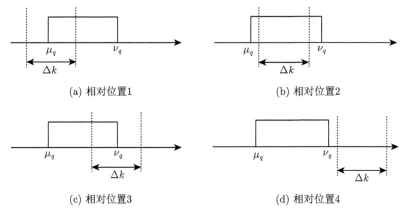

(a) 相对位置1 　　　　　　　　　　　(b) 相对位置2

(c) 相对位置3 　　　　　　　　　　　(d) 相对位置4

图 3.1 滑动时间窗口 $[k - \Delta k, k]$ 和间歇故障 $f(k)$ 之间的相对位置关系

为上述方法进行间歇故障发生时刻 μ_q 的实际检测值,因此基于如式(3.12)所示假设检验对间歇故障的发生时刻进行检测的阈值为 $\Theta_1 = \pm h_{\frac{\gamma}{2}}\sigma(\Delta k)$。

3.2.5 间歇故障消失时刻检测

根据假设 3.1可得 $|m(q)| \geqslant \rho$,当滑动时间窗口满足 $\mu_q \leqslant k - \Delta k < k < \nu_q$ 时,可以得到如下形式:

$$\sum_{i=0}^{\Delta k - 1} \lambda^{\Delta k - 1 - i} P f(k - \Delta k + i) = \frac{1 - \lambda^{\Delta k}}{1 - \lambda} P\rho \tag{3.15}$$

因此,间歇故障的消失时刻 ν_q 的检测可以用如下的假设检验:

$$\begin{cases} H_0^{\mathrm{D}}: \ |\mathbb{E}[r(k, \ \Delta k)]| \geqslant \dfrac{1 - \lambda^{\Delta k}}{1 - \lambda}|P|\rho \\[4mm] H_1^{\mathrm{D}}: \ |\mathbb{E}[r(k, \ \Delta k)]| < \dfrac{1 - \lambda^{\Delta k}}{1 - \lambda}|P|\rho \end{cases} \tag{3.16}$$

给定显著性水平 θ,如式(3.16) 所示的假设检验的接受域为 [10]

$$W(\Delta k) = \left(-\infty, \ -\frac{1 - \lambda^{\Delta k}}{1 - \lambda}|P|\rho + h_\theta\sigma(\Delta k) \right)$$

$$\cup \left(\frac{1 - \lambda^{\Delta k}}{1 - \lambda}|P|\rho - h_\theta\sigma(\Delta k), \ +\infty \right) \tag{3.17}$$

根据式(3.16)和式(3.17),定义随机变量 $\nu_q^{\mathrm{d}}(\Delta k)$ 为间歇故障的消失时刻 ν_q 的真实检测值,形式如下:

$$\nu_q^{\mathrm{d}}(\Delta k) = \inf\{k > \mu_q: \ r(k, \ \Delta k) \notin W(\Delta k)\}$$

所以间歇故障消失时刻检测的阈值为

$$\Theta_2 = \pm \left(\frac{1 - \lambda^{\Delta k}}{1 - \lambda} |P| \rho - h_\theta \sigma(\Delta k) \right)$$

3.2.6 间歇故障可检测性分析

与永久故障的检测要求不同，间歇故障发生时刻检测的一个重要挑战在于必须在间歇故障消失时刻之前检测出间歇故障的发生时刻[10]，即 $\mu_q^{\mathrm{d}} < \nu_q$。对于给定的 γ，θ，根据文献 [10]、[22]，基于鲁棒间歇故障检测方法来分析在概率意义下定义的间歇故障可检测性，并分析其可检测性条件。

对于给定的 γ，θ，令 $\Psi = \{\Delta k : V(\Delta k) \cap W(\Delta k) = \varnothing, 0 < \Delta k < \tilde{\tau}\}$；根据式(3.4)、式(3.7)、式(3.12)和式(3.16)可以给出如下间歇故障可检测性定义。

定义 3.1 考虑式(3.2)所给出的间歇故障的形式，对于给定的假设检验显著性水平 γ，θ，通过选定合适的滑动时间窗口 $\Delta k(0 < \Delta k < \tilde{\tau})$。如果间歇故障信号与滑动时间窗口的相对位置如图 3.1(b) 和图 3.1(c) 所示，即 $\Delta k \in \Psi$，则有 $\mu_q + \Delta k < \nu_q$，且 $\nu_q + \Delta k < \mu_{q+1}$，则认为间歇故障在概率意义下是可检测的。即在极端检测情况下，仍然能够满足在本次间歇故障消失时刻之前检测出间歇故障的发生，并在下一次间歇故障发生之前检测出本次间歇故障的消失，在概率意义条件下得出间歇故障消失时刻的检测结果[10,22]。

定理 3.1 考虑如系统(3.1)所示的一类受到外部未知干扰影响的离散线性时不变随机动态系统，若系统(3.1)满足假设 3.1 与假设 3.2，对于给定的显著性水平 γ，θ，基于式(3.4)、式(3.7)、式(3.12)和式(3.16)可以给出如下间歇故障可检测的充分条件。

(1) $\mathrm{rank}\left(\begin{bmatrix} E & F \end{bmatrix} \right) = \mathrm{rank}(E) + \mathrm{rank}(F) \leqslant n$。

(2) 对于由 $L = E_2 E_1^\dagger + K \left(I_p - E_1 E_1^\dagger \right)$ 计算得出的 L，满足 $P = F_2 - L F_1 \neq 0$。

(3) 通过选定滑动时间窗口的长度 $0 < \Delta k < \tilde{\tau}$；间歇故障的最小幅值满足

$$
\begin{aligned}
\rho^2 \geqslant & \frac{\left(h_{\frac{\gamma}{2}} + h_\theta \right)^2}{P^2} \left(\frac{\lambda^{2\delta k}(1-\lambda)^2}{\lambda^2 \left(1 - \lambda^{\Delta k} \right)^2} \left(Q\tilde{I}_p + \lambda \tilde{I}_1 \right) R_v \left(Q\tilde{I}_p + \lambda \tilde{I}_1 \right)^{\mathrm{T}} \right. \\
& + \frac{(1-\lambda)\left(1 - \lambda^{\Delta k} \right)}{(1+\lambda)\left(1 + \lambda^{\Delta k} \right)} S R_w S^{\mathrm{T}} + \frac{(1-\lambda)\left(1 - \lambda^{2\Delta k - 2} \right)}{(1+\lambda)\left(1 - \lambda^{\Delta k} \right)^2} (Q + \lambda L) \quad (3.18) \\
& \left. \tilde{I}_p R_v \tilde{I}_p^{\mathrm{T}} (Q + \lambda L)^{\mathrm{T}} + \frac{(1-\lambda)^2}{\left(1 - \lambda^{\Delta k} \right)^2} \left(L\tilde{I}_p + \tilde{I}_1 \right) R_v \left(L\tilde{I}_p + \tilde{I}_1 \right)^{\mathrm{T}} \right)
\end{aligned}
$$

证明 对于式(3.1)显然满足

$$\mathrm{rank}\left(\begin{bmatrix} E & F \end{bmatrix} \right) = \mathrm{rank}(C[E \quad F]), \quad C = I_n$$

若式(3.1)满足假设 3.2，即矩阵 E 为列满秩的，则矩阵 E 的列向量均与 F 线性无关，则可以通过设计一组截断残差实现对间歇故障敏感且对未知干扰解耦；若假设 3.2(2) 成立，即 $\{A, C, E\}$ $(C = I_n)$ 具有稳定的不变零点，由文献 [25] 可知，对含有间歇故障信号与外部干扰信号的系统(3.1)设计一组如式(3.4)所示的降维未知输入观测器。给定滑动时间窗口长度 Δk，可根据算法 3.1中式(3.5) $\sim$ 式(3.7)，设计截断残差信号 $r(k, \Delta k)$。由前面的讨论，所设计的截断残差信号对未知扰动 $d(k)$ 解耦，对间歇故障 $f(k)$ 敏感。

根据式(3.18)变形可以得到如下不等式：

$$\frac{\left(1 - \lambda^{\Delta k}\right)^2}{(1 - \lambda)^2} \rho^2 \geqslant \frac{\left(h_{\frac{\gamma}{2}} + h_\theta\right)^2}{P^2} \sigma^2(\Delta k) \tag{3.19}$$

根据假设 3.1，$f(k) \geqslant \rho > 0$，因此对式(3.19)进行变换可以得到

$$\frac{1 - \lambda^{\Delta k}}{1 - \lambda} m(q) \geqslant \frac{1 - \lambda^{\Delta k}}{1 - \lambda} \rho \geqslant \frac{\left(h_{\frac{\gamma}{2}} + h_\theta\right)}{P} \sigma(\Delta k) \tag{3.20}$$

显然，根据式(3.13)和式(3.17)所给出的间歇故障发生时刻与消失时刻检测的接受域，$W(\Delta k) \cap V(\Delta k) = \varnothing$ 成立，即满足 $\Delta k \in \Psi$。根据定义 3.1，式(3.4)、式(3.7)、式(3.12)和式(3.16)，则称间歇故障在概率意义下是可检测的。

对于 $m(q) < 0$ 的情况，根据上述结论可以得出类似的结果。

综上所述，对于如系统(3.1)所示系统，基于上述的间歇故障检测方法，对于给定的显著性水平 γ，θ，若满足定理 3.1所给的条件，则称该间歇故障在概率意义下可检测。

3.2.7　仿真验证

考虑如下沿近圆参考轨道运行的卫星动力学模型：

$$\begin{cases} \ddot{x} = (3d^2 + \Delta a_1)\, x + (2d + \Delta a_2)\, \dot{y} + (1 + \Delta b_1)\, u_x + w_x \\ \ddot{y} = (-2d + \Delta a_3)\, \dot{x} + (1 + \Delta b_2)\, u_y + w_y \\ \ddot{z} = -d^2 z + u_z + w_z \end{cases} \tag{3.21}$$

式中，x 为指向轨道半径方向的位移；y 为沿轨道切线方向的位移；z 为垂直于轨道平面的位移；d 为运行轨道率，在该仿真实例中取 $d = 3$；$\begin{bmatrix} u_x & u_y & u_z \end{bmatrix}^{\mathrm{T}}$ 表示卫星的 3 个执行器推进器提供给系统的外部加速度输入；Δa_i 与 Δb_i 为控制系数与动力特性系数发生的未知时变扰动，在该仿真实例中，考虑常见的正弦形式扰动。对于上述系统，假设执行器通道发生间歇故障，若以采样周期 $T = 0.01$ s 进行离散化，则可得到如下的线性离散化动力学模型：

$$\begin{cases} x(k+1) = Ax(k) + Bu(k) + Ed(k) + Ff(k) + w(k) \\ y(k) = x(k) + v(k) \end{cases} \tag{3.22}$$

式中，各系统矩阵参数分别为

$$A = \begin{bmatrix} 1.00 & 0.01 & 0 & 0 & 0 & 0 \\ -0.12 & 0.93 & 0 & 0.10 & 0 & 0 \\ 0 & 0 & 1.00 & 0.01 & 0 & 0 \\ 0 & 0 & -0.02 & 0.97 & 0 & 0 \\ 0 & 0 & 0 & 0 & 1.00 & 0.01 \\ 0 & 0 & 0 & 0 & -0.02 & 0.97 \end{bmatrix}$$

$$B = \begin{bmatrix} 0 & 0 & 0 \\ 0.01 & 0 & 0 \\ 0 & 0 & 0 \\ 0 & 0.01 & 0 \\ 0 & 0 & 0 \\ 0 & 0 & 0.01 \end{bmatrix}, \quad E = \begin{bmatrix} 0 & 0 \\ 0.01 & 0 \\ 0 & 0 \\ 0 & 0.01 \\ 0 & 0 \\ 0 & 0 \end{bmatrix}$$

假设系统噪声 $w(k)$ 和测量噪声 $v(k)$ 为零均值高斯白噪声，其协方差矩阵分别为

$$R_w = \begin{bmatrix} 0 & 0 & 0 & 0 & 0 & 0 \\ 0 & 0.1^2 & 0 & 0 & 0 & 0 \\ 0 & 0 & 0 & 0 & 0 & 0 \\ 0 & 0 & 0 & 0.1^2 & 0 & 0 \\ 0 & 0 & 0 & 0 & 0 & 0 \\ 0 & 0 & 0 & 0 & 0 & 0.1^2 \end{bmatrix}$$

$$R_v = \begin{bmatrix} 0.1^2 & 0 & 0 & 0 & 0 & 0 \\ 0 & 0.1^2 & 0 & 0 & 0 & 0 \\ 0 & 0 & 0.1^2 & 0 & 0 & 0 \\ 0 & 0 & 0 & 0.1^2 & 0 & 0 \\ 0 & 0 & 0 & 0 & 0.1^2 & 0 \\ 0 & 0 & 0 & 0 & 0 & 0.1^2 \end{bmatrix}$$

根据算法 3.1，按照本章的方法所设计的一阶降维未知输入观测器的部分系数矩阵如下：

$$K = \begin{bmatrix} 0 & 0 & 0 & 0 & 0.0025 \end{bmatrix}, \quad L_2 = \begin{bmatrix} 0 & 0 & 0 & 0 & 0.0025 \end{bmatrix}$$

$$G = \begin{bmatrix} 0 & 0 & 0 & 0 & -0.0201 \end{bmatrix}, \quad H = \begin{bmatrix} 0 & 0 & 0.001 \end{bmatrix}, \quad \lambda_2 = 0.9703$$

在仿真中，设定假设检验显著性水平 $\gamma = \theta = 0.05$。考虑卫星系统发生 $\rho = 0.8$，$\tilde{\tau}^{\text{dur}} = 180$，$\tilde{\tau}^{\text{int}} = 180$ 的间歇故障。系统正常情况下的测量输出如图 3.2 所

示，由于存在外部扰动和噪声，系统状态存在较大的波动。当系统(3.22)发生间歇故障时，系统的测量输出如图 3.3 所示。由于 $\tilde{\tau}^{\mathrm{int}} = 180$，因此，选定滑动时间窗口 $\Delta k = 10$，根据式(3.12) 和式(3.16)可以对上述系统间歇故障的所有发生时刻和消失时刻进行检测。

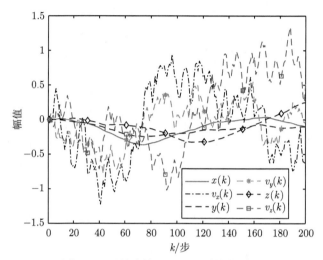

图 3.2　　无故障情况下卫星系统的输出

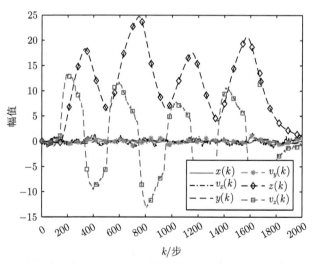

图 3.3　　发生间歇故障情况下卫星系统的输出

仿真结果如图 3.4 和图 3.5 所示。从图 3.4 可以看出，当没有间歇故障发生 $(k < 140)$ 时，残差信号 $r(k)$ 与 $r(k, \Delta k)$ 均位于阈值之下，对外部扰动具有很好的鲁棒性。当间歇故障发生 $(k \geqslant 140)$ 后，残差信号 $r(k)$ 与 $r(k, \Delta k)$ 均可以

迅速超过发生时刻的检测阈值 Θ_1，能够在间歇故障消失之前检测出故障的发生。但当间歇故障消失之后，残差 $r(k,\Delta k)$ 仍能够迅速下降到间歇故障消失时刻的检测阈值 Θ_2 之下，从而在下一次间歇故障发生之前检测出间歇故障的消失；而残差 $r(k)$ 的下降速度却比较缓慢，不能在下一次间歇故障发生之前下降到阈值 Θ_2 之下，产生漏报，进而影响下一次间歇故障发生时刻的检测，而且随着间歇故障发生次数的增多，这种漏报和误报变得越来越严重，最终会导致检测方法的彻底失效。图 3.5 给出了采用本章所提出的方法进行间歇故障检测的检测结果。可

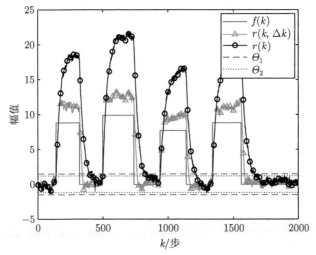

图 3.4　残差信号 $r(k)$ 与截断残差信号 $r(k,\Delta k)$ 对比

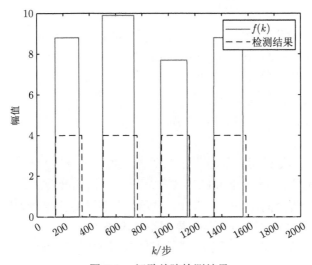

图 3.5　间歇故障检测结果

以看出，本章方法能够准确、迅速地检测出间歇故障所有的发生时刻和消失时刻，能够满足实际系统对间歇故障检测性能的要求。

3.3　基于等价空间的方法

3.3.1　问题描述

考虑一类受到传感器间歇故障影响的带有未知扰动的线性随机动态系统：

$$\begin{cases} x(k+1) = Ax(k) + Bu(k) + Dd(k) + w(k) \\ y(k) = Cx(k) + Ff(k) + v(k) \end{cases} \tag{3.23}$$

式中，$x(k) \in \mathbb{R}^n$、$u(k) \in \mathbb{R}^l$ 和 $y(k) \in \mathbb{R}^s$ 分别表示系统(3.23) 的状态、输入和输出向量；$f(k) \in \mathbb{R}$ 表示传感器间歇故障信号，且 $F \in \mathbb{R}^{n \times 1}$ 表示故障方向；$d(k)$ 表示未知扰动或模型不确定性对标称系统的影响[27]，$D \in \mathbb{R}^{n \times \tilde{d}}$ 为已知的扰动方向；过程噪声 $w(k)$ 与测量噪声 $v(k)$ 为相互独立的高斯白噪声，均值为零，协方差分别为 R_w 和 R_v；$A \in \mathbb{R}^{n \times n}$、$B \in \mathbb{R}^{n \times l}$ 和 $C \in \mathbb{R}^{s \times n}$ 为适当维数的系统矩阵。在本章，假设系统 (A, C) 是可观的。

假设 3.3　系统输出维数大于扰动维数，即 $s > \tilde{d}$。

式(3.23)中间歇故障信号 $f(k)$ 考虑为如下传感器间歇故障[23]：

$$f(k) = \sum_{q=1}^{\infty} \left(\Gamma\left(k - \mu_q\right) - \Gamma\left(k - \nu_q\right) \right) m(q) \tag{3.24}$$

式中，$\Gamma(\cdot)$ 为离散阶跃函数；μ_q 和 ν_q 分别为第 q 次间歇故障的发生时刻和消失时刻，且满足条件 $\mu_q < \nu_q < \mu_{q+1}$；$m(q)$：$\mathbb{N}^+ \to \mathbb{R}$ 表示第 q 次间歇故障的未知幅值。第 q 次间歇故障的间隔时间定义为 $\tau_q^{\text{ina}} = \mu_{q+1} - \nu_q$。

上述间歇故障需满足如下假设。

假设 3.4　(1) 传感器间歇故障幅值 $m(q)$ 具有下界，用 ρ 表示，即 $\forall q \in \mathbb{N}^+$，$|m(q)| > \rho$。

(2) 传感器间歇故障活跃（间隔）时间最小值 $\tilde{\tau} = \min\left\{\tilde{\tau}^{\text{act}}, \tilde{\tau}^{\text{ina}}\right\}$ 先验已知，$\tilde{\tau}^{\text{act}} \triangleq \inf_{q \in \mathbb{N}^+} \tau_q^{\text{act}}$，　　$\tilde{\tau}^{\text{ina}} \triangleq \inf_{q \in \mathbb{N}^+} \tau_q^{\text{ina}}$。

本节利用等价空间法设计对未知扰动解耦的优化标量鲁棒残差，在给定等价空间法框架下所设计的残差对传感器间歇故障最为敏感。考虑随机噪声的影响，利用两个假设检验分别检测间歇故障的发生时刻和消失时刻，并分析间歇故障的可检测性。

3.3.2 优化标量鲁棒残差设计

基于等价空间的故障检测方法是通过在滑动时间窗口内滚动历史数据来实现递归式处理 [28,30]。因此，针对系统(3.23)，为了能够设计残差使其对外部未知扰动解耦，并且对间歇故障敏感，采用等价空间法，即通过选择合适的滑动时间窗口 L 来构建鲁棒残差。对于任意的滑动时间窗口 $L > 0$，将滑动时间窗口内 L 个时刻的测量输出信号增广为 $y_L(k) = [y^T(k-L+1) \ y^T(k-L+2) \ \cdots \ y^T(k)]^T$。与 $y_L(k)$ 类似，定义其他信号 $f(k)$、$u(k)$、$d(k)$、$w(k)$ 和 $v(k)$ 的增广形式 $f_L(k)$、$u_L(k)$、$d_L(k)$、$w_L(k)$ 和 $v_L(k)$。根据系统(3.23)可得

$$y_L(k) = \mathcal{O}x(k-L+1) + H_u u_L(k) + H_d d_L(k) + F_f f_L(k) + G_w w_L(k) + v_L(k) \tag{3.25}$$

式中，矩阵 $F_f \in \mathbb{R}^{Ls \times L}$，$\mathcal{O} \in \mathbb{R}^{Ls \times n}$ 为观测矩阵；$H_u \in \mathbb{R}^{Ls \times Ll}$，$H_d \in \mathbb{R}^{Ls \times L\tilde{d}}$ 和 $G_w \in \mathbb{R}^{Ls \times Ln}$ 为 Hankel 矩阵，具体表达式如下：

$$\mathcal{O} = \begin{bmatrix} C \\ CA \\ \vdots \\ CA^{L-1} \end{bmatrix}, \quad H_u = \begin{bmatrix} 0 & 0 & \cdots & 0 \\ CB & 0 & \cdots & 0 \\ \vdots & \vdots & & \vdots \\ CA^{L-2}B & \cdots & CB & 0 \end{bmatrix}$$

$$H_d = \begin{bmatrix} 0 & 0 & \cdots & 0 \\ CD & 0 & \cdots & 0 \\ \vdots & \vdots & & \vdots \\ CA^{L-2}D & \cdots & CD & 0 \end{bmatrix}, \quad F_f = I_L \otimes F = \begin{bmatrix} F & 0 & \cdots & 0 \\ 0 & F & \cdots & 0 \\ \vdots & \vdots & & \vdots \\ 0 & \cdots & 0 & F \end{bmatrix} \tag{3.26}$$

$$G_w = \begin{bmatrix} 0 & 0 & \cdots & 0 \\ C & 0 & \cdots & 0 \\ \vdots & \vdots & & \vdots \\ CA^{L-2} & \cdots & C & 0 \end{bmatrix}$$

对式(3.25)进行恒等变换，可以得到

$$y_L(k) - H_u u_L(k) = \mathcal{O}x(k-L+1) + H_d d_L(k) + F_f f_L(k) + G_w w_L(k) + v_L(k) \tag{3.27}$$

为了简化后续表达，对于 $q \in \mathbb{N}^+$，定义如下符号：$\mathcal{A}_q = \{k \mid \mu_q \leqslant k < v_q\}$，$\mathcal{I}_q = \{k \mid v_q \leqslant k < \mu_{q+1}\}$，$\mathcal{I}_0 = \{k \mid 0 \leqslant k < \mu_1\}$，并且在本章引入如下定义描述滑动时间窗口。

定义 3.2　　对于给定的 L，时间序列 $M(L, k) = \{k-L+1, \cdots, k\}$ 被定义为长度为 L 的滑动时间窗口。

基于等价空间方法设计的鲁棒残差，需要对滑动时间窗口内的初始状态 $x(k-L+1)$ 以及未知干扰 $d_L(k)$ 解耦，对间歇故障 $f(k)$ 敏感。由于间歇故障的检测要求在故障消失之前检测到当前故障的发生时刻，在下一个故障发生之前检测到当前故障的消失时刻。针对间歇故障的特性和检测要求选择满足 $0 < L < \tilde{\tau}$ 的滑动时间窗口 $M(L, k)$，设计对间歇故障敏感的残差信号。根据 $\mathcal{S} = \{\Omega \mid \Omega^{\mathrm{T}} [\mathcal{O} \quad H_d] = 0\}$，即对初始状态 $x(k-L+1)$ 以及未知干扰 $d_L(k)$ 解耦的要求，求解出等价空间向量 Ω，则对式(3.27)利用等价空间向量 Ω 在随机等价空间内构造鲁棒残差 $r(k, L)$[21]：

$$
\begin{aligned}
r(k, L) &= \Omega^{\mathrm{T}} (y_L(k) - H_u u_L(k)) \\
&= \Omega^{\mathrm{T}} (F_f f_L(k) + G_w w_L(k) + v_L(k))
\end{aligned}
\tag{3.28}
$$

为了确保 $\mathcal{S} = \{\Omega \mid \Omega^{\mathrm{T}} [\mathcal{O} \quad H_d] = 0\}$ 存在，根据文献 [26] 所给出的要求，显然需要满足 $\mathrm{rank}([\mathcal{O} \quad H_d]) \leqslant Ls-1$。令 $\tilde{n} = \dim(r(k, L))$，则残差 $r(k, L)$ 的最大维数满足 $L(s-\tilde{d})-n \leqslant \max_{\Omega} \tilde{n} \leqslant Ls-n$[30]。因此，若假设 3.3 成立，通过选择足够大的 L，总能求得非零 Ω。对于满足条件 $\mathrm{rank}[\mathcal{O} \quad H_d] \leqslant Ls-1$ 与 $0 < L < \tilde{\tau}$ 的 L，Ω 的列向量组成了与 $Im[\mathcal{O} \quad H_d]$ 正交的最大子空间。根据滑动时间窗口 $M(L, k)$ 与间歇故障活跃时间 $\mathcal{A}_q$ 的相对位置关系，当 $M(L, k) \in \mathcal{I}_{q-1} (q \in \mathbb{N}^+)$ 时，可得 $f_L(k) = 0$，则有

$$
(r(k, L) \mid M(L, k) \in \mathcal{I}_{q-1}) = \Omega^{\mathrm{T}} (G_w w_L(k) + v_L(k))
\tag{3.29}
$$

当滑动时间窗口位于间歇故障信号内时，即 $M(L, k) \in \mathcal{A}_q$，可得

$$
(r(k, L) \mid M(L, k) \in \mathcal{A}_q) = f(q) \cdot \Omega^{\mathrm{T}} F_f 1_L + \Omega^{\mathrm{T}} (G_w w_L(k) + v_L(k))
\tag{3.30}
$$

式中，1_L 表示维数为 (Ls)、元素全为 1 的列向量。

根据文献 [27]、[17]，在式(3.29)与式(3.30)的基础上引入等价空间残差生成向量 $\Xi \in \mathbb{R}^{\tilde{n} \times 1}$，进而定义优化标量残差 $\bar{r}(k, L)$：

$$
\bar{r}(k, L) = \Xi^{\mathrm{T}} \Omega^{\mathrm{T}} (F_f f_L(k) + G_w w_L(k) + v_L(k))
\tag{3.31}
$$

由前面的分析可得，式(3.31)中的标量残差 $\bar{r}(k, L)$ 对初始状态 $x(k-L+1)$ 以及未知干扰 $d_L(k)$ 解耦，对间歇故障 $f(k)$ 最敏感。基于式(3.30)，参考文献 [28]、[21]、[30]，提出如下间歇故障鲁棒残差设计指标：

$$
J = \frac{\Xi^{\mathrm{T}} P \Xi}{\Xi^{\mathrm{T}} Q \Xi}
\tag{3.32}
$$

式中

$$
\begin{cases}
P = \Omega^{\mathrm{T}} F_f 1_L 1_L^{\mathrm{T}} F_f^{\mathrm{T}} \Omega \\
Q = \Omega^{\mathrm{T}} \left(G_w \left(I_L \otimes R_w \right) G_w^{\mathrm{T}} + I_L \otimes R_v \right) \Omega
\end{cases}
\tag{3.33}
$$

对于随机噪声，指标 J 解析地描述了传感器间歇故障 $f(k)$ 对残差 $r(k, L)$ 的影响程度。根据式(3.29)与式(3.30)可得，传感器间歇故障 $f(k)$ 的发生会使得残差 $\bar{r}(k, L)$ 的期望发生变化。因此，当 $M(L, k) \subset \mathcal{A}_q$ 时，指标 J 越大，相同幅值的间歇故障信号所引起的残差 $\bar{r}(k, L)$ 的期望变化量越大。根据定理 3.2和定理 3.3进一步分析可得，指标 J 越大，利用该残差能够检测到更小幅值的间歇故障。因此对于给定的 L，通过选择 $\varXi$ 能够设计具有最大指标 J 的残差 $\bar{r}(k, L)$，且可检测的传感器间歇故障的幅值下界能够被进一步降低。综上所述，本节提出的指标(3.32)刻画了能够被检测到的传感器间歇故障所包含的信息[30]。下面给出 $\varXi$ 的一种选取方法。

定理 3.2 给定滑动时间窗口长度 L，如式(3.32)所示设计指标 J 满足[27]：

$$
\frac{\varXi^{\mathrm{T}} P \varXi}{\varXi^{\mathrm{T}} Q \varXi} \leqslant \bar{\lambda}
\tag{3.34}
$$

式中，$\bar{\lambda}$ 为正则矩阵束 $\varXi^{\mathrm{T}} P \varXi - \lambda \varXi^{\mathrm{T}} Q \varXi$ 的最大广义特征值；P 和 Q 通过式(3.33)计算得到。令 z^* 表示 $\bar{\lambda}$ 对应的广义特征向量，当 $\varXi = z^*$ 时，等号成立。

证明 令 $\lambda_i(i = 1, \cdots, \tilde{n})$ 表示正则矩阵束 $\varXi^{\mathrm{T}} P \varXi - \lambda \varXi^{\mathrm{T}} Q \varXi$ 的广义特征值，z_i 表示对应的广义特征向量，则有 $(P - \lambda_i Q) z_i = 0$。令 $Z = [z_1, \cdots, z_n] \in \mathbb{R}^{\tilde{n} \times \tilde{n}}$ 表示 $\varXi^{\mathrm{T}} P \varXi - \lambda \varXi^{\mathrm{T}} Q \varXi$ 的广义特征矩阵，$\xi = [\xi_1, \cdots, \xi_n]^{\mathrm{T}} \in \mathbb{R}^{\tilde{n} \times 1}$ 表示任意列向量。针对 $\varXi^{\mathrm{T}} P \varXi$ 和 $\varXi^{\mathrm{T}} Q \varXi$，选择线性变换 $\varXi = Z \xi$，可得

$$
\begin{cases}
\varXi^{\mathrm{T}} P \varXi = \displaystyle\sum_{i=1}^{\tilde{n}} \lambda_i \xi_i^2 \\
\varXi^{\mathrm{T}} Q \varXi = \displaystyle\sum_{i=1}^{\tilde{n}} \xi_i^2
\end{cases}
\tag{3.35}
$$

整理得

$$
\begin{aligned}
\frac{\varXi^{\mathrm{T}} P \varXi}{\varXi^{\mathrm{T}} Q \varXi} &= \frac{\lambda_1 \xi_1^2 + \cdots + \lambda_{\tilde{n}} \xi_{\tilde{n}}^2}{\xi_1^2 + \cdots + \xi_{\tilde{n}}^2} \\
&\leqslant \frac{\bar{\lambda} \xi_1^2 + \cdots + \bar{\lambda} \xi_{\tilde{n}}^2}{\xi_1^2 + \cdots + \xi_{\tilde{n}}^2} = \bar{\lambda}
\end{aligned}
\tag{3.36}
$$

　　若选择 ξ 为在 z^* 对应位置具有元素 1 的单位列向量，可知 $\varXi = Z\xi = z^*$。由式(3.36)，可得

$$\frac{\varXi^{\mathrm{T}} P \varXi}{\varXi^{\mathrm{T}} Q \varXi} = \frac{\cdots + 0 + \cdots + \bar{\lambda} \cdot 1 + \cdots + 0 + \cdots}{\cdots + 0 + \cdots + 1 + \cdots + 0 + \cdots} = \bar{\lambda} \tag{3.37}$$

因此，当 $\varXi = z^*$ 时，指标 J 具有最大值 $J_{\max} = \bar{\lambda}$。

　　根据式(3.32)和定理 3.2，令 $\varXi = z^*$，设计得到标量优化鲁棒残差 $\bar{r}(k,\ L)$。

3.3.3　优化标量鲁棒残差 $\bar{r}(k,\ L)$ 统计特性分析

　　对于

$$\begin{cases} p_1(k,\ L) = \varXi^{\mathrm{T}} \varOmega^{\mathrm{T}} F_f f_L(k) \\ p_2(k,\ L) = \varXi^{\mathrm{T}} \varOmega^{\mathrm{T}} \left(G_w w_L(k) + v_L(k) \right) \end{cases} \tag{3.38}$$

显然，$p_2(k,\ L)$ 服从均值为 0，方差为 $\mathrm{Var}\,[p_2(k,\ L)] = \varXi^{\mathrm{T}} Q \varXi$ 的高斯分布。根据滑动时间窗口 $M(L,\ k)$ 与第 q 次间歇故障活跃时间 $\mathcal{A}_q$ 的相对位置关系，本节分为如下四种情况讨论 $p_1(k,\ L)$ 的统计特性。

　　情况 1　当 $M(L,\ k) \subset \mathcal{I}_{q-1}\,(q \in \mathbb{N}^+)$ 时，在滑动时间窗口 $M(L,\ k)$ 内，传感器间歇故障 $f(k)$ 完全处于非活跃状态，因此，有 $p_1(k,\ L) = 0$，即

$$(\bar{r}(k,\ L) \mid M(L,\ k) \in \mathcal{I}_{q-1}) \sim \varPhi\left(0,\ \varXi^{\mathrm{T}} Q \varXi\right) \tag{3.39}$$

　　情况 2　当 $k - L + 1 < \mu_q \leqslant k < \nu_q$ 时，在滑动时间窗口 $M(L,\ k)$ 内，由于间歇故障 $f(k)$ 的发生，$f_L(k)$ 的部分元素由 0 变为 $m(q)$。此时，$p_1(k,\ L)$ 为

$$p_1(k,\ L) = \varXi^{\mathrm{T}} \varOmega^{\mathrm{T}} F_f f_L(k) = m(q) \cdot \varXi^{\mathrm{T}} \sum_{j=1}^{k+1-\mu_q} \bar{\varOmega}_{L+1-j}^{\mathrm{T}} F \tag{3.40}$$

式中，$\varOmega^{\mathrm{T}} = \left[\bar{\varOmega}_1^{\mathrm{T}}, \cdots, \bar{\varOmega}_L^{\mathrm{T}}\right]^{\mathrm{T}}$，$\bar{\varOmega}_i^{\mathrm{T}}(i = \{1, \cdots, L\})$ 为矩阵 $\varOmega^{\mathrm{T}}$ 的第 i 个分块矩阵。对于 $\bar{r}(k,\ L)$，可得

$$(\bar{r}(k,\ L) \mid k - L + 1 < \mu_q \leqslant k < \nu_q) \sim \varPhi\left(m(q) \cdot \varXi^{\mathrm{T}} \sum_{j=1}^{k+1-\mu_q} \bar{\varOmega}_{L+1-j}^{\mathrm{T}} F,\ \varXi^{\mathrm{T}} Q \varXi\right) \tag{3.41}$$

　　情况 3　当 $M(L,\ k) \subset \mathcal{A}_q$ 时，有 $f_L(k) = 1_L m(q)$，从而得到

$$p_1(k,\ L) = m(q) \cdot \varXi^{\mathrm{T}} \varOmega^{\mathrm{T}} (I_L \otimes F) 1_L$$

即

$$(\bar{r}(k,\ L) \mid M(L,\ k) \in \mathcal{A}_q) \sim \varPhi\left(m(q) \cdot \varXi^{\mathrm{T}} \varOmega^{\mathrm{T}} (I_L \otimes F) 1_L,\ \varXi^{\mathrm{T}} Q \varXi\right) \quad (3.42)$$

情况 4 当 $\mu_q < k - L + 1 < \nu_q \leqslant k$ 时，在 $M(L,\ k)$ 内，由于间歇故障 $f(k)$ 消失，向量 $f_L(k)$ 的部分元素由 $m(q)$ 变为 0，显然有

$$p_1(L,\ k) = \varXi^{\mathrm{T}} \varOmega^{\mathrm{T}} F_f f_L(k) = m(q) \cdot \varXi^{\mathrm{T}} \sum_{j=1}^{L+\nu_q-k-1} \bar{\varOmega}_j^{\mathrm{T}} F \quad (3.43)$$

定义 $S_4(k,\ L) = \{k \mid \nu_q - 1 \leqslant k < \nu_q + L - 1\}$，当 $k \in S_4(k,\ L)$ 时，有

$$\min_{k \in S_4(k,\ L)} \left\{ \left\| \varXi^{\mathrm{T}} \sum_{j=1}^{L+\nu_q-k-1} \bar{\varOmega}_j^{\mathrm{T}} F \right\| \right\} = \min_{l \in L} \left\{ \left\| \varXi^{\mathrm{T}} \sum_{j=1}^{l} \bar{\varOmega}_j^{\mathrm{T}} F \right\| \right\} \quad (3.44)$$

为了简化后续表达，令

$$\varrho(L) = \min_{l \in L} \left\{ \left\| \varXi^{\mathrm{T}} \sum_{j=1}^{l} \bar{\varOmega}_j^{\mathrm{T}} F \right\| \right\} \quad (3.45)$$

则在情况 3 和情况 4 所示的两种情况下，$|p_1(L,\ k)| \geqslant \varrho(L)|m(q)|$，即间歇故障残差信号满足

$$(\bar{r}(k,\ L) \mid \mu_q < k - L + 1 < \nu_q \leqslant k) \sim \varPhi\left(m(q) \cdot \varXi^{\mathrm{T}} \sum_{j=1}^{L+\nu_q-k-1} \bar{\varOmega}_j^{\mathrm{T}} F,\ \varXi^{\mathrm{T}} Q \varXi\right)$$
$$(3.46)$$

3.3.4 间歇故障发生时刻检测

根据对截断残差信号 $\bar{r}(k,\ L)$ 的统计特性分析，当滑动时间窗口 $M(L,\ k) \subset \mathcal{I}_{q-1}$ 时，可得 $\mathbb{E}[\bar{r}(k,\ L)] = 0$。当 $\mu_q \leqslant k < \nu_q$ 时，$\mathbb{E}[\bar{r}(k,\ L)] \neq 0$，则 $\mathbb{E}[\bar{r}(k,\ L)]$ 从零到非零的变化可在概率意义下反映间歇故障 $f(k)$ 发生时刻的出现。因此，提出如下假设检验检测传感器第 q 次间歇故障 $f(k)$ 的发生时刻 μ_q：

$$\begin{cases} H_0^{\mathrm{A}} : \mathbb{E}[\bar{r}(k,\ L)] = 0 \\ H_1^{\mathrm{A}} : \mathbb{E}[\bar{r}(k,\ L)] \neq 0 \end{cases} \quad (3.47)$$

式中，$(\bar{r}(k,\ L) \mid H_0^{\mathrm{A}}) \sim \varPhi\left(0,\ \varXi^{\mathrm{T}} Q \varXi\right)$。给定显著性水平 γ，则假设检验(3.47)的接受域为

$$W(L) = \left(-h_{\frac{\gamma}{2}} \sqrt{\varXi^{\mathrm{T}} Q \varXi},\ h_{\frac{\gamma}{2}} \sqrt{\varXi^{\mathrm{T}} Q \varXi}\right) \quad (3.48)$$

定义发生时刻 μ_q 的实际检测值 μ_q^{d} 为

$$\mu_q^{\mathrm{d}} = \inf\{k > \mu_q : \bar{r}(k, \ L) \notin W(L)\} \tag{3.49}$$

因此，发生时刻 μ_q 的检测阈值为 $\Theta_1 = \pm h_{\frac{\gamma}{2}}\sqrt{\varXi^{\mathrm{T}}Q\varXi}$ 。

3.3.5　间歇故障消失时刻检测

由情况 3 与情况 4 所示的滑动时间窗口与间歇故障信号的相对位置关系，显然存在 $|\mathbb{E}[\bar{r}(k, \ L)]| \geqslant \varrho(L)|m(q)|$。根据假设 3.4，间歇故障信号 $f(k)$ 存在幅值下界 ρ 使得 $|m(q)| \geqslant \rho$。定义 $\kappa(L, \ \rho) = \varrho(L)\rho$，可得，当 $\mu_q + L - 1 \leqslant k < \nu_q + L - 1$ 时，$|\mathbb{E}[\bar{r}(k, \ L)]| \geqslant \kappa(L, \ \rho)$ 成立；当滑动时间窗口离开间歇故障信号，即 $M(L, \ k) \subset \mathcal{I}_q$，$\quad|\mathbb{E}[\bar{r}(k, \ L)]|$ 逐渐衰减到 0。因此，提出如下假设检验检测间歇故障 $f(k)$ 的第 q 次故障消失时刻 ν_q：

$$\begin{cases} H_0^{\mathrm{D}} : |\mathbb{E}[\bar{r}(k, \ L)]| \geqslant \kappa(L, \ \rho) \\ H_1^{\mathrm{D}} : |\mathbb{E}[\bar{r}(k, \ L)]| < \kappa(L, \ \rho) \end{cases} \tag{3.50}$$

给定显著性水平 ϑ，如式(3.50)所示假设检验的近似接受域为

$$V(L) = \left(-\infty, \ -\kappa(L, \ \rho) + h_\vartheta\sqrt{\varXi^{\mathrm{T}}Q\varXi}\right) \cup \left(\kappa(L, \ \rho) - h_\vartheta\sqrt{\varXi^{\mathrm{T}}Q\varXi}, \ +\infty\right) \tag{3.51}$$

因此，定义间歇故障的消失时刻为

$$\nu_q^{\mathrm{d}} = \inf\{k > \nu_q : \bar{r}(k, \ L) \notin V(L)\} \tag{3.52}$$

则间歇故障消失时刻的检测阈值为 $\Theta_2 = \pm\left(\kappa(L, \ \rho) - h_\vartheta\sqrt{\varXi^{\mathrm{T}}Q\varXi}\right)$。

3.3.6　间歇故障可检测性分析

通过选定合适的滑动时间窗口长度，即需要满足 $1 < L < \tilde{\tau}$ 和 $\mathrm{rank}\left([\mathcal{O} \quad H_d]\right) \leqslant Ls - 1$ 的 L，构建式(3.31)的优化标量鲁棒残差 $\bar{r}(k, \ L)$。给定显著性水平 γ、ϑ，则可以根据式(3.48)与式(3.51)，分别计算满足假设检验(3.47)与式(3.50)的接受域 $W(L)$、$V(L)$。显然，对于已经选定的满足要求的 L，接受域 $W(L)$、$V(L)$ 满足 $W(L)\bigcap V(L) = \varnothing$。因此，引入如下定义：

$$
\begin{cases}
\Psi = \{\tilde{\rho} > 0 : W(L) \cap \widetilde{V}(L) = \varnothing\} \\
\hat{\mu}_q = \mu_q + L, \ q \in \mathbb{N}^+ \\
\hat{\nu}_q = \nu_q + L, \ q \in \mathbb{N}^+ \\
\widetilde{V}(L) = \left(-\infty, \ -\varrho(L)\tilde{\rho} + h_\vartheta\sqrt{\varXi^{\mathrm{T}}Q\varXi}\right) \cup \left(\varrho(L)\tilde{\rho} - h_\vartheta\sqrt{\varXi^{\mathrm{T}}Q\varXi}, \ +\infty\right)
\end{cases}
\tag{3.53}
$$

通过分析滑动时间窗口与间歇故障信号的相对位置关系 (即 $M(L, k)$ 与 $\mathcal{A}_q$ 的相对位置关系)，根据所给出的间歇故障的检测要求可知，发生时刻 μ_q 应当在 $\mathcal{A}_q$ 内被检测到。因此，μ_q 的实际检测值的最大可允许值为 $\hat{\mu}_q$。同理，$\hat{\nu}_q$ 为所允许的消失时刻 ν_q 实际检测值的最大值。本节分别给出如下几个对传感器间歇故障发生时刻和消失时刻的可检测性的定义。

定义 3.3　给定显著性水平 γ 和 ϑ，在式(3.31)和式(3.47)所述检测框架下，对于选定的滑动时间窗口 L，若间歇故障满足条件 $\inf\Psi \leqslant \rho < +\infty$，且 $\hat{\mu}_q$ 对任意 $q \in \mathbb{N}^+$ 都存在，则定义传感器间歇故障发生时刻在概率意义下是可检测的，简称为 ISFAP-可检测。

定义 3.4　给定显著性水平 γ 和 ϑ，在式(3.31)和式 (3.50)所述检测框架下，对于选定滑动时间窗口 L，若间歇故障满足条件 $\inf\Psi \leqslant \rho < +\infty$，且 $\hat{\nu}_q$ 对任意 $q \in \mathbb{N}^+$ 都存在，则定义传感器间歇故障的消失时刻在概率意义下是可检测的，简称为 ISFDP-可检测。

定义 3.5　给定显著性水平 γ 和 ϑ，在式(3.31)、式(3.47)与式(3.50)所述间歇故障检测方法框架下，若间歇故障发生时刻满足定义 3.3 中的 ISFAP-可检测，消失时刻满足定义 3.4 中的 ISFDP-可检测，则称传感器间歇故障在概率意义下是可检测的，简称为 ISFP-可检测。

定理 3.3　对于一类线性随机动态系统(3.23)，考虑到其受未知扰动 $d(k)$ 和传感器间歇故障 $f(k)$ 的影响，给定显著性水平 γ 和 ϑ，在式(3.31)、式 (3.47)与式(3.50)所述检测方法框架下，传感器间歇故障 $f(k)$ 为 ISFP-可检测的充分条件是如下条件满足：

(1) $\tilde{L} \leqslant L < \tilde{\tau}$；

(2) 对选定滑动时间窗口 L，$\mathrm{Im}\, F_f \nsubseteq \mathrm{Im}\,[\mathcal{O} \quad H_d]$；

(3) 对选定滑动时间窗口 L，$\rho \geqslant \zeta$；

式中，$\tilde{L}$ 为满足条件 $\mathrm{rank}\,([\mathcal{O} \quad H_d]) \leqslant Ls - 1$ 的 L 的最小值。选定 L，$\mathrm{Im}\, F_f$、$\mathrm{Im}\,[\mathcal{O} \quad H_d]$ 分别表示 F_f 和 $[\mathcal{O} \quad H_d]$ 对应的像空间，且 ζ 为

$$
\zeta = \frac{h_{\frac{\gamma}{2}} + h_\vartheta}{\varrho(L)} \sqrt{\varXi^{\mathrm{T}}Q\varXi}
\tag{3.54}
$$

证明　若假设 3.3 被满足，则根据凯莱-哈密顿定理 (Cayley-Hamilton Theorem)，显然存在 L 使得 $\operatorname{rank}([\mathcal{O}\quad H_d]) \leqslant Ls-1$ 成立，则按照枚举法可以求得 $\tilde{L}$。根据 3.3.2 节，可以得到 $\operatorname{Im}[\mathcal{O}\quad H_d]$ 的最大正交子空间是由 Ω 的列向量组成的。因此，对于选定的滑动时间窗口 $L(\tilde{L} \leqslant L < \tilde{\tau})$，若条件 $\operatorname{Im}F_f \nsubseteq \operatorname{Im}[\mathcal{O}\quad H_d]$ 满足，那么存在子空间 $\operatorname{Im}G_L^f$ 使得 $\operatorname{Im}G_L^f \subseteq \operatorname{Im}F_f$ 与 $\operatorname{Im}G_L^f \perp \operatorname{Im}[\mathcal{O}\quad H_d]$ 成立。

由于 $\Omega^{\mathrm{T}}F_f \neq 0$，所以本章构造的等价空间向量 Ω 对残差信号 $r(k,\ L)$ 处理能够得到优化标量残差信号 $\bar{r}(k,\ L)$。根据式(3.31)、式 (3.47) 与式(3.50)，计算假设检验的接受域 $W(L)$ 与 $\tilde{V}(L)$。若满足 $\tilde{\rho} \geqslant \zeta$，则 $W(L) \cap \tilde{V}(L) = \varnothing$，即 $\Psi \supseteq [\zeta,\ +\infty)$。因此，选定滑动时间窗口 L，若 $\rho \geqslant \zeta$ 得到满足，可得 $\inf\Psi \leqslant \rho < +\infty$ 成立。进一步分析可知，$W(L) \cap V(L) = \varnothing$。根据式(3.53)可以得到 $\hat{\mu}_q < \nu_q$、$\hat{\nu}_q < \mu_{q+1}$ 成立。根据定义 3.5 可得，传感器间歇故障 $f(k)$ 是 ISFP-可检测的。

综上所述，满足假设 3.3 与假设 3.4 的条件，给定显著性水平 γ 和 ϑ，在本章所述的传感器间歇故障方法框架下，若满足定理 3.3所示的条件，则传感器间歇故障 $f(k)$ 是 ISFP-可检测的。

算法 3.2　传感器间歇故障鲁棒检测算法。

(1) 设定 γ、ϑ。

(2) 通过枚举法确定 $\tilde{L}$，选择满足 $\tilde{L} < L < \tilde{\tau}$ 的滑动时间窗口长度。

(3) 检验是否满足条件 $\operatorname{Im}F_f \nsubseteq \operatorname{Im}[\mathcal{O}\quad H_d]$。若满足，则继续；若不满足，则停止，或重新选择 L。

(4) 设计鲁棒残差 $r(k,\ L)$。

(5) 计算 $\Xi = z^*$，设计优化标量鲁棒残差 $\bar{r}(k,\ L)$。

(6) 计算 $\varrho(L)$，检验是否满足条件 $\rho \geqslant \zeta$。若满足，则继续；若不满足，停止或重新设定 γ 与 ϑ。

(7) 计算接受域 $W(L)$、$V(L)$。

(8) 检测传感器间歇故障 $f(k)$ 的发生时刻和消失时刻。

为分析所提方法的检测速度，本节给出如下定理。

定理 3.4　给定显著性水平 γ、ϑ，若传感器间歇故障是 ISFP-可检测的，则发生时刻 μ_q 的实际检测值 μ_q^{d} 满足

$$\Pr\left(\mu_q^{\mathrm{d}} \leqslant \hat{\mu}_q < \nu_q \mid H_1^{\mathrm{A}}\right) > 1 - \vartheta \tag{3.55}$$

证明　参考文献 [23]、[24] 的结论，根据式(3.42)和式(3.53)可知 $r\left(\mu_q^{\mathrm{d}},\ L\right) \sim \Phi\left(f(q)\cdot\ \Xi^{\mathrm{T}}\Omega^{\mathrm{T}}\left(I_L \otimes F\right),\ \Xi^{\mathrm{T}}Q\Xi\right)$。同时，根据式(3.48)、式(3.51)和式(3.53)可

得

$$
\begin{aligned}
\Pr\left(r\left(\mu_q^{\mathrm{d}},\ L\right)\notin W(L)\mid H_1^{\mathrm{A}}\right) &\geqslant \Pr\left(r\left(\mu_q^{\mathrm{d}},\ L\right)\in \widetilde{V}(L)\mid H_1^{\mathrm{A}}\right) \\
&\geqslant \Pr\left(r\left(\mu_q^{\mathrm{d}},\ L\right)\in V(L)\mid H_1^{\mathrm{A}}\right) \\
&= 1 - \Pr\left(r\left(\mu_q^{\mathrm{d}},\ L\right)\notin V(L)\mid H_1^{\mathrm{A}}\right) \\
&> 1 - \vartheta
\end{aligned}
\tag{3.56}
$$

由式(3.49)可得

$$
\Pr\left(\mu_q^{\mathrm{d}}\leqslant \hat{\mu}_q \mid H_1^{\mathrm{A}}\right) > 1 - \vartheta
\tag{3.57}
$$

考虑到 $\widetilde{L}\leqslant L < \tilde{\tau}$，有

$$
\Pr\left(\mu_q^{\mathrm{d}}\leqslant \hat{\mu}_q < \nu_q \mid H_1^{\mathrm{A}}\right) > 1 - \vartheta
\tag{3.58}
$$

定理 3.5　给定显著性水平 γ 和 ϑ，若传感器间歇故障是 ISFP-可检测的，则消失时刻 ν_q 的实际发生值 ν_q^{d} 满足

$$
\Pr\left(\nu_q^{\mathrm{d}}\leqslant \hat{\nu}_q < \mu_{q+1} \mid H_1^{\mathrm{D}}\right) \geqslant 1 - \gamma
\tag{3.59}
$$

3.3.7　间歇故障检测性能分析

若传感器间歇故障 $f(k)$ 是 ISFP-可检测的，则利用式(3.47)和式(3.50)的方法对 $f(k)$ 的发生时刻和消失时刻进行检测。在时刻 k，令 $\mathcal{R}^{\mathrm{A}}(k)$ 表示假设检验(3.47)的检测结果，$\mathcal{R}^{\mathrm{D}}(k)$ 表示假设检验(3.50)的检测结果。本节给出如下结论。

在时刻 k，传感器间歇故障发生时刻 μ_q 检测的误报率为

$$
\Pr\left(\mathcal{R}^{\mathrm{A}}(k) = H_1^{\mathrm{A}} \mid H_0^{\mathrm{A}}\right) = \Pr\left(\{\bar{r}(k,\ L)\notin W(L)\}\mid H_0^{\mathrm{A}}\right) = \gamma
\tag{3.60}
$$

传感器间歇故障发生时刻 μ_q 检测的漏报率为

$$
\begin{aligned}
\Pr\left(\mathcal{R}^{\mathrm{A}}(k) = H_0^{\mathrm{A}},\ \forall k\in\mathcal{A}_q \mid H_1^{\mathrm{A}}\right) &\leqslant \Pr\left(\{\bar{r}(k,\ L)\in W(L)\}\mid H_1^{\mathrm{A}}\right) \\
&\leqslant 1 - \Pr\left(\{\bar{r}(k,\ L)\in V(L)\}\mid H_1^{\mathrm{A}}\right) \\
&< \vartheta
\end{aligned}
\tag{3.61}
$$

传感器间歇故障消失时刻 ν_q 检测的误报率为

$$
\Pr\left(\mathcal{R}^{\mathrm{A}}(k) = H_1^{\mathrm{D}} \mid H_0^{\mathrm{D}}\right) = \Pr\left(\{\bar{r}(k,\ L)\notin V(L)\}\mid H_0^{\mathrm{D}}\right) < \vartheta
\tag{3.62}
$$

传感器间歇故障消失时刻 ν_q 检测的漏报率为

$$
\begin{aligned}
\Pr\left(\mathcal{R}^{\mathrm{D}}(k) = H_0^{\mathrm{D}},\ \forall k\in\mathcal{I}_{q+1} \mid H_1^{\mathrm{D}}\right) &\leqslant \Pr\left(\{\bar{r}(k,\ L)\in V(L)\}\mid H_1^{\mathrm{D}}\right) \\
&\leqslant \gamma
\end{aligned}
\tag{3.63}
$$

3.3.8　设计参数选择

根据定理 3.3，对于既定 L 和已知 ρ，由 $\rho \geqslant \zeta$ 可求得 $h_{\frac{\gamma}{2}} + h_{\vartheta}$ 的最小值。则由实际系统对误报率和漏报率的检测要求，可以首先选择适当的 γ 以优先保证系统对误报率的要求，并尽可能选择较小的 ϑ，以降低检测漏报率；或者，首先选择 ϑ 以优先保证系统对漏报率的要求，并尽可能选择较小的 γ，以降低误报率。另外，通过枚举法选择合适的滑动时间窗口长度 $L(L: \tilde{L} \leqslant L \leqslant \tilde{\tau})$ 以实现期望的检测性能。

3.3.9　仿真验证

考虑如下某 F-16 战机的纵向动力学简化模型 [29]：

$$\begin{cases} x(k+1) = Ax(k) + Bu(k) + Dd(k) + w(k) \\ y(k) = Cx(k) + Ff(k) + v(k) \end{cases} \tag{3.64}$$

式中，状态向量 $x(k) = [\alpha\ v\ \theta\ q\ r]^{\mathrm{T}}$ 包括相对高度 (m)、前向速度 (m/s)、俯仰角 (°)、俯仰角速度 (°/s) 和垂向速度 (m/s)；输出向量 $y(k)$ 包括相对高度测量值 (m)、前向速度测量值 (m/s) 和俯仰角测量值 (°)；输入向量 $u(k) = [\delta_s\ \delta_f\ \delta_e]^{\mathrm{T}}$ 为扰流板角度 (0.1°)、前向加速度 (m/s²) 和升降舵偏转角 (°)；$d(k)$ 表示风动或环境应力带来的未知扰动对系统动态特性的影响；$f(k)$ 表示相对高度测量传感器发生的间歇故障。并且涉及的参数还包括：

$$A = \begin{bmatrix} 1 & 0.0014 & 0.1133 & 0.0004 & -0.0997 \\ 0 & 0.9945 & -0.0171 & -0.0005 & 0.0070 \\ 0 & 0.0003 & 1.0000 & 0.0957 & -0.0049 \\ 0 & 0.0061 & -0.0000 & 0.9130 & -0.0966 \\ 0 & -0.0286 & 0.0002 & 0.1004 & 0.9879 \end{bmatrix}$$

$$B = \begin{bmatrix} 0.0078 & 0.0000 & 0.0003 \\ 0.0115 & 0.0997 & 0.0000 \\ 0.0212 & 0.0000 & 0.0081 \\ 0.4150 & 0.0003 & 0.1589 \\ 0.1794 & 0.0014 & 0.0158 \end{bmatrix}$$

$$D = \begin{bmatrix} 1 & 0 & 0 & 0 & 0 \end{bmatrix}^{\mathrm{T}}, \quad R_w = \mathrm{diag}\{0.01,\ 0.01,\ 0.01,\ 0.01,\ 0.01\}$$

$$K = \begin{bmatrix} 149.8514 & 0.1693 & 2.4258 & -0.4611 & 13.2387 \\ 4.3401 & 15.0252 & 37.9647 & 0.6796 & -0.9854 \\ -392.7668 & -0.3922 & 142.7560 & 12.5355 & -34.0317 \end{bmatrix}$$

$$C = \begin{bmatrix} 1 & 0 & 0 & 0 & 0 \\ 0 & 1 & 0 & 0 & 0 \\ 0 & 0 & 1 & 0 & 0 \end{bmatrix}, \qquad F = \begin{bmatrix} 1 \\ 0 \\ 0 \end{bmatrix}, \qquad R_v = \mathrm{diag}\{0.01, \ 0.01, \ 0.01\}$$

式中，$\mathrm{diag}\{\cdot\}$ 表示对角阵。

在仿真中，本节采用反馈增益为 K 的状态反馈控制律实现目标跟踪。设定无人机前向速度为 $23\mathrm{m/s}$，相对高度为 0，俯仰角度为 $0°$。假设 $d(k)$ 服从区间 $[\underline{\mu}, \ \overline{\mu}]$ 上的均匀分布。没有传感器间歇故障发生时，系统输出信号如图 3.6 所示。由于受到 $d(k)$、$w(k)$ 和 $v(k)$ 的影响，$y(k)$ 出现明显波动，对传感器间歇故障检测带来很大难度。

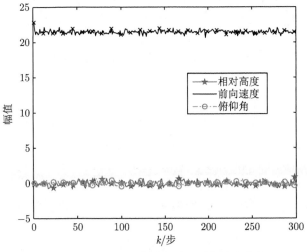

图 3.6　当 $f(k)$ 没有发生时，系统输出信号

由式(3.26)和式(3.28)易知 $\tilde{L} = 2$。选定 $L = 3$，可以验证 $\mathrm{Im}F_f \nsubseteq \mathrm{Im}[\mathcal{O} \quad H_d]$ 成立，则等价空间向量 Ω^{T} 为

$$\begin{bmatrix} 0.1057 & 0.0563 & 0.1678 & 0.5228 & 0.3056 & 0.6965 & 0.0000 & 0.3244 & 0.0182 \\ -0.0412 & -0.0218 & 0.0006 & -0.2008 & -0.1191 & 0.2459 & 0.0000 & -0.1274 & 0.9309 \end{bmatrix} \tag{3.65}$$

计算正则矩阵束 $\Xi^{\mathrm{T}}P\Xi - \lambda\Xi^{\mathrm{T}}Q\Xi$ 的最大广义特征值为 $\overline{\lambda} = 35.4116$，对应的广义特征向量为 $z^* = [1 \ -0.1456]^{\mathrm{T}}$。那么，令 $\Xi = [1 \ -0.1456]^{\mathrm{T}}$，设计具有最大指标 $J_{\max} = \overline{\lambda}$ 的优化标量鲁棒残差 $\overline{r}(k, L)$。设定 $\gamma = \vartheta = 0.05$，由定理 3.2 计算 $\varrho(L) = 0.6638$，$\zeta = 0.6066$。仿真中，在 $k = 151$ 时，系统(3.64)发生最小幅值为 $\rho = 0.62$，最短活跃（间隔）时间为 $\tilde{\tau} = 8$ 的传感器间歇故障 $f(k)$。显然，$f(k)$ 是 IFSP-可检测的。过程噪声、测量噪声与未知扰动如图 3.7 所示。

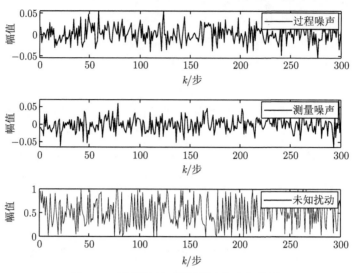

图 3.7   过程噪声、测量噪声与未知扰动

图 3.8 给出了系统发生 $f(k)$ 后的输出信号 $y(k)$。对比图 3.6与图 3.8可知，由于受到 $d(k)$、$w(k)$ 和 $v(k)$ 的影响，在发生 $f(k)$ 前后，系统(3.44)的输出 $y(k)$ 并没有发生明显变化。因此，难以判定系统是否发生故障，更不能确定 $f(k)$ 的发生时刻和消失时刻。为此，设计 $\bar{r}(k, L)$，根据式(3.48) 与式(3.51) 分别计算接受域 $W(L) = (-0.2186, +0.2186)$ 和 $V(L) = (-\infty, -0.2275) \cup (+0.2275, +\infty)$，则 $f(k)$ 发生时刻检测阈值为 $\Theta_1 = \pm 0.2186$，消失时刻检测阈值为 $\Theta_2 = \pm 0.2275$。

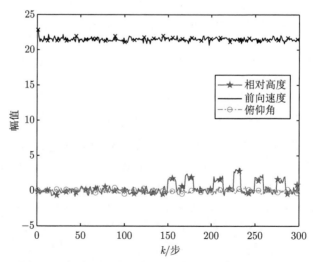

图 3.8   传感器间歇故障 $f(k)$ 发生后，系统输出信号

图 3.9 给出了优化标量鲁棒残差 $\bar{r}(k, L)$ 和传感器间歇故障信号 $f(k)$ 的对比图。从图中可以看出，当没有故障发生时，$\bar{r}(k, L)$ 在 $W(L)$ 范围内波动，这意味着 $\bar{r}(k, L)$ 与 $d(k)$ 实现解耦。在 $k = 151$ 时，系统发生传感器间歇故障 $f(k)$，$\bar{r}(k, L)$ 迅速超过检测阈值 Θ_1，而在 $f(k)$ 消失之后，$\bar{r}(k, L)$ 迅速降到检测阈值 Θ_2 之下。因此，本章所述方法能够准确检测出传感器间歇故障的所有发生时刻与消失时刻，其检测结果如图 3.10 所示。当没有检测到 $f(k)$ 发生时，检测结果显示为 0；当检测到 $f(k)$ 时，在发生时刻实际检测值 μ_q^d 和消失时刻实际检测值

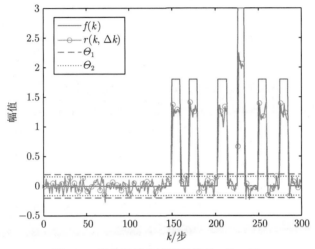

图 3.9 优化标量鲁棒残差信号 $\bar{r}(k, L)$

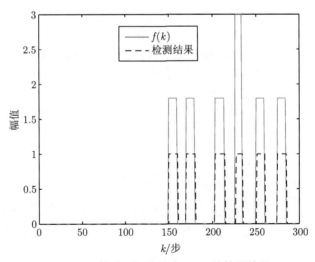

图 3.10 传感器间歇故障 $f(k)$ 的检测结果

ν_q^{d} 之间，检测结果显示为 1。

　　为了充分验证本章所提方法的有效性，本节采用卡尔曼滤波方法进行对比检测。在最小方差框架下，基于卡尔曼滤波方法得到系统状态 $x(k)$ 的估计值 $\hat{x}(k)$。根据 $r_f(k) = y(k) - C\hat{x}(k)$ 构造残差 $r_f(k)$，并设计残差评价函数 $\tilde{r}(k) = r_f^{\mathrm{T}}(k)r_f(k)$。基于蒙特卡罗仿真，选择检测阈值为 $\Theta_3 = 5.0977$。其检测结果如图 3.11 所示，显然，该方法并不能有效检测出传感器间歇故障的发生时刻与消失时刻。

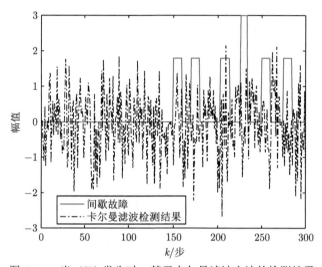

图 3.11　当 $f(k)$ 发生时，基于卡尔曼滤波方法的检测结果

3.4　本 章 小 结

　　本章考虑了含有未知扰动的线性随机动态系统间歇故障检测问题。在第一部分，针对一类含未知干扰和执行器间歇故障的线性离散系统，基于降维未知输入观测器的方法进行间歇故障检测。在第二部分，针对一类含未知干扰和传感器间歇故障的线性离散系统，基于等价空间法，设计优化标量残差。通过分析标量残差的统计特性，提出两个假设检验检测传感器间歇故障的发生时刻和消失时刻。

参 考 文 献

[1]　Ng H, Chen R, Speyer J. A vehicle health monitoring system evaluated experimentally on a passenger vehicle[J]. IEEE Transactions on Control Systems Technology, 2006, 14: 854-870.

[2]　Li H, Shi Y. Output feedback predictive control for constrained linear systems with intermittent measurements[J]. Systems & Control Letters, 2013, 62(4):345-354.

[3] Sedighi T, Phillips P, Foote P. Model-based intermittent fault detection[J]. Procedia Cirp, 2013, 11: 68-73.

[4] 周东华, 史建涛, 何潇. 动态系统间歇故障诊断技术综述 [J]. 自动化学报, 2014, 40(2): 161-171.

[5] Correcher A, Garcia E, Morant F. Intermittent failure dynamics characterization[J]. IEEE Transactions on Reliability, 2012, 61(3): 649-658.

[6] Zhou C, Kumar, R. Computation of diagnosable fault-occurrence indices for systems with repeatable faults[J]. IEEE Transactions on Automatic Control, 2009, 54(7): 1477-1489.

[7] Rashid L, Pattabiraman K, Gopalakrishnan S. Characterizing the impact of intermittent hardware faults on programs[J]. IEEE Transactions on Reliability, 2015, 64(1): 297-310.

[8] Krasnobaev V, Krasnobaev L. Application of Petri nets for the modeling of detection and location of intermittent faults in computers[J].Automation and Remote Control, 1989,49(9): 1198-1204.

[9] Qi H, Ganesan S, Pecht M. No-fault-found and intermittent failures in electronic products[J]. Microelectronics Reliability, 2008, 48(5): 663-674.

[10] Wu Y, Ma L, Bo Y, et al. Reliable mixed H_2/H_∞ control for stochastic time-varying systems against actuator failures[C]. Proceedings of the 33rd Chinese Control Conference, Nanjing, 2014: 3059-3064.

[11] Shivakumar P, Kistler M, Keckler S, et al. Modeling the impact of device and pipeline scaling on the soft error rate of processor elements[R]. Computer Science Department, Austin, 2002.

[12] Tafazoli M. A study of on-orbit spacecraft failures[J]. Acta Astronautica, 2009, 64: 195-205.

[13] 周东华, 叶银忠. 现代故障诊断与容错控制 [M]. 北京: 清华大学出版社, 2000.

[14] Prashant M, Adiwinata G, Charles M, et al. Fault-tolerant control of nonlinear process systems subject to sensor faults[J]. AiChE Journal, 2007, 53(3):654-668.

[15] Gani A, Mhaskar P, Christofides P. Control of a polyethylene reactor: Handling sensor faults[C]. American Control Conference, New York, 2007: 5577-5582.

[16] Patton R, Chen J. Observer-based fault detection and isolation: Robustness and applications[J]. Control Engineering Practice, 1997, 5(5):671-682.

[17] Chow E, Willsky A. Analytical redundancy and the design of robust failure detection systems[J]. IEEE Transactions on Automatic Control, 1984, 29(7):603-614.

[18] Frtunikj J, Rupanov V, Armbruster M. Adaptive Error and Sensor Management for Autonomous Vehicles: Model-based Approach and Run-time System[M]. Cham: Springer International Publishing, 2014: 166-180.

[19] Davis R, Polites M E, Trevino L. Autonomous component health management with failed component detection, identification, and avoidance[C].Proceedings of the In-

stitution of Mechanical Engineers, Part G: Journal of Aerospace Engineering, 2004, 219(6):483-495.

[20]　Carvalho L, Basilio J, Moreira M, et al. Diagnosability of intermittent sensor faults in discrete event systems[C]. American Control Conference, Washington, 2013: 929-934.

[21]　Gustafsson F. Stochastic observability and fault diagnosis of additive changes in state space models[C]. Proceedings of IEEE International Conference on Acoustics, Speech, and Signal Processing, 2001: 2833-2836.

[22]　Castillo A, Zufiria P. Fault detection schemes for continuous-time stochastic dynamical systems[J]. IEEE Transactions on Automatic Control, 2009, 54(8): 1820-1836.

[23]　Chen M, Xu G, Yan R, et al. Detecting scalar intermittent faults in linear stochastic dynamic systems[J]. International Journal of Systems Science, 2015, 46(8): 1337-1348.

[24]　Yan R, He X, Zhou D. Detection of intermittent faults for linear stochastic systems subject to time-varying parametric perturbations[J]. IET Control Theory & Applications, 2016, 10(8): 903-910.

[25]　Kudva P, Viswanadham N, Ramakrishna A. Observers for linear systems with unknown inputs[J]. IEEE Transactions on Automatic Control, 1980, 25(1): 113-115.

[26]　Ding S. Model-based Fault Diagnosis Techniques: Design Schemes, Algorithms, and Tools[M]. Berlin: Springer Science & Business Media, 2008.

[27]　Chen J, Patton R. Robust Model-based Fault Diagnosis for Dynamic Systems[M]. New York: Springer, 1999.

[28]　Zhong M, Song Y, Ding S. Parity space-based fault detection for linear discrete time-varying systems with unknown input[J]. Automatica, 2015, 59:120-126.

[29]　Hagenblad A, Gustafsson F, Klein I. A comparison of two methods for stochastic fault detection : The parity space approach and principal component analysis[C]. IFAC Proceedings Volumes, 2003, 36(16): 1053-1058.

[30]　Gustafsson F. Stochastic fault diagnosability in parity spaces[C]. IFAC Proceedings Volumes, 2002, 35(1):41-46.

[31]　鄢镕易, 何潇, 周东华. 线性离散系统间歇故障的鲁棒检测方法 [J]. 上海交通大学学报, 2015, 49(6): 812-818.

[32]　Yan R, He X, Zhou D. Detecting intermittent sensor faults for linear stochastic systems subject to unknown disturbance[J]. Journal of the Franklin Institute, 2016, 353(17): 4734-4753.

第 4 章　含模型不确定性的线性定常随机系统间歇故障检测

4.1　引　　言

间歇故障是现代复杂工业系统中普遍存在的一类故障 [1-3]。在电子电路系统中，复杂恶劣的工业环境导致的供电电压变化/电磁辐射干扰等是引起间歇故障的主要原因 [4]，约有 90% 的数字电路系统崩溃由间歇故障引起；在混合电路中，间歇故障的发生频率是传统的永久故障的 $10 \sim 30$ 倍 [5]。间歇故障是多种执行器器件和设备的固有故障之一，在航空航天系统中，造成执行器间歇故障的因素有很多，包括元器件磨损、生产制造缺陷、设计缺陷或恶劣工作环境等。初始阶段的间歇故障与小噪声扰动形式类似。随着间歇故障在元器件之间不断传播，器件磨损加重，使得间歇故障的活跃时间增长，幅值增大，表现出明显的间歇性。电力电气系统发生间歇故障的原因包括外部环境污染、电气接触点腐蚀和松动等，间歇故障的发生会降低系统可靠性与安全性，增加电气设备的维护维修成本。一般情况下，间歇故障的发生不影响工业系统的正常运行，但是随着间歇故障发生的频率越来越高，当其超过某一发生频率时，系统将不能正常运行，最终发展成为永久故障，从而需要停产维修，带来经济损失。因此，随着现代工业系统电气化程度越来越高，间歇故障的存在范围也越来越广泛，时刻威胁着系统可靠性与安全性。

与永久故障不同，间歇故障具有一定的随机性，持续时间有限，故障幅值未知，无须外部补偿措施即可自行消失，且通常会重复发生 [6]。通过有效的检测手段及时地检测间歇故障的发生和消失，有助于研究间歇故障的动态特性，从而预测系统失效的时间，提前对系统进行维护，避免停产维修。目前，文献 [7] 研究了间歇性连接故障的演变问题，得到了间歇故障失效密度的线性模型。尽管众多研究表明间歇故障是一种常见故障，但尚缺乏相关的在线检测技术和可诊断性分析理论 [8,9]。因此，考虑到间歇故障的特点，间歇故障的检测要求在每次故障消失 (发生) 之前检测出间歇故障的发生 (消失)[5]，并能准确定位间歇故障。尽管众多研究学者对永久故障提出了很多行之有效的方法 [4,6]，却很难满足上述间歇故障检测要求。

在实际工业环境中，不仅难以获得精确的系统解析模型，还存在大量测量噪声，因此，考虑在测量噪声条件下，研究带有时变参数摄动的线性随机系统的间歇故障检测问题是十分必要的。因此，本章在第 3 章的基础上考虑一类含有模型不确定性的系统的间歇故障检测问题，针对一类存在参数摄动的线性随机系统，提出一种间歇故障发生时刻与消失时刻检测方法[13]。由于系统模型存在未知时变参数摄动，会影响执行器间歇故障的检测，本章首先设计了一组与未知时变参数摄动解耦的残差，并给出了鲁棒残差存在的充分条件。进而通过分析每个残差分量的统计特性，提出两个假设检验，逐一对残差分量进行检测，从而确定间歇故障的发生时刻和消失时刻。在概率意义下，分析了含模型不确定性的随机动态系统间歇故障可检测性，给出了鲁棒检测性能的理论分析结果。最后通过仿真实例验证了所述方法的有效性。

4.2　问 题 描 述

考虑一类含模型不确定性 (时变参数摄动) 的线性随机动态系统：

$$\begin{cases} x(k+1) = \left(A + \sum_{i=1}^{t} a_i(k)A_i \right) x(k) + Bu(k) + \sum_{s=1}^{l} F_s f_s(k) + w(k) \\ y(k) = Cx(k) + v(k) \end{cases} \tag{4.1}$$

式中，$x(k) \in \mathbb{R}^n$，$u(k) \in \mathbb{R}^m$，$y(k) \in \mathbb{R}^n$ 分别为系统的状态、控制输入和测量输出；$A \in \mathbb{R}^{n \times n}$，$B \in \mathbb{R}^{n \times m}$ 分别表示系统(4.1) 相应的参数矩阵；$a_i(k) \in \mathbb{R}$ 表示系统未知时变参数摄动，其对系统结构的影响用已知的常数矩阵 $A_i \in \mathbb{R}^{n \times n}$ 来描述；$f_s(k) \in \mathbb{R}$ 表示第 s 个间歇故障；$F_s \in \mathbb{R}^{n \times 1}$ 表示间歇故障的故障方向矩阵。为方便后续讨论且不失一般性，令 C 为具有适宜维数的单位阵；$w(k) \in \mathbb{R}^n$，$v(k) \in \mathbb{R}^n$ 分别表示过程噪声和测量噪声，二者均为相互独立的零均值高斯白噪声，协方差为 R_w，R_v。

间歇故障 $f_s(k)$ 的动态特性如下所示[2]：

$$f_s(k) = \sum_{q=1}^{\infty} \left(\Gamma \left(k - \mu_{s,q} \right) - \Gamma \left(k - \nu_{s,q} \right) \right) m_s(q) \tag{4.2}$$

式中，$\Gamma(\cdot)$ 为离散阶跃函数；$\mu_{s,q}$、$\nu_{s,q}$ 分别为该间歇故障的第 q 次发生时刻和第 q 次消失时刻，且满足条件 $\mu_{s,q} < \nu_q < \mu_{s,q+1}$。其中，$f_s(k)$ 的第 q 次间歇故障的幅值用 $m_s(q)$: $\mathbb{N}^+ \to \mathbb{R}$ 表示。间歇故障的持续时间可以表示为 $\tau_{s,q}^{\mathrm{dur}} = \nu_{s,q} - \mu_{s,q}$；同理，第 q 次和第 $q+1$ 次间歇故障的间隔时间定义为 $\tau_{s,q}^{\mathrm{int}} = \mu_{s,q+1} - \nu_{s,q}$。

针对上述系统和式(4.2)的间歇故障形式，给出如下假设。

假设 4.1 (1) 模型不确定性 (未知时变摄动) 在一段时间内满足 L_2 范数有界，即 $\alpha_i(k) \in L_2(0, T)$。

(2) 间歇故障的故障方向矩阵 F_s 满足条件：$\mathrm{rank}([F_1 \cdots F_l]) = \mathrm{rank}(F_1) + \cdots + \mathrm{rank}(F_l)$。

假设 4.2 (1) 在每个时刻 k 仅有一个故障方向发生间歇故障。

(2) 每一个间歇故障 $f_s(k)$，都具有已知确定的幅值下界 ρ_s，即 $\forall q \in \mathbb{N}^+$，$|f_s(q)| \geqslant \rho_s$。

(3) 间歇故障 $f_s(k) \in \mathbb{R}$ 的活跃时间与间隔时间具有已知的最小值 $\tilde{\tau}_s$，即 $\tilde{\tau}_s = \min\{\tilde{\tau}_s^{\mathrm{dur}}, \tilde{\tau}_s^{\mathrm{int}}\}$，其中，$\tilde{\tau}_s^{\mathrm{dur}} \triangleq \inf_{q\in\mathbb{N}^+} \tau_{s,q}^{\mathrm{dur}}$ 为间歇故障活跃时间的最小值；同理 $\tilde{\tau}_s^{\mathrm{int}} \triangleq \inf_{q\in\mathbb{N}^+} \tau_{s,q}^{\mathrm{int}}$ 为间歇故障间隔时间的最小值；$\bar{\tau} = \min_{s\in l}\{\tilde{\tau}_s\}$ ($l = \{1, \cdots, l\}$)。

4.3 含模型不确定性系统的间歇故障检测方法

本节内容针对式(4.1)所示的一类含模型不确定性 (时变参数摄动) 的线性随机动态系统的间歇故障检测 (间歇故障发生时刻与消失时刻检测) 与分离问题提出一种间歇故障检测与分离方法。本节首先通过构建一组降维观测器，实现系统的状态估计。进而，引入滑动时间窗口，构造一组截断残差信号，实现残差对某一方向间歇故障的解耦，对其他方向的间歇故障敏感。通过滑动时间窗口与间歇故障信号的相对位置关系，提出两个假设检验分别用于检测间歇故障的发生时刻和消失时刻。通过统计理论，对间歇故障的可检测性进行分析。

4.3.1 间歇故障残差设计

对系统(4.1)进行如下改写：

$$
\begin{aligned}
x(k+1) &= \left(A + \sum_{i=1}^{c} a_i(k)\bar{A}_i + \sum_{j=c+1}^{t} a_j(k)\tilde{A}_j \right) x(k) \\
&\quad + Bu(k) + \sum_{s=1}^{l} F_s f_s(k) + w(k) \\
&= Ax(k) + Bu(k) + \sum_{i=1} \bar{A}_i a_i(k) x(k) \\
&\quad + \sum_{j=c+1}^{t} \tilde{A}_j a_j(k) x(k) + \sum_{s=1}^{l} F_s f_s(k) + w(k)
\end{aligned}
\tag{4.3}
$$

式(4.3)中相应的参数矩阵定义如下：$\bar{A}_i = E_{h_i,h_i}$ ($i = 1, \cdots, c$, $c < n$)，表示系统矩阵 A 按列向量对系统(4.1)产生影响的时变参数摄动矩阵[10]；$\tilde{A}_j = E_{k_j,z_j}$ ($j = $

$c+1,\cdots,t)$ 表示系统矩阵 A 的非对角线元素位置处按非对角线上的元素对系统产生影响的时变参数摄动矩阵；E_{h_i,h_i}，$E_{k_j,z_j} \in \mathbb{R}^{n\times n}$ 表示只在对应位置 $(h_i,\ h_i)$，$(k_j,\ z_j)$ 有唯一非零元素 1 的 $(0,\ 1)$ 矩阵 [10]。为了简化问题描述，在这里令 $\hat{\bar{A}}_{h_i} = A(:,\ h_i)$，表示系统矩阵 A 的第 h_i 列，x_{h_i} 表示系统状态向量第 h_i 个元素，$A(k_j,\ z_j)$ 表示系统矩阵 A 的第 $(k_j,\ z_j)$ 个元素，e_{k_j} 表示适当维数的第 k_j 个元素为 1 的单位向量。定义如下形式矩阵：

$$\hat{\bar{a}}_i(k) = a_i(k)x_{h_i}(k) \tag{4.4}$$

$$\hat{\bar{A}}_j = A(k_j,\ z_j)\,e_{k_j} \tag{4.5}$$

$$\hat{\bar{a}}_j(k) = a_j(k)x_{z_j}(k) \tag{4.6}$$

$$\hat{E} = \begin{bmatrix} \hat{\bar{A}}_{h_1} & \cdots & \hat{\bar{A}}_{h_c} & \hat{\bar{A}}_{c+1} & \cdots \hat{A}_t \end{bmatrix} \tag{4.7}$$

$$\hat{d}(k) = \begin{bmatrix} \hat{\bar{a}}_1(k) & \cdots & \hat{\bar{a}}_c(k) & \hat{\bar{a}}_{c+1}(k) & \cdots & \hat{\bar{a}}_t(k) \end{bmatrix}^{\mathrm{T}} \tag{4.8}$$

根据第 3 章中构建未知干扰降维观测器的要求，通过线性变换 $\hat{E} = \bar{E}D$ 可得到相应的列满秩矩阵 $\bar{E}$，其中，$\bar{d}(k) = D\hat{d}(k)$。因此，系统(4.3)等价于：

$$x(k+1) = Ax(k) + Bu(k) + \bar{E}\bar{d}(k) + \sum_{s=1}^{l} F_s f_s(k) + w(k) \tag{4.9}$$

进一步整理系统，设计 l 组结构化标量残差，通过对式(4.9)进行相应的变换；令 $p = n-1, l = \{1,\cdots,l\}, I_t$ 表示 t 维单位矩阵。$\widetilde{I}_p = [I_p \quad 0_{p\times 1}], \bar{I}_1 = [0_{1\times p} \quad I_1]$。对每一组间歇故障 $f_s(k)$，令 $\check{E}_s = \begin{bmatrix} \bar{E} & F_s \end{bmatrix}$，以及

$$\begin{cases} \check{f}_s(k) = \begin{bmatrix} f_1(k) & \cdots & f_{s-1}(k) & f_{s+1}(k) & \cdots & f_l(k) \end{bmatrix}^{\mathrm{T}} \\ \check{F}_s = \begin{bmatrix} F_1 & \cdots & F_{s-1} & F_{s+1} & \cdots & F_l \end{bmatrix} \\ \check{d}_s(k) = \begin{bmatrix} \bar{d}^{\mathrm{T}}(k) & f_s^{\mathrm{T}}(k) \end{bmatrix}^{\mathrm{T}} \end{cases} \tag{4.10}$$

因此，系统(4.9)可以改写为相应的 l 组系统模型，其中第 $s(s \in l)$ 组系统可以写成如下形式：

$$\begin{cases} x_p(k+1) = A_{11}x_p(k) + A_{12}\vartheta(k) + B_1u(k) + \check{E}_{s,\ 1}d_s(k) + \check{F}_{s,\ 1}\check{f}_s(k) + \widetilde{I}_p w(k) \\ \vartheta(k+1) = A_{21}x_p(k) + A_{22}\vartheta(k) + B_2u(k) + \check{E}_{s,\ 2}\check{d}_s(k) + \check{F}_{s,\ 2}\check{f}_s(k) + \bar{I}_1 w(k) \\ y_p(k) = x_p(k) + \widetilde{I}_p v(k) \\ y_\vartheta(k) = \vartheta(k) + \bar{I}_1 v(k) \end{cases}$$

$$\tag{4.11}$$

式中，状态向量 $x(k)$ 可以写为形式 $x(k) = \begin{bmatrix} x_p^{\mathrm{T}}(k) & \vartheta^{\mathrm{T}}(k) \end{bmatrix}^{\mathrm{T}}$。类似地，输出向量 $y(k) = \begin{bmatrix} y_p^{\mathrm{T}}(k) & y_\vartheta^{\mathrm{T}}(k) \end{bmatrix}^{\mathrm{T}}$，$\vartheta(k)$，$y_\vartheta(k) \in \mathbb{R}$。$A_{ij}$，$B_i$，$\check{E}_{s,\,i}$ 和 $\check{F}_{s,\,i}(s \in l,\, i,\, j \in \{1,\,2\})$ 为相应的适当维数的分块矩阵。显然，根据式(4.9)可得，$\check{d}_s(k)$ 仅与未知参数摄动和间歇故障 $f_s(k)$ 有关，与间歇故障 $f_j(k)(j \neq s)$ 无关。

假设 4.3 假设 $\forall s \in l$，$\mathrm{rank}\,(\check{E}_s) = \mathrm{rank}\,(\check{E}_{s,\,1}) = \tilde{d}_s$ 满足。若系统不满足该假设，与第 3 章假设相同，可以通过线性变换使其满足该条件。

由假设 4.3 与文献 [6]，可以构造一组未知输入降维观测器。对第 $s(s \in l)$ 组系统模型，引入满足 $0 < \Delta k_s < \bar{\tau}$ 的滑动时间窗口长度 Δk_s，根据第 3 章所述的未知输入观测器的方法，构造如下形式的残差生成器：

$$
\begin{cases}
z_s(k+1) = N_s z_s(k) + G_s y_p(k) + H_s u(k) \\
\hat{\vartheta}_s(k) = z_s(k) + L_s y_p(k) \\
r_s(k) = y_\vartheta(k) - \hat{\vartheta}_s(k) \\
r_s(k,\ \Delta k_s) = r_s(k) - N_s^{\Delta k_s} r_s(k - \Delta k_s)
\end{cases}
\tag{4.12}
$$

通过设计参数矩阵 N_s，G_s，H_s 和 L_s 使残差生成器(4.12)满足条件 4.1。

条件 4.1 (1) 残差 $r_s(k,\ \Delta k_s)$ 与时变参数摄动 $a_i(k)(i = 1, \cdots, c)$，$a_j(k)(j = c+1, \cdots, t)$ 及 $f_s(k)$ 解耦，同时对间歇故障 $f_j(k)(j \neq s)$ 敏感；

(2) 每一组残差生成器都是稳定的。

定理 4.1 对于系统(4.3)所描述的一类存在模型不确定（未知时变参数摄动）的线性离散随机动态系统，设计 l 组满足条件 4.1 的截断残差生成器(4.12)，系统(4.3)需满足的充分条件为：

(1) $\mathrm{rank}([\bar{E} \quad \bar{F}]) = \mathrm{rank}(\bar{E}) + \mathrm{rank}(\bar{F}) \leqslant n$；

(2) $\forall s \in l$，$(C,\ A,\ E_s)(C = I_n)$ 具有稳定不变零点；

(3) $\forall s \in l$，对于由 $L_s = \check{E}_{s,\,2} \check{E}_{s,\,1}^\dagger + K \left(I_p - \check{E}_{s,\,1} \check{E}_{s,\,1}^\dagger \right)$ 确定的 L_s，满足 $F_{j,\,2} - L_s F_{j,\,1} \neq 0 (\forall j \neq s)$。其中，$\bar{E}$ 为 $\hat{E}$ 对应列满秩矩阵，$\check{E}_s = [\bar{E} \quad \check{F}_s]$，$\bar{F} = [F_1 \cdots F_l]$，$\check{E}_{s,\,i}$ 和 $F_{s,\,i}(i = 1,\ 2)$ 为式(4.11)中所示分块矩阵及对应子矩阵，$K \in \mathbb{R}^{1 \times p}$ 为选定的适宜维数矩阵。

证明 对于不满足假设(4.3)的系统，线性变换后可以满足假设条件。为了实现对间歇故障的分离，需要设计一组参数实现残差对间歇故障的分离，当 $\mathrm{rank}([\bar{E} \quad \bar{F}]) = \mathrm{rank}(\bar{E}) + \mathrm{rank}(\bar{F}) \leqslant n$ 得到满足时，对第 $s(s \in l)$ 组的系统(4.12)，相应的参数可以按如下公式计算：

$$
\begin{cases}
L_s = \check{E}_{s,\ 2}\check{E}_{s,\ 1}^{\dagger} + K\left(I_p - \check{E}_{s,\ 1}\check{E}_{s,\ 1}^{\dagger}\right) \\
N_s = A_{22} - L_s A_{12} \\
G_s = N_s L_s + A_{21} - L_s A_{11} \\
H_s = B_2 - L_s B_1
\end{cases}
\tag{4.13}
$$

通过式(4.13)计算相应参数,使得残差 $r_s(k)$ 对模型不确定 (未知时变参数)$\bar{d}(k)$ 和间歇故障 $f_s(k)$ 实现解耦。显然, 由于之前的假设 $p = n - 1$, $\dim\left[r_s(k)\right] = 1$。为了简化表达, 令 $N_s = \lambda_s$。根据第 3 章所给出的残差生成器(4.12)稳定的条件,条件 (2) 满足时, 式(4.12)的极点可以任意配置[11]。后面内容中, 令 $0 < \lambda_s < 1$,进行间歇故障可检测分析。定义降维估计误差 $e_{\vartheta_s}(k+1) = \vartheta_s(k+1) - \hat{\vartheta}_s(k+1)$,由式(4.12)与式(4.13)可得

$$
\begin{aligned}
e_{\vartheta_s}(k+1) =& \lambda_s e_{\vartheta_s}(k) + \sum_{j \neq s}\left(F_{j,\ 2} - L_s F_{j,\ 1}\right)f_j(k) + \left(\bar{I}_1 - L_s \tilde{I}_p\right)w(k) \\
& - L_s \tilde{I}_p v(k+1) - \left(A_{21} - L_s A_{11}\right)\tilde{I}_p v(k)
\end{aligned}
\tag{4.14}
$$

式中, $F_{j,\ i}$ 为 $\check{F}_{s,\ i}(s \in l,\ i,\ j \in \{1,\ 2\})$ 的对应子矩阵, 初始残差 $r_s(k)$ 为

$$
\begin{aligned}
r_s(k) =& y_{\vartheta_s}(k) - \hat{\vartheta}_s(k) \\
=& \lambda_s e_{\vartheta_s}(k-1) + \left(\bar{I}_1 - L_s \tilde{I}_p\right)v(k) + \left(\bar{I}_1 - L_s \tilde{I}_p\right)w(k-1) \\
& - \left(A_{21} - L_s A_{11}\right)\tilde{I}_p v(k-1) + \sum_{j \neq s}\left(F_{j,\ 2} - L_s F_{j,\ 1}\right)f_j(k-1)
\end{aligned}
\tag{4.15}
$$

为了实现间歇故障发生时刻、消失时刻的检测, 引入滑动时间窗口 Δk_s 构造新的截断残差 $r_s\left(k,\ \Delta k_s\right)$:

$$
\begin{aligned}
r_s\left(k,\ \Delta k_s\right) =& r_s(k) - \lambda_s^{\Delta k_s} r_s\left(k - \Delta k_s\right) \\
=& \sum_{i=0}^{\Delta k_s - 1} \lambda_s^{\Delta k_s - 1 - i}\left(\check{P}_s \check{f}_s\left(k - \Delta k_s + i\right) + S_s w\left(k - \Delta k_s + i\right)\right. \\
& \left. - Q_s \tilde{I}_p v\left(k - \Delta k_s + i\right) - L_s \tilde{I}_p v\left(k - \Delta k_s + 1 + i\right)\right) \\
& + \bar{I}_1 v(k) - \lambda_s^{\Delta k_s} \bar{I}_1 v\left(k - \Delta k_s\right)
\end{aligned}
\tag{4.16}
$$

式中, $S_s = \bar{I}_1 - L_s \tilde{I}_p$; $Q_s = A_{21} - L_s A_{11}$; $\check{P}_s = [(F_{1,\ 2} - L_s F_{1,\ 1}) \cdots (F_{s-1,\ 2} - L_s F_{s-1,\ 1})\ (F_{s+1,\ 2} - L_s F_{s+1,\ 1}) \cdots (F_{l,\ 2} - L_s F_{l,\ 1})]$。显然, 若满足定理 4.1中的充分条件, 则截断残差信号 $r_s\left(k,\ \Delta k_s\right)$ 对模型不确定时变参数 $a_i(k)(i =$

$1, \cdots, c)$, $a_j(k)$ $(j = c+1, \cdots, t)$ 和间歇故障 $f_s(k)$ 解耦，而对间歇故障 $f_j(k)(j \neq s)$ 敏感。因此可以设计满足条件 4.1 的结构化残差。证毕。

注释 4.1 根据第 3 章讨论的内容，截断残差信号 $r_s(k, \Delta k_s)$ 与间歇故障 $f_j(j \neq s)$ 的相对位置关系有 4 种 [2]，$r_s(k, \Delta k)$ 仅与滑动时间窗口时间长度内的间歇故障 $\check{f}_s(k)$ 以及随机噪声 $w(k)$，$v(k)$ 有关，而与滑动时间窗口之前的历史残差信息无关。因此截断残差信号 $r_s(k, \Delta k)$ 对间歇故障的发生时刻与消失时刻更加敏感。由文献 [2] 以及第 3 章中的分析可知，滑动事件窗口 Δk_s 的选取与间歇故障发生和消失时刻的检测时延有关，Δk_s 越大，则可允许的间歇故障发生时刻和消失时刻检测时延的最小值越大。考虑到间歇故障的最小持续/间隔时间，可以选择滑动时间窗口 Δk_s 以满足间歇故障检测时间的要求。

4.3.2 截断残差统计特性分析

根据如式(4.16)所示的截断残差信号可以将 $r_s(k, \Delta k_s)$ 写成如下两部分，形式如下：

$$p_{s,\,0}(k, \Delta k_s) = \sum_{i=0}^{\Delta k_s - 1} \lambda_s^{\Delta k_s - 1 - i} \check{P}_s \check{f}_s(k - \Delta k_s + i) \tag{4.17}$$

以及

$$
\begin{aligned}
& p_{s,\,1}(k, \Delta k_s) \\
&= \sum_{i=0}^{\Delta k_s - 1} \lambda_s^{\Delta k_s - 1 - i} S_s w(k - \Delta k_s + i) \\
& \quad - \sum_{i=0}^{\Delta k_s - 1} \lambda_s^{\Delta k_s - 1 - i} \left(Q_s \tilde{I}_p v(k - \Delta k_s + i) + L_s I_p v(k - \Delta k_s + 1 + i) \right) \\
& \quad + \bar{I}_1 v(k) - \lambda_s^{\Delta k_s} \bar{I}_1 v(k - \Delta k_s)
\end{aligned}
\tag{4.18}
$$

根据式(4.17)，显然 $p_{s,\,1}(k, \Delta k_s)$ 仅与随机噪声 $w(k)$，$v(k)$ 有关。根据系统(4.1)所给出的 $w(k), v(k)$ 为相互独立的零均值高斯白噪声，显然 $p_{s,\,1}(k, \Delta k_s)$ 也服从均值为 0 的高斯分布，即 $\mathbb{E}[p_{s,\,1}(k, \Delta k_s)] = 0$，方差 $\mathrm{Var}[p_{s,\,1}(k, \Delta k_s)]$ 为

$$
\begin{aligned}
& \mathrm{Var}[p_{s,\,1}(k, \Delta k_s)] \\
&= \sum_{i=0}^{\Delta k_s - 1} \lambda_s^{2(\Delta k_s - 1 - i)} S_s R_w S_s^{\mathrm{T}} + \lambda_s^{2\Delta k_s - 2} \left(Q_s \tilde{I}_p + \lambda_s \bar{I}_1 \right) R_v \left(Q_s \tilde{I}_p + \lambda_s \bar{I}_1 \right)^{\mathrm{T}} \\
& \quad + \lambda_s^{2\Delta k_s - 4} \left(Q_s + \lambda_s L_s \right) \tilde{I}_p R_v \tilde{I}_p^{\mathrm{T}} \left(Q_s + \lambda_s L_s \right)^{\mathrm{T}} + \cdots + \left(Q_s + \lambda_s L_s \right) \tilde{I}_p
\end{aligned}
$$

$$R_v \tilde{I}_p^{\mathrm{T}} (Q_s + \lambda_s L_s)^{\mathrm{T}} + \left(L_s \tilde{I}_p - \bar{I}_1\right) R_v \left(L_s \tilde{I}_p - \tilde{I}_1\right)^{\mathrm{T}}$$

$$= \frac{1 - \lambda_s^{2\Delta k}}{1 - \lambda_s^2} S_s R_w S_s^{\mathrm{T}} + \frac{1 - \lambda_s^{2\Delta k - 2}}{1 - \lambda_s^2} (Q_s + \lambda_s L_s) \tilde{I}_p R_v \tilde{I}_p^{\mathrm{T}} (Q_s + \lambda_s L_s)^{\mathrm{T}}$$

$$+ \lambda_s^{2\Delta k_s - 2} \left(Q_s \tilde{I}_p + \lambda_s \bar{I}_1\right) R_v \left(Q_s \tilde{I}_p + \lambda_s \bar{I}_1\right)^{\mathrm{T}} + \left(L_s \tilde{I}_p - \bar{I}_1\right) R_v$$

$$\left(L_s \tilde{I}_p - \bar{I}_1\right)^{\mathrm{T}} \tag{4.19}$$

为了方便后续表达, 令

$$\sigma_s (\Delta k_s) = \sqrt{\mathrm{Var}\left[p_{s,\,1}(k,\,\Delta k_s)\right]} \tag{4.20}$$

间歇故障不仅要求检测发生时刻与消失时刻, 而且要求在每次故障消失 (发生) 之前检测出下一次间歇故障的发生 (消失), 并准确定位故障。以下基于滑动时间窗口与间歇故障信号的相对位置关系, 分析了截断式残差的统计特性, 并提出两个假设检验分别检测间歇故障的发生和消失。

4.3.3　间歇故障发生时刻检测

根据假设 4.2, 如果间歇故障 $f_{\tilde{s}}(k)(\tilde{s} \in l)$ 发生, 由间歇故障信号 $f_{\tilde{s}}(k)(\tilde{s} \in l)$ 与滑动时间窗口 Δk_s 的 4 种相对位置关系可得, 当 $\nu_{\tilde{s},\,q} \leqslant k - \Delta k_s < k < \mu_{\tilde{s},\,q+1}$ 时, $\forall s \in l, \mathbb{E}\left[r_s(k,\,\Delta k_s)\right] = 0$; 当 $k \geqslant \mu_{\tilde{s},\,q} + \Delta k_s$ 时, $\forall s \neq \tilde{s}, \mathbb{E}\left[r_s(k,\,\Delta k_s)\right] \neq 0$。因此, 在本章中提出下列假设检验用来检测间歇故障 $f_{\tilde{s}}(k)(\tilde{s} \in l)$ 的第 q 次故障的发生时刻 $\mu_{\tilde{s},\,q}$:

$$\begin{cases} H_0^A: & \forall s \in l, \quad \mathbb{E}\left[r_s(k,\,\Delta k_s)\right] = 0 \\ H_1^A: & \exists s \in l, \quad \mathbb{E}\left[r_s(k,\,\Delta k_s)\right] \neq 0 \end{cases} \tag{4.21}$$

根据第 3 章介绍的假设检验的方法[2], 对于给定显著性水平 γ_s, 基于 Mahalanobis 距离和式(4.21) 计算每个残差信号 $r_s(k,\,\Delta k_s)$ 的接受域 $W_s(\Delta k_s)$ 为

$$W_s(\Delta k_s) = \left(-h_{\frac{\gamma_s}{2}} \sigma_s(\Delta k_s),\ h_{\frac{\gamma_s}{2}} \sigma_s(\Delta k_s)\right) \tag{4.22}$$

式中, $h_{\frac{\gamma_s}{2}}$ 表示标准正态分布概率值为 $\frac{\gamma_s}{2}$ 的分布区间 $[h_{\frac{\gamma_s}{2}},\ +\infty)$ 的边界值。根据式(4.21)和式(4.22), 定义间歇故障发生时刻 $\mu_{\tilde{s},\,q}$ 的实际检测值 $\mu_{\tilde{s},\,q}^{\mathrm{dec}}$ 为

$$\mu_{\tilde{s},\,q}^{\mathrm{dec}} = \min_{s \in l}\left\{\inf\left\{k > \mu_{\tilde{s},\,q}: r_s(k,\,\Delta k_s) \notin W_s(\Delta k_s)\right\}\right\} \tag{4.23}$$

根据式(4.23)可得间歇故障发生时刻 $\mu_{\tilde{s},\,q}$ 的检测阈值为 $\Theta_s^1 = \pm h_{\frac{\gamma_s}{2}}\sigma_s(\Delta k_s)$，即 $\forall s \in l$，若截断残差信号 $r_s(k,\,\Delta k_s)$ 超过对应的检测阈值，则可以判定间歇故障发生并确定其发生时刻。

4.3.4 间歇故障消失时刻检测

根据假设 4.2，如果间歇故障 $f_{\tilde{s}}(k)(\tilde{s} \in l)$ 发生，根据间歇故障信号 $f_{\tilde{s}}(k)(\tilde{s} \in l)$ 与滑动时间窗口 Δk_s 的 4 种相对位置关系可得，当 $\mu_{\tilde{s},\,q} \leqslant k - \Delta k_s < k < \nu_{\tilde{s},\,q}$ 时，$\forall s \neq \tilde{s}$ 可得

$$p_{s,\,0}(k,\,\Delta k_s) = \frac{1 - \lambda_s^{\Delta k_s}}{1 - \lambda_s}\left(F_{\tilde{s},\,2} - L_s F_{\tilde{s},\,1}\right)f_{\tilde{s}}(q) \tag{4.24}$$

根据假设 4.2，$\forall q \in \mathbb{N}^+$，$|f_{\tilde{s}}(q)| \geqslant \rho_{\tilde{s}}$。令

$$\breve{\mu}_s(\Delta k_s) = \min_{\tilde{s} \in l,\,\tilde{s} \neq s}\left\{\left|\frac{1 - \lambda_s^{\Delta k_s}}{1 - \lambda_s}\left(F_{\tilde{s},\,2} - L_s F_{\tilde{s},\,1}\right)\rho_{\tilde{s}}\right|\right\} \tag{4.25}$$

根据式(4.17)和式(4.18)，以及式(4.17)的定义，当 $\mu_{\tilde{s},\,q} \leqslant k - \Delta k_s < k < \nu_{\tilde{s},\,q}(\forall s \neq \tilde{s})$，可以得到 $|\mathbb{E}\left[r_s(k,\,\Delta k_s)\right]| \geqslant \breve{\mu}_s(\Delta k_s)$；当 $k \geqslant \nu_{\tilde{s},\,q}$，$|\mathbb{E}\left[r_s(k,\,\Delta k_s)\right]|$ 逐渐减小至 0。因此，本章提出如下假设检验检测间歇故障 $f_s(k)$ 的第 q 次故障消失时刻 $\nu_{\tilde{s},\,q}$：

$$\begin{cases} H_0^D: & \exists s \in l, \quad |\mathbb{E}\left[r_s(k,\,\Delta k_s)\right]| \geqslant \breve{\mu}_s(\Delta k_s) \\ H_1^D: & \forall s \in l, \quad |\mathbb{E}\left[r_s(k,\,\Delta k_s)\right]| < \breve{\mu}_s(\Delta k_s) \end{cases} \tag{4.26}$$

对于假设检验(4.26)，给定显著性水平 θ_s，与第 3 章类似，则式(4.26)中的截断残差信号 $r_s(k,\,\Delta k_s)$ 的接受域为 [2]

$$V_s(\Delta k_s) = (-\infty,\ -\breve{\mu}_s(\Delta k_s) + h_{\theta_s}\sigma_s(\Delta k_s)) \cup (\breve{\mu}_s(\Delta k_s) - h_{\theta_s}\sigma_s(\Delta k_s),\ +\infty) \tag{4.27}$$

根据式(4.26)定义 $\nu_{\tilde{s},\,q}$ 的实际检测时刻 $\nu_{\tilde{s},\,q}^{\mathrm{dec}}$ 为

$$\nu_{\tilde{s},\,q}^{\mathrm{dec}} = \max_{s \in l,\,s \neq \tilde{s}}\left\{\inf\left\{k > \nu_{\tilde{s},\,q} : r_s(k,\,\Delta k_s) \notin V_s(\Delta k_s)\right\}\right\} \tag{4.28}$$

因此，与第 3 章方法类似，间歇故障 $f_{\tilde{s}}(k)$ 消失时刻的检测阈值为 $\Theta_s^2 = \pm(\breve{\mu}_s(\Delta k_s) - h_{\theta_s}\sigma_s(\Delta k_s))$，即 $\forall s \in l$，当所有的残差信号 $r_s(k,\,\Delta k_s)$ 都降到对应阈值范围内时，判定间歇故障消失并确定消失时刻。

4.3.5 间歇故障分离策略

根据式(4.16)的残差，可知若间歇故障信号 $f_{\tilde{s}}(k)$ 发生，可以得到 $\mathbb{E}\left[r_{\tilde{s}}(k,\,\Delta k_{\tilde{s}})\right] \equiv 0$。根据式(4.21)进行间歇故障发生时刻检测时，$\forall s \in l$，可得 $-h_{\frac{\gamma_{\tilde{s}}}{2}}\sigma_{\tilde{s}}(\Delta k_{\tilde{s}}) <$

$r_{\tilde{s}}(k,\ \Delta k_{\tilde{s}}) < h_{\frac{\gamma_{\tilde{s}}}{2}}\sigma_{\tilde{s}}(\Delta k_{\tilde{s}})$ 恒成立，从而定位间歇故障方向 $F_{\tilde{s}}$。根据式(4.26)进行间歇故障消失时刻检测时，由于 $|\mathbb{E}\left[r_{\tilde{s}}(k,\ \Delta k_{\tilde{s}})\right]| < \breve{\mu}_{\tilde{s}}(\Delta k_{\tilde{s}})$ 恒成立，因此，不需要再利用 $r_{\tilde{s}}(k,\ \Delta k_{\tilde{s}})$ 进行消失时刻检测。综上所述，可以提出如下间歇故障分离策略。

当 $F_{\tilde{s}}$ 方向发生间歇故障时，残差 $r_s(k,\ \Delta k_s)(\forall s \in l)$ 满足如下的分离逻辑：

(1) $\forall k > 0,\ r_{\tilde{s}}(k,\ \Delta k_{\tilde{s}}) \in W_{\tilde{s}}(\Delta k_{\tilde{s}})$；

(2) $\forall s \neq \tilde{s},\ \exists k > 0,\ r_s(k,\ \Delta k_s) \notin W_s(\Delta k_s)$。

4.3.6　间歇故障检测算法

根据本章以及第 3 章的分析，并参考文献 [11] 给出的算法，本节给出如下鲁棒间歇故障检测算法。

算法 4.1　(1) 对系统(4.1)进行线性变换得系统 (4.9)。

(2) 验证假设条件 $\mathrm{rank}([\bar{E}\quad \bar{F}]) = \mathrm{rank}(\bar{E}) + \mathrm{rank}(\bar{F}) \leqslant n$ 是否满足。若满足，继续；不满足，则停止。

(3) 由式(4.9)整理得到式(4.10)所示 l 组系统；验证每一组系统是否满足 $\mathrm{rank}(\breve{E}_s) = \mathrm{rank}(\breve{E}_{s,\,1})$；若条件满足则继续下一步；若不满足，对式(4.9)进行线性变换使式(4.10)满足上述条件。

(4) 对 $\breve{E}_{s,\,1}$ 进行正交三角分解，得到 $\breve{E}_{s,\,1} = \bar{Q}_s\left[\hat{E}_{s,\,1}^{\mathrm{T}}\quad 0^{\mathrm{T}}\right]^{\mathrm{T}}$，令 $\bar{S}_s = \bar{Q}_s^{-1}$，根据

$$\begin{cases} \bar{S}_s A_{12} = \left[\left(\hat{A}_{s,\,12}^1\right)^{\mathrm{T}}\quad \left(\hat{A}_{s,\,12}^2\right)^{\mathrm{T}}\right]^{\mathrm{T}} \\ K_s \bar{S}_s^{\mathrm{T}} = \left[\hat{K}_{s,\,1}\quad \hat{K}_{s,\,2}\right] \end{cases}$$

计算参数 $\hat{A}_{s,\,12}^2 \in \mathbb{R}^{(p-\tilde{d}_s)\times 1}$，$\hat{K}_{s,\,2} \in \mathbb{R}^{1\times(p-\tilde{d}_s)}$。

(5) 配置极点 λ_s，选择适维矩阵 $\hat{K}_{s,\,2}$，根据 $\lambda_s = \lambda_{s,\,1} - \hat{K}_{s,\,2}\hat{A}_{s,\,12}^2$ 配置 λ_s，其中，$\lambda_{s,\,1} = A_{22} - \breve{E}_{s,\,2}\left(\hat{E}_{s,\,1}\right)^{-1}\hat{A}_{s,\,12}^1$。

(6) 根据 $L_s = \left[\breve{E}_{s,\,2}\left(\hat{E}_{s,\,1}\right)^{-1}\quad \hat{K}_{s,\,2}\right]\bar{S}_s$ 计算 L_s，检验 $F_{j,\,2} - L_s F_{j,\,1} \neq 0(j \neq s)$ 是否成立。若成立，则继续；若不成立，则停止，或在步骤 (5) 中重新配置 λ_s。

(7) 根据式(4.13)计算 G_s 和 H_s。

(8) 设定 γ_s 和 θ_s。

(9) 根据 $\bar{\tau}$ 选择满足 $0 < \Delta k_s < \bar{\tau}$ 的滑动时间窗口 Δk_s，构造截断残差 $r_s(k,\ \Delta k_s)$。

(10) 根据式(4.19)计算 $\sigma_s(\Delta k_s)$。

(11) 计算接受域 $W_s(\Delta k_s)$ 和 $V_s(\Delta k_s)$，确定间歇故障发生时刻和消失时刻的检测阈值 Θ_s^1 和 Θ_s^2。

(12) 根据式(4.21)和式(4.26)检测间歇故障的发生和消失，并根据分离策略定位故障方向。

4.4　仿　真　验　证

为验证上述方法的有效性，考虑在椭圆参考轨道运行的某卫星的间歇故障检测问题 [12]，其受到未知参数摄动和间歇故障影响的动力学模型为

$$\begin{cases} x(k+1) = \left(A + \sum_{i=1}^{3} a_i(k) A_i \right) x(k) + Bu(k) + \sum_{s=1}^{3} F_s f_s(k) + w(k) \\ y(k) = x(k) + v(k) \end{cases} \tag{4.29}$$

式中，状态向量 $x(k) = \begin{bmatrix} s_x & v_x & s_y & v_y & s_z & v_z \end{bmatrix}^{\mathrm{T}}$ 各分量分别表示卫星在指向参考轨道半径方向 (x 方向)、沿参考轨道切线方向 (y 方向) 和垂直于参考轨道平面 (z 方向) 的位移和速度；$\begin{bmatrix} u_x & u_y & u_z \end{bmatrix}^{\mathrm{T}}$ 表示该卫星系统的控制输入，各分量分别为注入三个推进器的加速度推力；$y(k)$ 为实际测量输出；$a_i(k)$ 表示该卫星系统的动力参数摄动，其对系统结构的影响用 A_i 表示；$f_s(k)$ 表示间歇故障信号；F_s 为对应故障方向；$w(k)$, $v(k)$ 分别表示过程噪声和测量噪声。设卫星轨道率为 4，采样时间为 $\bar{T} = 0.01$ s，那么可以得到系统(4.29)的参数矩阵为

$$A = \begin{bmatrix} 1.00 & 0.01 & 0 & 0 & 0 & 0 \\ -0.12 & 0.93 & 0 & 0.10 & 0 & 0 \\ 0 & 0 & 1.00 & 0.01 & 0 & 0 \\ 0 & 0 & -0.02 & 0.97 & 0 & 0 \\ 0 & 0 & 0 & 0 & 1.00 & 0.01 \\ 0 & 0 & 0 & 0 & -0.02 & 0.97 \end{bmatrix}$$

$$A_1 = \begin{bmatrix} 0 & 0 & 0 & 0 & 0 & 0 \\ 0.01 & 0 & 0 & 0 & 0 & 0 \\ 0 & 0 & 0 & 0 & 0 & 0 \\ 0 & 0 & 0 & 0 & 0 & 0 \\ 0 & 0 & 0 & 0 & 0 & 0 \\ 0 & 0 & 0 & 0 & 0 & 0 \end{bmatrix}, \quad A_2 = \begin{bmatrix} 0 & 0 & 0 & 0 & 0 & 0 \\ 0 & 0 & 0 & 0.01 & 0 & 0 \\ 0 & 0 & 0 & 0 & 0 & 0 \\ 0 & 0 & 0 & 0 & 0 & 0 \\ 0 & 0 & 0 & 0 & 0 & 0 \\ 0 & 0 & 0 & 0 & 0 & 0 \end{bmatrix}$$

$$A_3 = \begin{bmatrix} 0 & 0 & 0 & 0 & 0 & 0 \\ 0 & 0 & 0 & 0 & 0 & 0 \\ 0 & 0 & 0 & 0 & 0 & 0 \\ 0 & 0.01 & 0 & 0 & 0 & 0 \\ 0 & 0 & 0 & 0 & 0 & 0 \\ 0 & 0 & 0 & 0 & 0 & 0 \end{bmatrix}$$

$$B = \begin{bmatrix} 0 & 0 & 0 \\ 0.01 & 0 & 0 \\ 0 & 0 & 0 \\ 0 & 0.01 & 0 \\ 0 & 0 & 0 \\ 0 & 0 & 0.01 \end{bmatrix}, \quad F_1 = \begin{bmatrix} 0 \\ 0.67 \\ 0 \\ 0 \\ 0 \\ 0 \end{bmatrix}$$

$$F_2 = \begin{bmatrix} 0 \\ 0 \\ 0 \\ 0.58 \\ 0 \\ 0 \end{bmatrix}, \quad F_3 = \begin{bmatrix} 0 \\ 0 \\ 0 \\ 0 \\ 0 \\ 0.47 \end{bmatrix}$$

仿真中，$a_i(k)$ 服从 $[-1, 1]$ 的均匀分布，不失一般性，假设系统噪声 $w(k)$ 和测量噪声 $v(k)$ 为零均值高斯白噪声，其协方差矩阵分别为

$$R_w = \begin{bmatrix} 0 & 0 & 0 & 0 & 0 & 0 \\ 0 & 0.1^2 & 0 & 0 & 0 & 0 \\ 0 & 0 & 0 & 0 & 0 & 0 \\ 0 & 0 & 0 & 0.1^2 & 0 & 0 \\ 0 & 0 & 0 & 0 & 0 & 0 \\ 0 & 0 & 0 & 0 & 0 & 0.1^2 \end{bmatrix}$$

$$R_v = \begin{bmatrix} 0.1^2 & 0 & 0 & 0 & 0 & 0 \\ 0 & 0.1^2 & 0 & 0 & 0 & 0 \\ 0 & 0 & 0.1^2 & 0 & 0 & 0 \\ 0 & 0 & 0 & 0.1^2 & 0 & 0 \\ 0 & 0 & 0 & 0 & 0.1^2 & 0 \\ 0 & 0 & 0 & 0 & 0 & 0.1^2 \end{bmatrix}$$

根据本章的方法，系统 (4.29)满足定理 4.1 所示条件，因此，基于降维未知

输入观测器,能够设计 3 组残差生成器,使得 $r_s(k)(s \in \{1,\ 2,\ 3\})$ 对未知摄动 $a_i(k)$、间歇故障 $f_s(k)$ 解耦,而对间歇故障 $f_j(k)(j \neq s)$ 敏感。假设 F_2 方向发生间歇故障,根据算法 4.1,按照本章的方法所设计的一阶降维未知输入观测器的部分系数矩阵如下:

$$K_2 = \begin{bmatrix} 1 & 0 & 0 & 0 & 0.0025 \end{bmatrix}$$

$$L_2 = \begin{bmatrix} 1 & -0.0051 & 0 & 0 & 0.0025 \end{bmatrix}$$

$$G_2 = \begin{bmatrix} -0.0297 & -0.0099 & 0 & 0 & -0.0198 \end{bmatrix}$$

$$H_2 = \begin{bmatrix} 0 & 0 & 0.0099 \end{bmatrix}, \quad \lambda_2 = 0.9703$$

考虑到实际卫星系统对故障检测性能的要求,在仿真实例中,设定假设检验显著性水平 $\gamma = \theta = 0.05$。考虑卫星系统发生 $\rho = 7$,$\tilde{\tau}^{\mathrm{dur}} = 160$,$\tilde{\tau}_s = 140$ 的间歇故障。系统正常情况下的测量输出如图 4.1 所示,由于存在外部扰动和噪声,卫星系统的位移和速度都出现较大波动。当系统发生间歇故障时,系统的测量输出如图 4.2 所示。由于 $\tilde{\tau}_s = 140$,因此,选定滑动时间窗口 $\Delta k = \Delta k_1 = \Delta k_2 = \Delta k_3 = 4$,根据式(4.21)和式(4.26)可以对上述系统间歇故障的所有发生时刻和消失时刻进行检测。根据条件 4.1,显然 $r_1(k,\ \Delta k_1)$ 对 $f_2(k)$、$f_3(k)$ 敏感,对 $f_1(k)$ 解耦;同理,$r_2(k,\ \Delta k_2)$ 对 $f_1(k)$、$f_3(k)$ 敏感,对 $f_2(k)$ 解耦;$r_3(k,\ \Delta k_3)$ 对 $f_1(k)$、$f_2(k)$ 敏感,对 $f_3(k)$ 解耦。

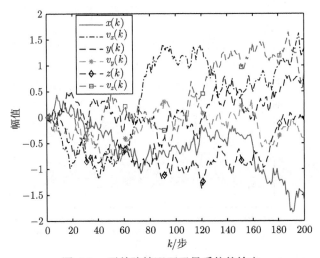

图 4.1 无故障情况下卫星系统的输出

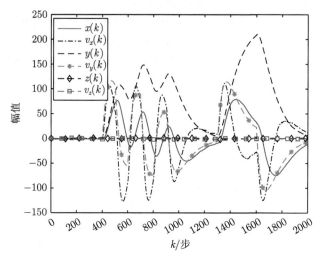

图 4.2　发生间歇故障情况下卫星系统的输出

仿真结果如图 4.3 ~ 图 4.5 所示，可以看出，第二组残差信号和故障解耦，传统残差和截断式残差均位于阈值水平以下。从图 4.3 和图 4.5 可以看出，当没有间歇故障发生 ($k < 400$) 时，残差信号 $r_1(k)$ 与 $r_1(k, \Delta k)$、$r_3(k)$ 与 $r_3(k, \Delta k)$ 均位于阈值之下，对外部扰动具有很好的鲁棒性。当发生间歇故障 ($k \geqslant 400$) 之后，残差信号 $r_1(k)$ 与 $r_1(k, \Delta k)$、$r_3(k)$ 与 $r_3(k, \Delta k)$ 均可以迅速超过发生时刻的检测阈值，能够在间歇故障消失之前检测出故障的发生。但当间歇故障消失之后，残差 $r_1(k, \Delta k)$ 和 $r_3(k, \Delta k)$ 仍能够迅速下降到间歇故障消失时刻的检

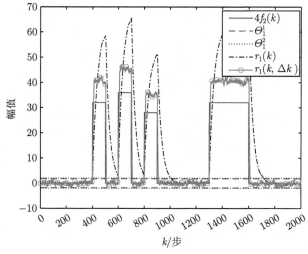

图 4.3　残差信号 $r_1(k)$ 与截断残差信号 $r_1(k, \Delta k)$ 对比

测阈值之下，从而在下一次间歇故障发生之前检测出间歇故障的消失时刻；而残差 $r_1(k)$ 和 $r_3(k)$ 的下降速度却比较缓慢，不能在下一次间歇故障发生之前下降到阈值之下，产生漏报，进而影响下一次间歇故障发生时刻的检测，而且随着间歇故障发生次数的增多，这种漏报和误报变得越来越严重，最终会导致检测方法的彻底失效。图 4.6 给出了采用本章所提出的方法进行间歇故障检测的结果。可以看出，本章方法能够准确、迅速地检测出间歇故障所有的发生时刻和消失时刻，能够满足实际系统对间歇故障检测性能的要求。

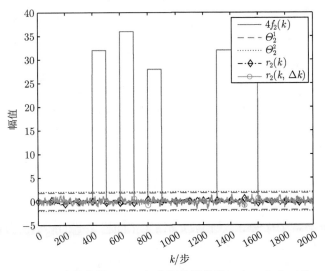

图 4.4 残差信号 $r_2(k)$ 与截断残差信号 $r_2(k, \Delta k)$ 对比

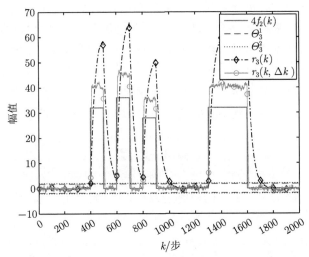

图 4.5 残差信号 $r_3(k)$ 与截断残差信号 $r_3(k, \Delta k)$ 对比

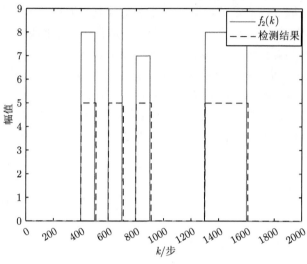

图 4.6　间歇故障检测结果

4.5　本 章 小 结

本章考虑一类含有模型不确定的线性定常随机系统的间歇故障检测问题,提出一种间歇故障发生时刻与消失时刻检测方法,以及不同方向的故障分离方法。对于系统模型存在的参数不确定 (未知时变参数摄动) 问题,本章将其转化为未知干扰进行解耦。对于不同方向的故障分离问题,利用一组结构化残差分别对每个方向的故障进行检测。具体来说,本章首先设计了一组与未知时变参数摄动和某个方向的故障同时解耦的残差,并给出了鲁棒残差存在的充分条件。进而通过分析不同故障方向的残差分量的统计特性,提出两个假设检验,逐一对残差分量进行检测,从而确定间歇故障的发生时刻和消失时刻。在概率意义下,分析了含模型不确定性的随机动态系统间歇故障可检测性,给出了鲁棒检测性能的理论分析结果。最后通过仿真实例验证了所述方法的有效性。

参 考 文 献

[1]　周东华, 史建涛, 何潇. 动态系统间歇故障诊断技术综述 [J]. 自动化学报, 2014, 40(2): 161-171.

[2]　Chen M, Xu G, Yan R, et al. Detecting scalar intermittent faults in linear stochastic dynamic systems[J]. International Journal of Systems Science, 2015, 46(8): 1337-1348.

[3] Rashid L, Pattabiraman K, Gopalakrishnan S. Characterizing the impact of intermittent hardware faults on programs[J]. IEEE Transactions on Reliability, 2015, 64(1): 297-310.

[4] Shivakumar P, Kistler M, Keckler S, et al. Modeling the impact of device and pipeline scaling on the soft error rate of processor elements[R]. Computer Science Department, Austin, 2002.

[5] Zhou D, Wei M, Si X. A survey on anomaly detection, life prediction and maintenance decision for industrial processes[J]. Acta Automatica Sinica, 2014, 39(6): 711-722.

[6] Krasnobaev V, Krasnobaev L. Application of Petri nets for the modeling of detection and location of intermittent faults in computers[J]. Automation and Remote Control, 1989, 49(9): 1198-1204.

[7] Correcher A, Garcia E, Morant F. Intermittent failure dynamics characterization[J]. IEEE Transactions on Reliability, 2012, 61(3): 649-658.

[8] Zhou C, Kumar R. Computation of diagnosable fault-occurrence indices for systems with repeatable faults[J]. IEEE Transactions on Automatic Control, 2009, 54(7): 1477-1489.

[9] Qi H, Ganesan S, Pecht M. No-fault-found and intermittent failures in electronic products[J]. Microelectronics Reliability, 2008, 48(5): 663-674.

[10] Edelmayer A, Bokor J, Szigeti F, et al. Robust detection filter design in the presence of time-varying system perturbations[J]. Automatica, 1997, 33(3): 471-475.

[11] Kudva P, Viswanadham N, Ramakrishna A. Observers for linear systems with unknown inputs[J]. IEEE Transactions on Automatic Control, 1980, 25(1): 113-115.

[12] Meskin N, Khorasani K. Fault detection and isolation of discrete-time Markovian jump linear systems with application to a network of multi-agent systems having imperfect communication channels[J]. Automatica, 2009, 45(9): 2032-2040.

[13] 鄢镕易, 何潇, 周东华. 一类存在参数摄动的线性随机系统的鲁棒间歇故障诊断方法 [J]. 自动化学报, 2016, 042(7): 1004-1013.

第 5 章　定常时滞随机系统的间歇故障诊断

5.1　引　言

随着先进的工业技术和控制理论的快速发展, 现代工业设备和自动化控制系统变得更加复杂化、集成化和智能化 [1-5]。众所周知, 故障检测技术对于保证复杂系统的稳定性和可靠性具有极其重要的作用。因此, 在过去的几十年里, 学者对于故障检测技术的研究一直进行着不懈的努力, 相比于硬件冗余方法, 考虑到低成本、高性能和高可靠性等优势, 基于解析冗余的方法在故障检测领域内具有更加广泛的应用前景, 如基于模型的方法 [6-25] 和基于数据驱动的方法 [26-36]。

在工业系统中, 由于运行时间长、工作环境恶劣和相互的电磁干扰等原因, 系统中经常发生故障。间歇故障是其中一种常见的故障类型, 其发生和消失具有随机性和不确定性。例如, 在电力系统中, 电缆的磨损会导致系统间歇性的短路, 由此会引起间歇性电弧故障的发生 [37]。在航空航天系统中, 飞行员记录的故障中有一半以上是间歇故障 [38]。一般来说, 间歇故障具有随机的发生时刻和消失时刻、随机的活跃时间和间隔时间、随机的故障幅值等特征。因此, 间歇故障的检测往往比永久故障的检测面临着更大的挑战。考虑到间歇故障的特点, 间歇故障的检测不仅需要检测出故障的发生时刻, 还需要准确地检测出故障的消失时刻, 也就是说在当前故障消失之前需要检测出故障的发生时刻, 在下一个故障发生之前要检测出当前故障的消失时刻。另外, 在工业生产过程中, 间歇故障导致的漏报和误报会导致不必要的停工或停产, 增加生产成本。因此, 准确、及时地检测间歇故障对于制定合理的维修策略具有重要意义。

近十年来, 间歇故障的检测受到越来越多研究学者的关注。例如, Carvalho 等 [39] 针对离散事件系统, 利用改进的标签自动机来修正间歇丢失观测模型, 分析了传感器间歇故障的可检测性问题。为了诊断离散事件系统中的间歇故障, Boussif 等 [40] 提出了一种基于诊断器的方法。在电力系统中, Hu 等 [41] 利用混沌扩频序列实现了多芯电缆间歇故障的同步在线检测。Huang 等 [14] 通过使用卡尔曼滤波器的方法, 讨论了输出具有死区的离散线性随机系统的间歇故障检测问题。针对带有量化效应和丢包影响的多速率系统, Zhang 等 [42] 利用采样间隔相关滤波器研究了间歇故障的检测问题。然而, 在上述的文献中, 间歇故障检测结果的准确性没有得到足够的研究关注。在假设系统所有状态都可以测量的前提下, Chen

等 [15] 提出了一种基于滑动时间窗口的方法，研究了一类线性随机系统的间歇故障检测问题。此外，利用带有滑动窗口的几何方法，Yan 等分别研究了线性随机系统有扰动 [43] 和无扰动 [19] 的间歇故障检测问题。需要指出的是，具有定常时滞的线性离散随机系统的间歇故障检测问题还没有得到适当的研究。

事实上，无论在通信工程还是化工生产过程中，时滞都是系统中一种常见的现象，时滞的引入会影响系统的可靠性，并且严重影响故障检测结果。因此，研究时滞系统的故障检测问题具有极其重要的现实意义。目前，在相关研究领域已经有大量的研究成果。例如，Yang 等 [44] 提出一种基于降维观测器的方法，讨论了具有未知输入的状态时滞动态系统的故障检测和估计问题。Kartz 等 [45] 利用等价空间法针对时滞系统设计了一种新的残差生成器。Bai 等 [46] 采用 H_∞ 优化算法研究了一类具有定常时滞的线性系统故障检测问题。但是，上述文献都只考虑了永久故障的检测，研究间歇故障检测问题的成果相对较少。

本章考虑了一类具有定常时滞的线性离散随机系统的间歇故障检测问题，待检测的间歇故障具有一定的随机性、不确定性和间歇性。考虑到时滞会影响间歇故障的精确检测，首先利用提升技术将时滞系统转换为无时滞系统。然后，结合降维观测器和滑动时间窗口设计截断式残差用以检测间歇故障。进一步地，提出两个假设检验分别检测间歇故障的发生时刻和消失时刻。在随机分析的框架下，分析了间歇故障的可检测性、漏报率和误报率，并对间歇故障的幅值进行了估计。最后，通过一个 Williams-Otto 过程的仿真实例验证了所提方法的有效性。

5.2 问题描述

考虑一类线性离散随机时滞系统：

$$\begin{cases} x(k+1) = Ax(k) + A_d x(k-l) + Bu(k) + Ff(k) + w(k) \\ y(k) = Cx(k) + v(k) \end{cases} \tag{5.1}$$

式中，$x(k) \in \mathbb{R}^n$，$u(k) \in \mathbb{R}^m$，$y(k) \in \mathbb{R}^p$ 分别表示系统的状态向量、输入向量和输出向量；$l \in \mathbb{N}$ 是一个已知的常数；$f(k) \in \mathbb{R}^1$ 代表间歇故障模型；$w(k) \in \mathbb{R}^n$ 和 $v(k) \in \mathbb{R}^p$ 分别表示相互独立的过程噪声和测量噪声，二者均为零均值的高斯白噪声，并且它们的协方差分别为 R_w 和 R_v；$A \in \mathbb{R}^{n \times n}$、$A_d \in \mathbb{R}^{n \times n}$、$B \in \mathbb{R}^{n \times m}$、$C \in \mathbb{R}^{p \times n}$ 和 $F \in \mathbb{R}$ 分别为已知的常数矩阵。

假设 5.1 在本章中，假设系统 (5.1) 的输出矩阵 C 是行满秩的，即 $C = [0 \ \ I_p]$ 并且 (A, C) 是完全可观的。

注释 5.1 在工业控制过程中，系统输出矩阵 C 是行满秩的并且 (A, C) 是完全可观的假设非常普遍 [47]。由于 C 是行满秩的，那么在所有传感器都为独立传感器的条件下，可以得到 $C = [0 \quad I_p]$。对于任何行满秩的矩阵 $C \in \mathbb{R}^{p \times (n-p)}$，可以通过线性变换使得 $CT = [0 \quad I_p]$，其中 $T = \begin{bmatrix} C^\perp \\ C \end{bmatrix}^{-1}$，$C^\perp$ 是 C 的一个零空间的正交基[48]。

在系统 (5.1) 中，$f(k) \in \mathbb{R}^1$ 是一个标量间歇故障模型。实际上，间歇故障可以被描述为具有一定活跃时间和间隔时间的一系列突变。随着时间的推移，间歇故障的活跃时间会逐渐变长，间隔时间会变短，故障的幅值会持续变大，直到演化成永久故障。因此，间歇故障可以被建模成一组带有时间间隔的方波[6-8]，其数学表达式如下：

$$f(k) = \begin{cases} m_1, & k_{1a} \leqslant k < k_{1d} \\ m_2, & k_{2a} \leqslant k < k_{2d} \\ \vdots & \vdots \\ m_q, & k_{qa} \leqslant k < k_{qd} \\ \vdots & \vdots \\ m_{n-1}, & k_{(n-1)a} \leqslant k < k_{(n-1)d} \\ m_n, & k_{na} \leqslant k < k_{nd} \end{cases} \tag{5.2}$$

式中，k_{qa} 和 k_{qd} 分别是间歇故障的第 q 个发生时刻和第 q 个消失时刻。进一步地，定义间歇故障第 q 个间隔时间和活跃时间分别为 $\tau_q^{\text{in}} = k_{(q+1)a} - k_{qd}$ 和 $\tau_q^{\text{ac}} = k_{qd} - k_{qa}$，其中 m_q: $\mathbb{N}^+ \to \mathbb{R}$ 表示第 q 个未知的故障幅值。

假设 5.2　(1) 间歇故障具有最小幅值 λ，即 $|m_q| \geqslant \lambda$。

(2) 间歇故障间隔时间的最小值为 $\tau_{\min}^{\text{in}}$，活跃时间的最小值为 $\tau_{\min}^{\text{ac}}$。

(3) 定义间歇故障间隔时间和活跃时间的最小值为 $\tau_{\min} = \min\{\tau_{\min}^{\text{in}}, \tau_{\min}^{\text{ac}}\}$ 且 $\tau_{\min} \gg l$。

注释 5.2　在工业生产过程中，间歇故障普遍具有一定的特征，我们可以用这些特征来对间歇故障进行建模。假设 5.2 是根据一些实际的仿真结果和操作经验提出来的，也就是说，间歇故障具有一定的活跃时间和间隔时间是一种常见的假设。除此之外，活跃时间非常短、幅值非常小的间歇故障对系统的正常运行几乎没有影响，所以假设间歇故障具有最小值 λ，$\tau_{\min}^{\text{in}}$ 和 $\tau_{\min}^{\text{ac}}$ 是非常合理的[19]。

为了设计降维观测器来检测间歇故障，令 $x(k) = \begin{bmatrix} x_1^{\text{T}}(k) & x_2^{\text{T}}(k) \end{bmatrix}^{\text{T}}$，其中 $x_1(k) \in \mathbb{R}^{n-p}$，$x_2(k) \in \mathbb{R}^p$，则有

$$\begin{cases} x_1(k+1) = A_{11}x_1(k) + A_{12}x_2(k) + A_{d11}x_1(k-l) + A_{d12}x_2(k-l) \\ \qquad\qquad + B_1u(k) + F_1f(k) + W_1w(k) \\ x_2(k+1) = A_{21}x_1(k) + A_{22}x_2(k) + A_{d21}x_1(k-l) + A_{d22}x_2(k-l) \\ \qquad\qquad + B_2u(k) + F_2f(k) + W_2w(k) \\ y(k) = x_2(k) + v(k) \end{cases} \qquad (5.3)$$

式中

$$A = \begin{bmatrix} A_{11} & A_{12} \\ A_{21} & A_{22} \end{bmatrix}, \qquad A_d = \begin{bmatrix} A_{d11} & A_{d12} \\ A_{d21} & A_{d22} \end{bmatrix}$$

$$B = \begin{bmatrix} B_1 \\ B_2 \end{bmatrix}, \qquad F = \begin{bmatrix} F_1 \\ F_2 \end{bmatrix}, \qquad I_W = \begin{bmatrix} W_1 \\ W_2 \end{bmatrix}$$

注释 5.3 在本章的间歇故障检测问题中，我们假设系统 (5.3) 中的时滞参数 $A_{d21} = 0$。在实际工业过程中，这类时滞系统非常常见，如 Williams-Otto 过程和夹套式连续搅拌釜式反应器等 [48]。

引入虚拟输入 $\eta(k)$ 和虚拟输出 $\rho(k)$：

$$\begin{cases} \eta(k) = A_{12}y(k) + A_{d12}y(k-l) + B_1u(k) \\ \rho(k) = y(k+1) - A_{22}y(k) - A_{d22}y(k-l) - B_2u(k) \end{cases} \qquad (5.4)$$

联立式 (5.3) 和式 (5.4)，可得

$$\begin{cases} x_1(k+1) = A_{11}x_1(k) + A_{d11}x_1(k-l) + \eta(k) + F_1f(k) + W_1w(k) \\ \qquad\qquad - A_{12}v(k) - A_{d12}v(k-l) \\ \rho(k) = A_{21}x_1(k) + F_2f(k) + W_2w(k) + v(k+1) - A_{22}v(k) \\ \qquad\qquad - A_{d22}v(k-l) \end{cases} \qquad (5.5)$$

对系统 (5.5) 利用提升法，可以得到如下的无时滞系统：

$$\begin{cases} \bar{x}(k+1) = \bar{A}\bar{x}(k) + \bar{F}_1\bar{f}(k) + \bar{I}_\eta\eta(k) + \bar{W}_1\bar{w}(k) - \bar{V}_1\bar{v}(k-1) - \bar{V}_2\bar{v}(k-l-1) \\ \bar{\rho}(k) = \bar{C}\bar{x}(k) + \bar{F}_2\bar{f}(k) + \bar{W}_2\bar{w}(k) + \bar{V}_3\bar{v}(k) - \bar{V}_4\bar{v}(k-1) - \bar{V}_5\bar{v}(k-l-1) \end{cases}$$

$$(5.6)$$

式中

$$\bar{x}(k) = \begin{bmatrix} x_1^{\mathrm{T}}(k) & x_1^{\mathrm{T}}(k-1) & \cdots & x_1^{\mathrm{T}}(k-l) \end{bmatrix}^{\mathrm{T}}$$

$$\bar{f}(k) = \begin{bmatrix} f^{\mathrm{T}}(k) & f^{\mathrm{T}}(k-1) & \cdots & f^{\mathrm{T}}(k-l) \end{bmatrix}^{\mathrm{T}}$$

$$\bar{w}(k) = \left[\begin{array}{cccc} w^{\mathrm{T}}(k) & w^{\mathrm{T}}(k-1) & \cdots & w^{\mathrm{T}}(k-l) \end{array}\right]^{\mathrm{T}}$$

$$\bar{v}(k) = \left[\begin{array}{cccc} v^{\mathrm{T}}(k+1) & v^{\mathrm{T}}(k) & \cdots & v^{\mathrm{T}}(k-l+1) \end{array}\right]^{\mathrm{T}}$$

$$\bar{\rho}(k) = \left[\begin{array}{cccc} \rho^{\mathrm{T}}(k) & \rho^{\mathrm{T}}(k-1) & \cdots & \rho^{\mathrm{T}}(k-l) \end{array}\right]^{\mathrm{T}}, \quad \bar{I}_{\eta} = \left[\begin{array}{cccc} I_{n-p} & 0 & \cdots & 0 \end{array}\right]^{\mathrm{T}}$$

$$\bar{F}_1 = \mathrm{diag}\{F_1, \underbrace{0, \cdots, 0}_{l-1}\}$$

$$\bar{A} = \left[\begin{array}{ccccc} A_{11} & 0 & \cdots & 0 & A_{d11} \\ I & 0 & \cdots & 0 & 0 \\ 0 & I & \cdots & 0 & 0 \\ \vdots & \vdots & & \vdots & \vdots \\ 0 & 0 & \cdots & I & 0 \end{array}\right], \quad \bar{C} = \mathrm{diag}_l\{A_{21}\}, \quad \bar{F}_2 = \mathrm{diag}_l\{F_2\}$$

$$\bar{W}_1 = \mathrm{diag}\{W_1, \underbrace{0, \cdots, 0}_{l-1}\}$$

$$\bar{W}_2 = \mathrm{diag}_l\{W_2\}, \quad \bar{V}_1 = \mathrm{diag}\{A_{12}, \underbrace{0, \cdots, 0}_{l-1}\}$$

$$\bar{V}_2 = \mathrm{diag}\{A_{d12}, \underbrace{0, \cdots, 0}_{l-1}\}, \quad \bar{V}_3 = \mathrm{diag}_l\{I\}$$

$$\bar{V}_4 = \mathrm{diag}_l\{A_{22}\}, \quad \bar{V}_5 = \mathrm{diag}_l\{A_{d22}\}$$

5.3　间歇故障的检测和幅值估计方法

　　针对 5.2 节所示的线性随机时滞系统的间歇故障检测问题，本节通过对系统 (5.6) 设计 Luenberger 观测器，结合滑动时间窗口的概念，构造一个新的截断式残差对间歇故障进行检测。为了分别检测间歇故障的发生时刻和消失时刻，利用两个假设检验分别设定检测间歇故障发生时刻和消失时刻的检测阈值。最后，通过分析截断式残差的统计特性，对间歇故障的幅值进行估计。

5.3.1　截断式残差设计

　　在本章中，建立 Luenberger 状态观测器如下：

$$\hat{x}(k+1) = \bar{A}\hat{x}(k) + \bar{I}_{\eta}\eta(k) + L(\bar{\rho}(k) - \bar{C}\hat{x}(k)) \tag{5.7}$$

式中，$\hat{x}(k) \in \mathbb{R}^{(n-p)(l+1)\times 1}$ 为观测器的状态；$L \in \mathbb{R}^{(n-p)(l+1)\times p(l+1)}$ 是观测器的增益矩阵；其余变量及矩阵的定义和式 (5.6) 中的一致。

令估计误差 $e(k) = \bar{x}(k) - \hat{x}(k)$，则误差动态系统可以被写为如下形式：

$$e(k+1) = (\bar{A} - L\bar{C})e(k) + (\bar{F}_1 - L\bar{F}_2)\bar{f}(k) - (\bar{W}_1 - L\bar{W}_2)\bar{w}(k) - L\bar{V}_3\bar{v}(k) \\ - (\bar{V}_1 - L\bar{V}_4)\bar{v}(k-1) - (\bar{V}_2 - L\bar{V}_5)\bar{v}(k-l-1) \quad (5.8)$$

进一步地，构造残差生成器如下：

$$r(k) = \bar{\rho}(k) - \bar{C}\hat{x}(k) \quad (5.9)$$

联立式 (5.6) 和式 (5.7)，可以得到如下的残差形式：

$$r(k) = \bar{C}e(k) + \bar{F}_2\bar{f}(k) + \bar{W}_2\bar{w}(k) + \bar{V}_3\bar{v}(k) - \bar{V}_4\bar{v}(k-1) - \bar{V}_5\bar{v}(k-l-1) \quad (5.10)$$

假设 5.3　在本章中，假设 $\bar{C}$ 的左逆 $\bar{C}^\dagger$ 存在，且 $\bar{C}^\dagger \in \mathbb{R}^{(n-p)(l+1)\times p(l+1)}$。

注释 5.4　在本方法中，为了得到 $e(k)$ 关于 $r(k)$ 的表达式，需要 $\bar{C}$ 的左逆 $\bar{C}^\dagger$ 是存在的。由于 $\bar{C} = \mathrm{diag}_l\{A_{21}\}$，所以当 $A_{21} \in \mathbb{R}^{p\times(n-p)}$、$p \geqslant \dfrac{n}{2}$ 且 $\mathrm{rank}(A_{21}) = n - p$ 时，假设成立。

考虑到假设 5.3，误差系统可以被写为如下形式：

$$e(k) = \bar{C}^\dagger r(k) - \bar{C}^\dagger \bar{F}_2\bar{f}(k) - \bar{C}^\dagger \bar{W}_2\bar{w}(k) - \bar{C}^\dagger \bar{V}_3\bar{v}(k) + \bar{C}^\dagger \bar{V}_4\bar{v}(k-1) \\ + \bar{C}^\dagger \bar{V}_5\bar{v}(k-l-1) \quad (5.11)$$

联立式 (5.8)、式 (5.10) 和式 (5.11) 可得

$$r(k+1) = Nr(k) + \tilde{F}_1\bar{f}(k) + \bar{F}_2\bar{f}(k+1) - \tilde{W}_1\bar{w}(k) + \bar{W}_2\bar{w}(k+1) - \tilde{V}_1\bar{v}(k) \\ - \tilde{V}_2\bar{v}(k-1) + \bar{V}_3\bar{v}(k+1) - \tilde{V}_4\bar{v}(k-l-1) - \bar{V}_5\bar{v}(k-l) \quad (5.12)$$

式中

$$N = \bar{C}(\bar{A} - L\bar{C})\bar{C}^\dagger, \quad \tilde{F}_1 = \bar{C}(\bar{F}_1 - L\bar{F}_2) - \bar{C}(\bar{A} - L\bar{C})\bar{C}^\dagger\bar{F}_2$$
$$\tilde{W}_1 = \bar{C}(\bar{A} - L\bar{C})\bar{C}^\dagger\bar{W}_2 - \bar{C}(\bar{W}_1 - L\bar{W}_2)$$
$$\tilde{V}_1 = \bar{C}L\bar{V}_3 + \bar{V}_4 + \bar{C}(\bar{A} - L\bar{C})\bar{C}^\dagger\bar{V}_3$$
$$\tilde{V}_2 = \bar{C}(\bar{A} - L\bar{C})\bar{C}^\dagger\bar{V}_4 - \bar{C}(\bar{V}_1 + L\bar{V}_4)$$
$$\tilde{V}_4 = \bar{C}(\bar{V}_2 + L\bar{V}_5) - \bar{C}(\bar{A} - L\bar{C})\bar{C}^\dagger\bar{V}_5$$

引入滑动时间窗口 Δk，其中 $l < \Delta k \leqslant \tau_{\min}$，则残差可以被重写为

$$r(k) = N^{\Delta k}r(k - \Delta k) + \sum_{i=0}^{\Delta k-1} N^{\Delta k-i-1}(\tilde{F}_1\bar{f}(k - \Delta k + i) + \bar{F}_2\bar{f}(k - \Delta k + i + 1) \\ - \tilde{W}_1\bar{w}(k - \Delta k + i) + \bar{W}_2\bar{w}(k - \Delta k + i + 1) - \tilde{V}_1\bar{v}(k - \Delta k + i) \\ - \tilde{V}_2\bar{v}(k - \Delta k + i - 1) + \bar{V}_3\bar{v}(k - \Delta k + i + 1) \\ - \tilde{V}_4\bar{v}(k - \Delta k + i - l - 1) - \bar{V}_5\bar{v}(k - \Delta k + i - l))$$

$$(5.13)$$

定义截断式残差 $r(k,\ \Delta k) = r(k) - N^{\Delta k}r(k - \Delta k)$，则有

$$
\begin{aligned}
&r(k,\ \Delta k) \\
&= \sum_{i=0}^{\Delta k-1} N^{\Delta k-i-1}\Bigg(\begin{bmatrix} \tilde{F}_1 & \bar{F}_2 \end{bmatrix}\begin{bmatrix} \bar{f}(k - \Delta k + i) \\ \bar{f}(k - \Delta k + i + 1) \end{bmatrix} - \tilde{W}_1\bar{w}(k - \Delta k + i) \\
&\quad + \bar{W}_2\bar{w}(k - \Delta k + i + 1) - \tilde{V}_1\bar{v}(k - \Delta k + i) - \tilde{V}_2\bar{v}(k - \Delta k + i - 1) \\
&\quad + \bar{V}_3\bar{v}(k - \Delta k + i + 1) - \tilde{V}_4\bar{v}(k - \Delta k + i - l - 1) - \bar{V}_5\bar{v}(k - \Delta k + i - l)\Bigg)
\end{aligned}
$$

$$(5.14)$$

5.3.2　间歇故障发生时刻和消失时刻检测

在式 (5.14) 中，注意到截断式残差的故障分量只与 $\begin{bmatrix} \tilde{F}_1 & \bar{F}_2 \end{bmatrix}$ 有关。为了方便分析残差的统计特性，我们定义 $\mathcal{F} = \Lambda_{\mathcal{F}}$，这里的 $\Lambda_{\mathcal{F}}$ 是具有适宜维数的行向量。那么有

$$
\begin{aligned}
&\mathcal{F}r(k,\ \Delta k) \\
&= \mathcal{F}\sum_{i=0}^{\Delta k-1} N^{\Delta k-i-1}\Bigg(\begin{bmatrix} \tilde{F}_1 & \bar{F}_2 \end{bmatrix}\begin{bmatrix} \bar{f}(k - \Delta k + i) \\ \bar{f}(k - \Delta k + i + 1) \end{bmatrix} - \tilde{W}_1\bar{w}(k - \Delta k + i) \\
&\quad + \bar{W}_2\bar{w}(k - \Delta k + i + 1) - \tilde{V}_1\bar{v}(k - \Delta k + i) - \tilde{V}_2\bar{v}(k - \Delta k + i - 1) \\
&\quad + \bar{V}_3\bar{v}(k - \Delta k + i + 1) - \bar{V}_5\bar{v}(k - \Delta k + i - l) - \tilde{V}_4\bar{v}(k - \Delta k + i - l - 1)\Bigg)
\end{aligned}
$$

$$(5.15)$$

式中，标量截断式残差 $\mathcal{F}r(k,\ \Delta k)$ 的统计特性只与间歇故障和高斯白噪声两部分有关。

为了便于表述，现将 $\mathcal{F}r(k,\ \Delta k)$ 写为如下三部分：

$$
P_1(k,\ \Delta k) = \mathcal{F}\sum_{i=0}^{\Delta k-1} N^{\Delta k-i-1}(\tilde{F}_1\bar{f}(k - \Delta k + i) + \bar{F}_2\bar{f}(k - \Delta k + i + 1)) \quad (5.16)
$$

$$
P_2(k,\ \Delta k) = \mathcal{F}\sum_{i=0}^{\Delta k-1} N^{\Delta k-i-1}(-\tilde{W}_1\bar{w}(k - \Delta k + i) + \bar{W}_2\bar{w}(k - \Delta k + i + 1))
$$

$$(5.17)$$

$$
\begin{aligned}
P_3(k,\ \Delta k) = \mathcal{F}\sum_{i=0}^{\Delta k-1} N^{\Delta k-i-1}&(-\tilde{V}_1\bar{v}(k - \Delta k + i) - \tilde{V}_2\bar{v}(k - \Delta k + i - 1) \\
&+ \bar{V}_3\bar{v}(k - \Delta k + i + 1) - \tilde{V}_4\bar{v}(k - \Delta k + i - l - 1) \\
&- \bar{V}_5\bar{v}(k - \Delta k + i - l))
\end{aligned}
$$

$$(5.18)$$

由于 $\bar{w}(k)$ 和 $\bar{v}(k)$ 都是协方差已知的零均值高斯白噪声，$P_2(k,\ \Delta k)$ 和 $P_3(k,\ \Delta k)$ 也都是服从正态分布的随机过程，其方差可以计算如下：

$$\begin{aligned}
\text{Var}[P_2(k,\ \Delta k)] = {} & \mathcal{F}N^{\Delta k-1}\tilde{W}_1 R_{\bar{w}}\tilde{W}_1^{\mathrm{T}}(N^{\Delta k-1})^{\mathrm{T}}\mathcal{F}^{\mathrm{T}} + \mathcal{F}\bar{W}_2 R_{\bar{w}}\bar{W}_2^{\mathrm{T}}\mathcal{F}^{\mathrm{T}} \\
& + \sum_{i=0}^{\Delta k-2}\mathcal{F}N^i(N\bar{W}_2-\tilde{W}_1)R_{\bar{w}}(N\bar{W}_2-\tilde{W}_1)^{\mathrm{T}}(N^i)^{\mathrm{T}}\mathcal{F}^{\mathrm{T}}
\end{aligned} \tag{5.19}$$

$$\begin{aligned}
& \text{Var}[P_3(k,\ \Delta k)] \\
={} & \mathcal{F}N^{\Delta k-2}(N\tilde{V}_1-\tilde{V}_2)R_{\bar{v}}(N\tilde{V}_1-\tilde{V}_2)^{\mathrm{T}}(N^{\Delta k-2})^{\mathrm{T}}\mathcal{F}^{\mathrm{T}} \\
& + \mathcal{F}N^{\Delta k-1}\tilde{V}_2 R_{\bar{v}}\tilde{V}_2^{\mathrm{T}}(N^{\Delta k-1})^{\mathrm{T}}\mathcal{F}^{\mathrm{T}}\mathcal{F}N^{\Delta k-1}\tilde{V}_4 R_{\bar{v}}\tilde{V}_4^{\mathrm{T}}(N^{\Delta k-1})^{\mathrm{T}}\mathcal{F}^{\mathrm{T}} \\
& + \sum_{j=0}^{\Delta k-2}\mathcal{F}N^j(N\bar{V}_5+\tilde{V}_4)R_{\bar{v}}(N\bar{V}_5+\tilde{V}_4)^{\mathrm{T}}(N^j)^{\mathrm{T}}\mathcal{F}^{\mathrm{T}} \\
& + \sum_{i=0}^{\Delta k-3}\mathcal{F}N^i(N^2\bar{V}_3-N\tilde{V}_1-\tilde{V}_2)R_{\bar{v}}(N^2\bar{V}_3-N\tilde{V}_1-\tilde{V}_2)^{\mathrm{T}}(N^i)^{\mathrm{T}}\mathcal{F}^{\mathrm{T}} \\
& + \mathcal{F}\bar{V}_3 R_{\bar{v}}\bar{V}_3^{\mathrm{T}}\mathcal{F}^{\mathrm{T}} + \mathcal{F}(N\bar{V}_3-\tilde{V}_1)R_{\bar{v}}(N\bar{V}_3-\tilde{V}_1)^{\mathrm{T}}\mathcal{F}^{\mathrm{T}} + \mathcal{F}\bar{V}_5 R_{\bar{v}}\bar{V}_5^{\mathrm{T}}\mathcal{F}^{\mathrm{T}}
\end{aligned} \tag{5.20}$$

令 $\sigma^2(k,\ \Delta k) = \text{Var}[P_2(k,\ \Delta k)] + \text{Var}[P_3(k,\ \Delta k)]$，则有 $\mathcal{F}r(k,\ \Delta k) \sim \mathcal{N}(P_1(k,\ \Delta k),\ \sigma^2(k,\ \Delta k))$，其中 $\mathcal{N}(\cdot)$ 表示正态分布。当滑动时间窗口与故障没有交集时，即 $k_{(q-1)d} \leqslant k-\Delta k < k < k_{qa}$，对所有的 $q \in \mathbb{N}^+$，我们有 $P_1(k,\ \Delta k) = 0$。当滑动时间窗口与间歇故障有交集时，即 $k-\Delta k \leqslant k_{qa} < k < k_{qd}$，我们有 $P_1(k,\ \Delta k) \neq 0$。根据这一变化规律，间歇故障的发生时刻可以利用如下的假设检验进行检测：

$$\begin{cases}
H_0^a: & |\mathbb{E}[\mathcal{F}r(k,\ \Delta k)]| = 0 \\
H_1^a: & |\mathbb{E}[\mathcal{F}r(k,\ \Delta k)]| \neq 0
\end{cases} \tag{5.21}$$

对于给定的显著性水平 γ，检测间歇故障发生时刻的接受域为

$$\mathcal{A}(\Delta k) = \left(-\mathcal{H}_{\frac{\gamma}{2}}\sigma(k,\ \Delta k),\ \mathcal{H}_{\frac{\gamma}{2}}\sigma(k,\ \Delta k)\right) \tag{5.22}$$

式中，$\mathcal{H}_{\frac{\gamma}{2}}$ 表示标准正态分布变量具有 $\frac{\gamma}{2}$ 的概率落在区间 $(\mathcal{H}_{\frac{\gamma}{2}},\ +\infty)$ 内。

对于给定的滑动时间窗口 Δk，间歇故障发生时刻的检测规则为：

(1) $k_{qa} < \mathcal{K}_{qa} < k_{qd}$；

(2) $\mathcal{F}r(k,\ \Delta k) \in \mathcal{A}(\Delta k),\ \forall k \in (k_{qa},\ \mathcal{K}_{qa})$；

(3) $\mathcal{F}r(\mathcal{K}_{qa},\ \Delta k) \notin \mathcal{A}(\Delta k)$，其中 $\mathcal{K}_{qa}$ 为间歇故障发生时刻 k_{qa} 的真实检测值。

由式 (5.22) 可知，对于给定的滑动时间窗口 Δk 和显著性水平 γ，间歇故障发生时刻的检测阈值可设为 $\pm\mathcal{H}_{\frac{\gamma}{2}}\sigma(k,\ \Delta k)$。

当滑动时间窗口完全位于间歇故障内时，即 $k_{qa} \leqslant k - \Delta k < k < k_{qd}$，对于所有的 $q \in \mathbb{N}^+$，我们有 $P_1(k, \Delta k) \neq 0$。引入具有适宜维数且元素全为 1 的列向量 1_f，那么有

$$\varphi(\Delta k) = \left| \mathcal{F} \left[N^{\Delta k - 1} \tilde{F}_1 + \sum_{i=0}^{\Delta k - 1} N^i (N\bar{F}_2 - \tilde{F}_1) + \bar{F}_2 \right] 1_f \right| \tag{5.23}$$

考虑到间歇故障的幅值满足 $|m_q| \geqslant \lambda$，令 $\psi(\Delta k) = \varphi(\Delta k)\lambda$。在滑动时间窗口滑出间歇故障这一过程中，一定存在某个时刻使得间歇故障和滑动时间窗口的交集小于 $\psi(\Delta k)$，那么，间歇故障的消失时刻可以通过如下的假设检验进行检测：

$$\begin{cases} H_0^d: \ |\mathbb{E}[\mathcal{F}r(k, \Delta k)]| \geqslant \psi(\Delta k) \\ H_1^d: \ |\mathbb{E}[\mathcal{F}r(k, \Delta k)]| < \psi(\Delta k) \end{cases} \tag{5.24}$$

对于给定的显著性水平 ϑ，检测间歇故障消失时刻的接受域为

$$\mathcal{B}(\Delta k) = (-\infty, \ -\psi(\Delta k) + \mathcal{H}_\vartheta \sigma(k, \Delta k)) \cup (\psi(\Delta k) - \mathcal{H}_\vartheta \sigma(k, \Delta k), \ +\infty)$$

式中，$\mathcal{H}_\vartheta$ 表示标准正态分布变量具有 ϑ 的概率落在区间 $(\mathcal{H}_\vartheta, \ +\infty)$ 内。对于给定的滑动时间窗口 Δk，间歇故障消失时刻的检测规则为：

(1) $k_{qd} < \mathcal{K}_{qd} < k_{(q+1)a}$；

(2) $\mathcal{F}r(k, \Delta k) \in \mathcal{B}(\Delta k), \ \forall k \in (k_{qd}, \mathcal{K}_{qd})$；

(3) $\mathcal{F}r(\mathcal{K}_{qd}, \Delta k) \notin \mathcal{B}(\Delta k)$，其中 $\mathcal{K}_{qd}$ 为间歇故障消失时刻 k_{qd} 的真实检测值。

因此可知，对于给定的滑动时间窗口 Δk 和显著性水平 ϑ，间歇故障消失时刻的检测阈值为 $\pm(\psi(\Delta k) - \mathcal{H}_\vartheta \sigma(k, \Delta k))$。

5.3.3　间歇故障幅值估计

注意到标量截断式残差 $\mathcal{F}r(k, \Delta k)$ 可以被写为与故障相关和噪声相关的两部分：

$$\begin{cases} P_{\Delta k}^1(k, \Delta k) = \mathcal{F} \sum_{i=0}^{\Delta k - 1} N^{\Delta k - i - 1} (\tilde{F}_1 \bar{f}(k - \Delta k + i) + \bar{F}_2 \bar{f}(k - \Delta k + i + 1)) \\ P_{\Delta k}^2(k, \Delta k) = \mathcal{F} \sum_{i=0}^{\Delta k - 1} N^{\Delta k - i - 1} (-\tilde{W}_1 \bar{w}(k - \Delta k + i) + \bar{W}_2 \bar{w}(k - \Delta k + i + 1) \\ \qquad\qquad - \tilde{V}_1 \bar{v}(k - \Delta k + i) - \tilde{V}_2 \bar{v}(k - \Delta k + i - 1) + \bar{V}_3 \bar{v}(k - \Delta k + i + 1) \\ \qquad\qquad - \tilde{V}_4 \bar{v}(k - \Delta k + i - l - 1) - \bar{V}_5 \bar{v}(k - \Delta k + i - l)) \end{cases}$$

$$\tag{5.25}$$

根据 5.3.2 节的分析可知，$P_{\Delta k}^2(k, \Delta k) \sim \mathcal{N}(0, \sigma^2(k, \Delta k))$。

进一步，残差的均值只与故障分量有关，易知 $\mathcal{F}r(k, \Delta k) \sim \mathcal{N}(P_{\Delta k}^1(k, \Delta k),$ $\sigma^2(k, \Delta k))$，建立新的残差如下：

$$\bar{r}(k, \Delta k) = \frac{1}{\sigma(k, \Delta k)} \mathcal{F}r(k, \Delta k) \sim \mathcal{N}\left(\frac{P_{\Delta k}^1(k, \Delta k)}{\sigma(k, \Delta k)}, 1\right) \tag{5.26}$$

对于给定的滑动时间窗口 Δk，当间歇故障发生后，我们有

$$P_{\Delta k}^1(k, \Delta k) = \varphi(\Delta k) \cdot m_q \tag{5.27}$$

联立式 (5.26)，可得

$$\bar{r}(k, \Delta k) \sim \mathcal{N}\left(\frac{\varphi(\Delta k)m_q}{\sigma(k, \Delta k)}, 1\right) \tag{5.28}$$

进一步，则有

$$\hat{r}(k, \Delta k) = \frac{\sigma(k, \Delta k)}{\varphi(\Delta k)} \bar{r}(k, \Delta k) \sim \mathcal{N}\left(m_q, \left(\frac{\sigma(k, \Delta k)}{\varphi(\Delta k)}\right)^2\right) \tag{5.29}$$

根据以上的分析，估计间歇故障幅值的算法可以被总结如下：

(1) 根据式 (5.19) 和式 (5.20)，计算方差 $\sigma^2(k, \Delta k)$；

(2) 根据式 (5.23)，计算 $\varphi(\Delta k)$ 并构造新的残差 $\bar{r}(k, \Delta k) = \frac{1}{\sigma(k, \Delta k)} \mathcal{F}r(k, \Delta k)$；

(3) 根据正态分布 $\hat{r}(k, \Delta k) \sim \mathcal{N}\left(m_q, \left(\frac{\sigma(k, \Delta k)}{\varphi(\Delta k)}\right)^2\right)$ 来估计间歇故障的幅值。

5.4 间歇故障可检测性和检测性能分析

5.4.1 可检测性分析

对于给定的参数 λ、$\tau_{\min}^{\text{in}}$、$\tau_{\min}^{\text{ac}}$、l、γ 和 ϑ，为了在当前故障消失之前检测到发生时刻，并且在下一个故障发生之前检测到当前故障的消失时刻，假设检验式 (5.21) 和式 (5.24) 接受域的交集需为空集，即 $\mathcal{A}(\Delta k) \cap \mathcal{B}(\Delta k) = \varnothing$。依据所提间歇故障检测方法，间歇故障的发生时刻和消失时刻需要分别检测，定义如下：

$$\begin{cases} \Omega = \{\Delta k : \mathcal{A}(\Delta k) \cap \mathcal{B}(\Delta k) = \varnothing, \ 0 < \Delta k \leqslant \tau_{\min}\} \\ \mathcal{K}_{qa} = k_{qa} + \inf \Omega, \ q \in \mathbb{N}^+ \\ \mathcal{K}_{qd} = k_{qd} + \inf \Omega, \ q \in \mathbb{N}^+ \end{cases} \tag{5.30}$$

式中，Ω 是保证间歇故障发生和消失时刻能够分别检测的滑动时间窗口 Δk 的集合。当滑动时间窗口给定后，那么就确定了间歇故障检测的最大时延。也就是说，间歇故障发生时刻 k_{qa} 的最佳检测时间为 $\mathcal{K}_{qa}$。同时，间歇故障消失时刻 k_{qd} 的最佳检测时间为 $\mathcal{K}_{qd}$。

在讨论间歇故障的可检测性之前，首先给出以下定义。

定义 5.1　对于给定的参数 λ、$\tau_{\min}^{\mathrm{in}}$、$\tau_{\min}^{\mathrm{ac}}$、$l$、$\gamma$ 和 ϑ，如果 $\Omega \neq \varnothing$ 且对于所有的 $q \in \mathbb{N}^+$，$\mathcal{K}_{qa}$ 都是存在的，那么我们称在概率意义下所有间歇故障的发生时刻均是可检测的。

定义 5.2　对于给定的参数 λ、$\tau_{\min}^{\mathrm{in}}$、$\tau_{\min}^{\mathrm{ac}}$、$l$、$\gamma$ 和 ϑ，如果 $\Omega \neq \varnothing$ 且对于所有的 $q \in \mathbb{N}^+$，$\mathcal{K}_{qd}$ 都是存在的，那么我们称在概率意义下所有间歇故障的消失时刻均是可检测的。

定义 5.3　对于给定的参数 λ、$\tau_{\min}^{\mathrm{in}}$、$\tau_{\min}^{\mathrm{ac}}$、$l$、$\gamma$ 和 ϑ，如果所有间歇故障的发生时刻和消失时刻均是可检测的，那么我们称在概率意义下间歇故障是可检测的。

定理 5.1　在假设 5.2和假设 5.3成立的条件下，对于给定的参数 λ、$\tau_{\min}^{\mathrm{in}}$、$\tau_{\min}^{\mathrm{ac}}$、$l$、$\gamma$ 和 ϑ，系统 (5.1) 中的间歇故障可检测的充分条件为

$$\lambda > \left(\mathcal{H}_{\frac{\gamma}{2}} + \mathcal{H}_{\vartheta} \right) \frac{\sigma(k, \ \Delta k)}{\varphi(\Delta k)} \tag{5.31}$$

证明　根据 $\mathcal{A}(\Delta k) \cap \mathcal{B}(\Delta k) = \varnothing$，对于给定的参数 λ、$\tau_{\min}^{\mathrm{in}}$、$\tau_{\min}^{\mathrm{ac}}$、$l$、$\gamma$ 和 ϑ，我们有

$$-\mathcal{H}_{\frac{\gamma}{2}} \sigma(k, \ \Delta k) > -\psi(\Delta k) + \mathcal{H}_{\vartheta} \sigma(k, \ \Delta k) \tag{5.32}$$

进一步，可得

$$\psi(\Delta k) > \mathcal{H}_{\frac{\gamma}{2}} \sigma(k, \ \Delta k) + \mathcal{H}_{\vartheta} \sigma(k, \ \Delta k) \tag{5.33}$$

进而有

$$\varphi(\Delta k)\lambda > \mathcal{H}_{\frac{\gamma}{2}} \sigma(k, \ \Delta k) + \mathcal{H}_{\vartheta} \sigma(k, \ \Delta k) \tag{5.34}$$

因此，保证间歇故障可检测的充分条件为

$$\lambda > \left(\mathcal{H}_{\frac{\gamma}{2}} + \mathcal{H}_{\vartheta} \right) \frac{\sigma(k, \ \Delta k)}{\varphi(\Delta k)} \tag{5.35}$$

证毕。

5.4.2　误报率和漏报率

基于假设检验方法来检测间歇故障的发生时刻和消失时刻时，由于显著性水平的选择范围一般为 $0 \sim 1$，难免会产生误报率和漏报率。因此，研究间歇故障检测的误报率和漏报率是很有必要的。为方便起见，定义间歇故障在 k 时

刻的检测结果为 $\mathrm{Det}(k)$，那么对间歇故障检测的误报率和漏报率可以得到如下结论。

(1) 根据式 (5.15) 和式 (5.21)，可得检测间歇故障发生时刻的误报率为

$$\Pr\left(\mathrm{Det}(k) = H_1^a | H_0^a\right) = \Pr\left(\mathcal{F}r(k, \ \Delta k) \notin \mathcal{A}(\Delta k)\right) = \gamma \tag{5.36}$$

(2) 根据式 (5.15) 和式 (5.24)，可得检测间歇故障消失时刻的误报率为

$$\Pr\left(\mathrm{Det}(k) = H_1^d | H_0^d\right) = \Pr\left(\mathcal{F}r(k, \ \Delta k) \notin \mathcal{B}(\Delta k)\right) = \vartheta \tag{5.37}$$

(3) 根据式 (5.15) 和式 (5.21)，可得检测间歇故障发生时刻的漏报率为

$$\Pr(\mathrm{Det}(k) = H_0^a, \ \forall k \in (k_{qa}, \ k_{qd})|H_1^a) \leqslant \Pr(r(k, \ \Delta k) \in \mathcal{A}(\Delta k)|H_1^a)$$
$$\leqslant 1 - \Pr(r(k, \ \Delta k) \in \mathcal{B}(\Delta k)|H_1^a) \leqslant \vartheta \tag{5.38}$$

(4) 根据式 (5.15) 和式 (5.24)，可得检测间歇故障消失时刻的漏报率为

$$\Pr(\mathrm{Det}(k) = H_0^d, \ \forall k \in (k_{qd}, \ k_{q(a+1)})|H_1^d) \leqslant \Pr(r(k, \ \Delta k) \in \mathcal{B}(\Delta k)|H_1^d) \leqslant \gamma \tag{5.39}$$

5.5 仿 真 验 证

为了说明所提方法的有效性，本节基于 Williams-Otto 化工过程系统对所提线性离散随机时滞系统的间歇故障检测方案进行了仿真验证。Williams-Otto 过程包括一个搅拌槽反应器和一个包含冷却器，以及滗析器和蒸馏塔的分离系统[49]。由于该工艺过程具有许多典型化工工艺的特点，因此在许多化工领域的相关文献中都将其作为典型的研究对象。本节考虑一类受噪声和间歇故障影响的 Williams-Otto 过程如式 (5.40) 所示：

$$\begin{cases} x(k+1) = Ax(k) + A_d x(k-l) + Bu(k) + Ff(k) + w(k) \\ y(k) = Cx(k) + v(k) \end{cases} \tag{5.40}$$

式中，系统变量 $x(k)$ 共有四个状态，分别表示两种原料，中间产品和期望产品在总重量组成中的百分比；$u(k)$ 表示控制变量；$f(k)$ 为间歇故障模型；$w(k)$ 和 $v(k)$ 是零均值的高斯白噪声。式 (5.40) 中相应参数矩阵的具体数值为

$$A = \begin{bmatrix} -1.4931 & 0.001 & 0 & 0 \\ -0.32 & -1.53 & -1.28 & 0 \\ 0.64 & 0.0347 & -4.25 & -0.104 \\ 0 & 0.0833 & 1.1 & -1.396 \end{bmatrix}$$

$$A_d = \begin{bmatrix} 0.0019 & 0 & 0 & 0 \\ 0 & 0.0019 & 0.0128 & 0 \\ 0 & 0 & 0.0019 & 0 \\ 0 & 0 & 0 & 0.0007 \end{bmatrix}$$

$$B = \begin{bmatrix} 0 & 1 \\ 1 & 0 \\ 0 & 0 \\ 0 & 0 \end{bmatrix}, \quad F = \begin{bmatrix} 0.1 \\ -0.05 \\ 0.03 \\ 0.01 \end{bmatrix}, \quad C = \begin{bmatrix} 0 & 0 & 1 & 0 \\ 0 & 0 & 0 & 1 \end{bmatrix}$$

另外定义

$$R_w = \begin{bmatrix} 0.001 & 0 & 0 & 0 \\ 0 & 0.001 & 0 & 0 \\ 0 & 0 & 0.001 & 0 \\ 0 & 0 & 0 & 0.001 \end{bmatrix}, \quad R_v = \begin{bmatrix} 0.002 & 0 \\ 0 & 0.002 \end{bmatrix}$$

在本仿真中，假设时滞步长为 $l = 2$。考虑到实际化工过程中对间歇故障检测性能的要求，选择两个假设检验的显著性水平分别为 $\gamma = \vartheta = 0.05$。根据假设 5.2，间歇故障可以被描述为一组具有一定间隔时间的突变，间歇故障幅值的最小值为 $\lambda = 1.1$，间歇故障活跃时间最小值为 $\tau_{\min}^{\mathrm{ac}} = 100$，间歇故障间隔时间最小值为 $\tau_{\min}^{\mathrm{in}} = 110$，间歇故障的模型如图 5.1 所示。本例采用状态反馈控制器 $u(k) = Kx(k)$ 控制系统状态性能，其中 K 为待设计的控制器参数矩阵。利用李雅普诺夫稳定性理论和极点配置技术，控制器参数 K 和观测器增益 L 设计如下：

$$K = \begin{bmatrix} 8.1309 & -4.3761 & -101.0327 & 64.9321 \\ -8.1099 & -0.1941 & 47.551 & -2.2943 \end{bmatrix} \tag{5.41}$$

$$L = \begin{bmatrix} -3.8557 & 1.5942 & 0 & 0 & -0.003 & 0.0012 \\ -0.5 & -29.9754 & 0 & 0 & 0 & -0.023 \\ 1.5625 & -0.6509 & -1.553 & 0.6469 & 0 & 0 \\ 0 & 12.0048 & 0 & -12.048 & 0 & 0 \\ 0 & 0 & 1.5625 & -0.6509 & -1.5832 & 0.6595 \\ 0 & 0 & 0 & 12.0048 & 0 & -12.2797 \end{bmatrix} \tag{5.42}$$

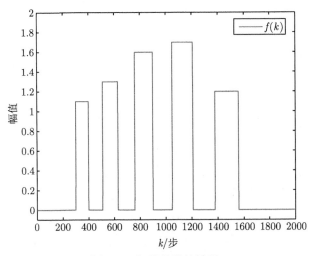

图 5.1   间歇故障的模型

为了设计检测间歇故障的标量截断式残差 $\mathcal{F}r(k,\ \Delta k)$，滑动时间窗口选为 $\Delta k = 30$。标量残差生成向量选为 $\mathcal{F} = \begin{bmatrix} 1 & 1 & 1 & 1 & 1 & 1 \end{bmatrix}$，由式 (5.22) 可知，检测间歇故障发生时刻和消失时刻的两个假设检验的接受域分别为 $\mathcal{A}(\Delta k) = (-0.3305,\ +0.3305)$ 和 $\mathcal{B}(\Delta k) = (-\infty,\ -0.3960) \cup (0.3960,\ +\infty)$。因此，检测间歇故障发生时刻和消失时刻的两个阈值分别为 $\mathrm{th}_1 = \pm 0.3305$ 和 $\mathrm{th}_2 = \pm 0.3960$。

基于截断式残差 $\mathcal{F}r(k,\ \Delta k)$ 和传统残差 $r(k)$ 的间歇故障检测结果如图 5.2 和图 5.3 所示。当间歇故障没有发生 $(k < 300)$ 时，由于受到高斯白噪声的影响，传统残差 $r(k)$ 和截断式残差 $\mathcal{F}r(k,\ \Delta k)$ 都在零附近的很小的范围内波动。当间歇故障的第一次故障发生以后 $(k > 300)$，传统残差 $r(k)$ 和截断式残差 $\mathcal{F}r(k,\ \Delta k)$ 都能够以很快的速度超出检测阈值，说明传统残差和截断式残差都能检测到第一个故障的发生时刻。当第一个故障消失之后，截断式残差 $\mathcal{F}r(k,\ \Delta k)$ 能够很快地回落到检测阈值以下，这说明利用截断式残差 $\mathcal{F}r(k,\ \Delta k)$ 可以检测到间歇故障的消失时刻。然而，在第一个故障消失以后，传统残差 $r(k)$ 的回落速度非常慢，甚至在下一个故障发生之前，残差还未回落到检测阈值以下，导致传统残差 $r(k)$ 无法检测当前故障的消失时刻，进而影响到其他故障的检测。随着时间的推移，间歇故障的检测效果就会变得更差，从图 5.3 中可以看出，传统故障检测方法对间歇故障的检测完全失效。

间歇故障幅值估计的结果如图 5.4 所示。从图中可以看出，利用新残差 $\hat{r}(k,\ \Delta k)$ 可以准确地估计间歇故障的幅值。这个结果为准确分析间歇故障的特征参数

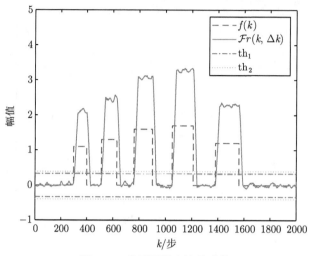

图 5.2　基于所提方法的残差

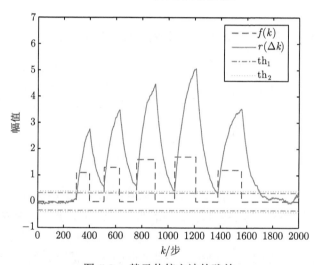

图 5.3　基于传统方法的残差

和判断间歇故障的发展趋势提供了极大的便利。在实际应用中，通过预测所发生的间歇故障幅值的发展趋势，通常可以更准确地制定出最佳的维修策略。

　　间歇故障的最终检测结果如图 5.5 和表 5.1 所示，从最终的检测结果可以看出，本章所提的间歇故障检测方法可以检测到间歇故障的所有发生时刻和消失时刻，并且间歇故障的幅值也可以得到有效的估计。

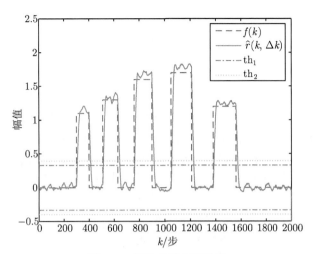

图 5.4　间歇故障幅值估计

故障序号	故障状态	实际值	检测值
	表 5.1　间歇故障检测时刻列表		

表 5.1　间歇故障检测时刻列表

故障序号	故障状态	实际值	检测值
1	发生	300	308
1	消失	400	417
2	发生	510	517
2	消失	630	648
3	发生	760	766
3	消失	900	921
4	发生	1050	1056
4	消失	1210	1232
5	发生	1380	1387
5	消失	1560	1577

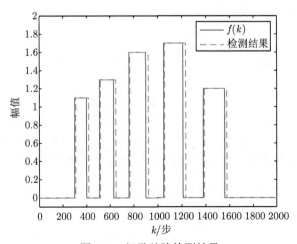

图 5.5　间歇故障检测结果

5.6　本章小结

　　本章研究了一类带有定常时滞的线性离散随机系统的间歇故障检测问题，提出了一种新的理论框架，实现了对间歇故障的发生时刻和消失时刻的分别检测，同时对间歇故障的幅值进行了估计。首先利用提升法将时滞系统转化为无时滞系统，为了检测到间歇故障的所有发生时刻和消失时刻，在传统残差的基础上，通过引入滑动时间窗口设计了标量截断式残差。基于对标量截断式残差的统计特性分析，提出两个假设检验，分别设定检测间歇故障发生时刻和消失时刻的检测阈值。在本章所叙述的随机分析的框架下，对间歇故障的幅值进行了估计，同时分析了间歇故障的可检测性、误报率和漏报率等问题。最后，通过一个 Williams-Otto 化工过程的仿真例子，验证了所提方法的有效性。

参 考 文 献

[1]　周东华, 胡艳艳. 动态系统的故障诊断技术 [J]. 自动化学报, 2009, 35(6): 748-758.

[2]　张可, 周东华, 柴毅. 复合故障诊断技术综述 [J]. 控制理论与应用, 2015, 32(9): 1143-1157.

[3]　Cheng S, Li W, Ding R J, et al. Fault diagnosis and fault-tolerant control scheme for open-circuit faults in three-stepped bridge converters[J]. IEEE Transactions on Power Electronics, 2017, 32(3): 2203-2214.

[4]　Hu X S, Zhang K, Liu K L, et al. Advanced fault diagnosis for lithium-ion battery systems: A review of fault mechanisms, fault features, and diagnosis procedures[J]. IEEE Industrial Electronics Magazine, 2020, 14(3): 65-91.

[5]　鄢镕易. 线性随机动态系统间歇故障诊断 [D]. 北京: 清华大学, 2016.

[6]　Sedighi T, Phillips P, Foote P D. Model-based intermittent fault detection[J]. Procedia Cirp, 2013, 11: 68-73.

[7]　Sedighi T, Foote P D, Khan S. The performance of observer-based residuals for detecting intermittent faults: The limitations[J]. Procedia CIRP, 2014, 22(1): 65-70.

[8]　Sedighi T, Foote P D, Sydor P. Feed-forward observer-based intermittent fault detection[J]. CIRP Journal of Manufacturing Science and Technology, 2016, 17: 10-17.

[9]　Zhang F, Christofides P D, He X, et al. Event-triggered filtering and intermittent fault detection for time-varying systems with stochastic parameter uncertainty and sensor saturation[J]. International Journal of Robust and Nonlinear Control, 2018, 28(16): 4666-4680.

[10]　张峻峰, 何潇, 周东华. 具有参数摄动的时变系统的间歇故障检测 [J]. 控制工程, 2018, 8: 1393-1396.

[11]　Zhang J F, Christofides P D, He X, et al. Robust detection of intermittent multiplicative sensor fault[J]. Asian Journal of Control, 2019, 23(1): 463-473.

[12] Zhang J F, Christofides P D, He X, et al. Intermittent sensor fault detection for stochastic LTV systems with parameter uncertainty and limited resolution[J]. International Journal of Control, 2020, 93(4): 788-796.

[13] Qiu A B, Shen S K, Zhang J. Optimal intermittent fault diagnosis for discrete-time systems[C]. 35th Chinese Control Conference, Chengdu, 2016: 6814-6819.

[14] Huang J, He X. Detection of intermittent fault for discrete-time systems with output dead-zone: A variant tobit Kalman filtering approach[J]. Journal of Control Science and Engineering, 2017, 91(1): 1-9.

[15] Chen M Y, Xu G B, Yan R Y, et al. Detecting scalar intermittent faults in linear stochastic dynamic systems[J]. International Journal of Systems Science, 2015, 46(8): 1337-1348.

[16] 鄢镕易, 何潇, 周东华. 线性离散系统间歇故障的鲁棒检测方法 [J]. 上海交通大学学报, 2015, 49(6): 812-818.

[17] 鄢镕易, 何潇, 周东华. 一类存在参数摄动的线性随机系统的鲁棒间歇故障诊断方法 [J]. 自动化学报, 2016, 42(7): 1004-1013.

[18] Yan R Y, He X, Zhou D H, et al. Detection of intermittent faults for linear stochastic systems subject to time-varying parametric perturbations[J]. IET Control Theory and Applications, 2016, 10(8): 903-910.

[19] Yan R Y, He X, Wang Z D, et al. Detection, isolation and diagnosability analysis of intermittent faults in stochastic systems[J]. International Journal of Control, 2018, 91(2): 480-494.

[20] Gil D, Saiz L J, Gracia J, et al. Injecting intermittent faults for the dependability validation of commercial microcontrollers[C]. IEEE International High Level Design Validation and Test Workshop, Incline Village, 2008: 177-184.

[21] Chen M J, Orailoglu. Diagnosing scan chain timing faults through statistical feature analysis of scan images[C]. 2011 Design, Automation & Test in Europe, Grenoble, 2011: 185-190.

[22] Chen M J. On diagnosis of timing failures in scan architecture[J]. IEEE Transactions on Computer-Aided Design of Integrated Circuits and Systems, 2012, 31(7): 1102-1115.

[23] Singh S, Kodali A, Choi K, et al. Dynamic multiple fault diagnosis: Mathematical formulations and solution techniques[J]. IEEE Transactions on Systems, Man, and Cybernetics-Part A: Systems and Humans, 2008, 39(1): 160-176.

[24] Haddad A, Tsai S, Goldberg B, et al. Markov gap models for real communication channels[J]. IEEE Transactions on Communications, 1975, 23(11): 1189-1197.

[25] Hsu Y T, Hsu C F. Novel model of intermittent faults for reliability and safety measures in long-life computer systems[J]. International Journal of Electronics, 1991, 71(6): 917-937.

[26] Charytoniuk W, Lee W J, Chen M S, et al. Arcing fault detection in underground distribution networks-feasibility study[J]. IEEE Transactions on Industry Applications, 2000, 36(6): 1756-1761.

[27] Obeid N H, Boileau T, Nahid-Mobarakeh B. Modeling and diagnostic of incipient inter-turn faults for a three-phase permanent magnet synchronous motor[J]. IEEE Transactions on Industry Applications, 2016, 52(5): 4426-4434.

[28] Li L L, Wang Z H, Shen Y, et al. Fault diagnosis for the intermittent fault in gyroscopes: A data-driven method[C]. Proceedings of the 35th Chinese Control Conference, Chengdu, 2016: 6639-6643.

[29] Obeid N H, Battiston A, Boileau T, et al. Early intermittent interturn fault detection and localization for a permanent magnet synchronous motor of electrical vehicles using wavelet transform[J]. IEEE Transactions on Transportation Electrification, 2017, 3(3): 694-702.

[30] Strangas E G, Aviyente S, Zaidi S S H. Time-frequency analysis for efficient fault diagnosis and failure prognosis for interior permanent-magnet AC motors[J]. IEEE Transactions on Industrial Electronics, 2008, 55(12): 4191-4199.

[31] Shen Q M, Lv K, Liu G J, et al. Dynamic performance of electrical connector contact resistance and intermittent fault under vibration[J]. IEEE Transactions on Components Packaging and Manufacturing Technology, 2018, 8(2): 216-225.

[32] Singh S, Subramania H S, Holland S W, et al. Decision forest for root cause analysis of intermittent faults[J]. IEEE Transactions on Systems, Man, and Cybernetics,Part C: Applications and Reviews, 2012, 42(6): 1818-1827.

[33] Cai B P, Liu Y, Xie M. A dynamic-Bayesian-network-based fault diagnosis methodology considering transient and intermittent faults[J]. IEEE Transactions on Automation Science and Engineering, 2017, 14(1): 276-285.

[34] Cai B P, Liu Y H, Ma Y P, et al. A framework for the reliability evaluation of grid-connected photovoltaic systems in the presence of intermittent faults[J]. Energy, 2015, 93: 1308-1320.

[35] Ricks B, Mengshoel O J. Diagnosis for uncertain, dynamic and hybrid domains using Bayesian networks and arithmetic circuits[J]. International Journal of Approximate Reasoning, 2014, 55(5): 1207-1234.

[36] Choi K, Singh S, Kodali A, et al. Novel classifier fusion approaches for fault diagnosis in automotive systems[J]. IEEE Transactions on Instrumentation and Measurement, 2009, 58(3): 602-611.

[37] Rashid L, Pattabiraman K, Gopalakrishnan S. Characterrizing the impact of intermittent hardware faults on programs[J]. IEEE Transactions on Reliability, 2015, 1: 297-310.

[38] Sorensen B A, Kelly G, Sajecki A, et al. An analyzer for detecting aging faults in electronic devices[C]. Proceedings of Autotestcon '94. Anaheim, 2002: 417-421.

[39] Carvalho L K, Basilio J C, Moreira M V, et al. Diagnosability of intermittent sensor faults in discrete event systems[C]. American Control Conference (ACC), Washington, 2013: 929-934.

[40] Boussif A, Ghazel M. A diagnoser-based approach for intermittent fault diagnosis of discrete-event systems[C]. American Control Conference, Seattle, 2017: 3860-3867.

[41] Hu S, Wang L, Mao J. Synchronous online diagnosis of multiple cable intermittent faults based on chaotic spread spectrum sequence[J]. IEEE Transaction on Industrial Electronics, 2019, 66(4): 3217-3226.

[42] Zhang Y, Wang Z, Alsaadi F E. Detection of intermittent faults for nonuniformly sampled multirate systems with dynamic quantization and missing measurements[J].International Journal of Control, 2020, 93(4)：898-909.

[43] Yan R Y, He X, Zhou D H. Detecting intermittent sensor faults for linear stochastic systems subject to unknown disturbance[J]. Journal of the Franklin Institute, 2016, 353(17): 4734-4753.

[44] Yang H, Saif M. Observer design and fault diagnosis for state-retarded dynamical systems[J]. Automatica, 1998, 34(2): 217-227.

[45] Kartz F, Nuninger W, Ploix S. Fault detection for time-delay systems: A parity space approach[C]. American Control Conference, Philadelphia, 1998: 2009-2010.

[46] Bai L, Tian Z, Shi S. Design of H_∞ robust fault detection filter for linear uncertain time delay systems[J]. ISA Transactions, 2006, 45(4): 491-502.

[47] Zhu F, Cen F. Full-order observer-based actuator fault detection and reduced-order observer-based fault reconstruction for a class of uncertain nonlinear systems[J]. Journal of Process Control, 2010, 20(10):1141-1149.

[48] Zhang S, Sheng L, Gao M, et al. Intermittent fault detection for discrete-time linear stochastic systems with time delay[J]. IET Control Theory and Applications, 2020, 14(3): 511-518.

[49] Ahmadizadeh S, Jafar Z, Karimi H R. Robust unknown input observer design for linear uncertain time delay systems with application to fault detection[J]. Asian Journal of Control, 2014, 16(4): 1016-1019.

第 6 章　含未知扰动的线性随机周期时滞系统的间歇故障诊断

6.1　引　　言

第 5 章主要研究了一类精确模型下的线性离散随机时滞系统的间歇故障检测问题,实际上,工业系统的动态模型大多是基于牛顿力学定律、热力学定律、历史数据和操作经验而建立的[1],人为因素的掺杂势必会影响系统动态运动规律的客观性。另外,随着科学技术的进步和发展,现代工业系统越来越趋于自动化、集成化和复杂化,建立现代大规模集成化系统的精确动态模型更是难上加难[2-4]。因此,在对现代复杂系统进行建模时,实际系统和数学模型之间一定会存在一些由未知干扰引起的差异,未知扰动的存在会严重影响间歇故障检测的精度。在此前提下,研究带有未知扰动的间歇故障检测技术是当前故障检测研究领域的一个热点课题。Xin 等[5] 提出了一种基于径向基函数神经网络的未知输入观测器,对于外部未知的空间干扰,利用 UIO 方法进行解耦,实现了对系统间歇故障的估计。Han 等[6] 针对带有未知扰动的多卫星的姿态同步系统,设计了分布式估计观测器和鲁棒性能指标,使得外部未知扰动对间歇故障估计的影响最小。Yan 等[7] 利用等价空间法的解耦原理,将外部未知扰动进行解耦,并结合假设检验技术实现了对线性随机系统的传感器间歇故障的鲁棒检测。

在数据传输领域,由于受到带宽的影响,信号的传输需要一定的时间。因此,工业通信过程中一般都存在一定的时间延迟。引起时滞的原因有很多种,常见的诸如系统的内在机理、控制结构和模型简化等。在众多的时滞类型中,时变时滞是一种常见的时滞类型,时变时滞的引入通常会对间歇故障的精确检测带来极大的影响,因此,时变时滞系统的间歇故障检测问题同样是当下的一个研究热点。Cao 等[8] 设计了一种具有多间歇故障和时变时滞的不确定非线性系统的故障容错控制方法,并利用马尔可夫链描述了间歇故障的随机发生和随机消失的特性。Sun 等[9] 考虑一类具有多时变状态时滞的非线性随机系统,通过设计故障估计的观测器和容错控制的控制器,实现了对传感器和执行器间歇故障的估计和容错控制。而对于多时变时滞切换 T-S 模糊随机系统中的无源容错控制和保成本控制问题,Sun 等分别设计了一种基于 H_∞ 的闭环动态反馈控制器[10] 和一种无源动态全阶输出反馈控制器[11]。此外,Zhang 等[12] 基于降维观测器和滑动时间窗口对一类具有定常时滞的线性随机系统的间歇故障检测问题进行了初步的研究，但在时变时滞的情况下该方法不再适用。

本章考虑一类具有外部未知扰动的线性离散时变时滞系统，提出了一种基于等价空间法的间歇故障检测方案[13]。在线性随机系统的状态时滞满足周期性变化规律的前提下，研究了其间歇故障检测问题。首先利用提升法，将周期时滞系统转化为无时滞系统，通过选择合适的滑动时间窗口和等价空间向量，设计截断式残差用以检测间歇故障。在对残差统计特性分析的框架下，提出两个假设检验分别检测间歇故障的发生时刻和消失时刻，进一步分析了间歇故障的可检测性问题。最后，通过一个简化的无人机飞行控制系统的仿真，验证了所提方法的有效性。

6.2 问题描述

考虑一类存在未知扰动的线性离散时变时滞系统，其受到间歇故障和随机噪声影响的动态方程由以下公式给出：

$$\begin{cases} x(k+1) = Ax(k) + A_d x(k-h(k)) + Bu(k) + Ed(k) + Ff(k) + w(k) \\ y(k) = Cx(k) + v(k) \end{cases} \tag{6.1}$$

式中，$x(k) \in \mathbb{R}^{n_x}$、$u(k) \in \mathbb{R}^{n_u}$、$y(k) \in \mathbb{R}^{n_y}$ 分别表示系统状态、系统输入和系统输出；$h(k) \in \mathbb{N}$ 为周期性时变时滞；$d(k) \in \mathbb{R}^{n_d}$ 代表外部未知扰动；$f(k) \in \mathbb{R}$ 代表标量间歇故障；$w(k) \in \mathbb{R}^{n_x}$ 和 $v(k) \in \mathbb{R}^{n_y}$ 分别表示相互独立的过程噪声和测量噪声，且二者都是零均值的高斯白噪声，其方差分别为 R_w 和 R_v；$A \in \mathbb{R}^{n_x \times n_x}$、$A_d \in \mathbb{R}^{n_x \times n_x}$、$B \in \mathbb{R}^{n_x \times n_u}$、$E \in \mathbb{R}^{n_x \times n_d}$、$F \in \mathbb{R}^{n_x \times 1}$ 和 $C \in \mathbb{R}^{n_y \times n_x}$ 都是已知的常数矩阵。

在系统 (6.1) 中，具有周期性的时变时滞 $h(k)$ 满足如下形式：

$$h(k) = \begin{cases} 0, & \mod(k, \, T) = 0 \\ 1, & \mod(k, \, T) = 1 \\ \vdots & \quad \vdots \\ l, & \mod(k, \, T) = l \end{cases} \tag{6.2}$$

式中，符号 $\mod(k, \, T)$ 表示求余运算；l 表示最大的时滞步数。从 $h(k)$ 的表达式中可以看出，此类时变时滞具有周期性变化的规律，为了简化符号表示，令周期 $T = l + 1$。

在系统 (6.1) 中，$f(k) \in \mathbb{R}$ 表示标量间歇故障。在工业系统中，间歇故障可以被模型化为一组能够重复出现的突变，并且这些突变的出现时间和消失时间具有一定的随机性。系统发生间歇故障后，若没有外部纠正措施，间歇故障的活跃时间会更加持久，故障发生的间隔时间会变短，最终演变成永久故障。基于以上间歇故障的特点，本章描述的间歇故障模型具有如下形式：

$$f(k) = \sum_{q=1}^{\infty} (\Gamma(k - k_{qa}) - \Gamma(k - k_{qd})) \cdot m_q \tag{6.3}$$

式中，$\Gamma(\cdot)$ 代表离散阶跃函数；k_{qa} 和 k_{qd} 分别表示间歇故障的第 q 次故障的发生时刻和消失时刻；m_q 代表间歇故障第 q 次故障的幅值。由于间歇故障具有随机的活跃时间和间隔时间，定义间歇故障第 q 次故障的活跃时间为 $\tau_q^{\mathrm{ac}} = k_{qd} - k_{qa}$，第 q 次故障的间隔时间为 $\tau_q^{\mathrm{in}} = k_{q(a+1)} - k_{qd}$。

本章对于以上的时变时滞系统 (6.1) 和间歇故障模型 (6.3)，做出如下假设。

假设 6.1　线性离散时变时滞系统 (6.1) 的 (A, C) 矩阵满足秩判据且其输出维数大于扰动维数，即 $n_y > n_d$。

假设 6.2　(1) 间歇故障的幅值存在一个已知的最小值 λ，即所有的间歇故障幅值都满足 $|m_q| \geqslant \lambda$；

(2) 间歇故障的最小活跃时间 $\tau_{\min}^{\mathrm{ac}}$ 和最小间隔时间 $\tau_{\min}^{\mathrm{in}}$ 都是先验已知的；

(3) 定义 $\tau_{\min} = \min(\tau_{\min}^{\mathrm{ac}}, \ \tau_{\min}^{\mathrm{in}})$，且 $\tau_{\min} \gg l$。

注释 6.1　假设 6.2是根据实际操作经验和历史记录数据提出的，即间歇故障往往具有有限的活跃时间和间隔时间。此外，幅值较小且发生时间间隔较短的间歇故障对系统的正常运行不会造成特别大的影响[2]。因此，本章所提出的待检测间歇故障模型具有最小幅值、最小活跃时间和最小间隔时间是合理的。

对于前面所描述的具有外部未知扰动和周期性时变时滞的线性离散随机系统，令 $\bar{x}(k) = \left[\begin{array}{cccc} x^{\mathrm{T}}(k) & x^{\mathrm{T}}(k-1) & \cdots & x^{\mathrm{T}}(k-l) \end{array} \right]^{\mathrm{T}}$，则有

$$\begin{cases} \bar{x}(k+1) = \bar{A}(k)\bar{x}(k) + \bar{B}u(k) + \bar{E}d(k) + \bar{F}f(k) + \bar{W}w(k) \\ y(k) = \bar{C}\bar{x}(k) + v(k) \end{cases} \tag{6.4}$$

式中

$$\bar{A}(k) = \begin{cases} \begin{bmatrix} A + A_d & 0 & \cdots & 0 & 0 \\ I & 0 & \cdots & 0 & 0 \\ 0 & I & \cdots & 0 & 0 \\ \vdots & \vdots & & \vdots & \vdots \\ 0 & 0 & \cdots & I & 0 \end{bmatrix}, & \mathrm{mod}\,(k,\ T) = 0, \quad \begin{bmatrix} A & A_d & \cdots & 0 & 0 \\ I & 0 & \cdots & 0 & 0 \\ 0 & I & \cdots & 0 & 0 \\ \vdots & \vdots & & \vdots & \vdots \\ 0 & 0 & \cdots & I & 0 \end{bmatrix}, & \mathrm{mod}\,(k,\ T) = 1 \\[40pt] \cdots \begin{bmatrix} A & 0 & \cdots & 0 & A_d \\ I & 0 & \cdots & 0 & 0 \\ 0 & I & \cdots & 0 & 0 \\ \vdots & \vdots & & \vdots & \vdots \\ 0 & 0 & \cdots & I & 0 \end{bmatrix}, & \mathrm{mod}\,(k,\ T) = l \end{cases}$$

$$\bar{B} = \begin{bmatrix} B^\mathrm{T} & 0 & \cdots & 0 \end{bmatrix}^\mathrm{T}, \quad \bar{E} = \begin{bmatrix} E^\mathrm{T} & 0 & \cdots & 0 \end{bmatrix}^\mathrm{T}, \quad \bar{F} = \begin{bmatrix} F^\mathrm{T} & 0 & \cdots & 0 \end{bmatrix}^\mathrm{T}$$

$$\bar{W} = \begin{bmatrix} I_w & 0 & \cdots & 0 \end{bmatrix}^\mathrm{T}, \quad \bar{C} = \begin{bmatrix} C & 0 & \cdots & 0 \end{bmatrix}$$

为了简化公式表达，定义如下转换矩阵：

$$\Phi(\tau_1,\ \tau_0) = \begin{cases} I, & \tau_1 = \tau_0 \\ \bar{A}(\tau_1 - 1)\bar{A}(\tau_1 - 2)\cdots \bar{A}(\tau_0), & \tau_1 > \tau_0 \end{cases} \tag{6.5}$$

线性离散周期系统 (6.4) 可以利用提升法转化为线性离散时不变系统，令 $\tau \in [0,\ T-1]$ 且 $\tau \in \mathbb{N}$，对状态方程利用叠加原理可得

$$\bar{x}(\tau + kT + 1) = \bar{A}(\tau)\bar{x}(\tau + kT) + \bar{B}u(\tau + kT) + \bar{E}d(\tau + kT)$$
$$+ \bar{F}f(\tau + kT) + \bar{W}w(\tau + kT)$$
$$\bar{x}(\tau + kT + 2) = \bar{A}(\tau + 1)\bar{x}(\tau + kT) + \bar{A}(\tau + 1)\bar{B}u(\tau + kT) + \bar{B}u(\tau + kT + 1)$$
$$+ \bar{A}(\tau+1)\bar{E}d(\tau+kT) + \bar{E}d(\tau + kT + 1) + \bar{A}(\tau + 1)\bar{F}f(\tau + kT)$$
$$+ \bar{F}f(\tau + kT + 1) + \bar{A}(\tau + 1)\bar{W}w(\tau + kT) + \bar{W}w(\tau + kT + 1)$$

$$\vdots$$

$$\bar{x}(\tau + kT + T)$$
$$= \bar{A}(\tau + T - 1)\cdots \bar{A}(\tau)\bar{x}(\tau + kT) + \bar{A}(\tau + T - 1)\cdots \bar{A}(\tau)\bar{B}u(\tau + kT)$$
$$+ \cdots + \bar{B}u(\tau + kT + T - 1) + \bar{A}(\tau + T - 1)\cdots \bar{A}(\tau)\bar{E}d(\tau + kT)$$
$$+ \cdots + \bar{E}d(\tau + kT + T - 1) + \bar{A}(\tau + T - 1)\cdots \bar{A}(\tau)\bar{F}f(\tau + kT)$$
$$+ \cdots + \bar{F}f(\tau + kT + T - 1) + \bar{A}(\tau + T - 1)\cdots \bar{A}(\tau)\bar{W}w(\tau + kT)$$
$$+ \cdots + \bar{W}w(\tau + kT + T - 1) \tag{6.6}$$

对输出方程利用叠加原理可得

$$y(\tau + kT) = \bar{C}\bar{x}(\tau + kT) + v(\tau + kT)$$
$$y(\tau + kT + 1) = \bar{C}\bar{A}(\tau)\bar{x}(\tau + kT) + \bar{C}\bar{B}u(\tau + kT) + \bar{C}\bar{E}d(\tau + kT)$$
$$+ \bar{C}\bar{F}f(\tau + kT) + \bar{C}\bar{W}w(\tau + kT) + v(\tau + kT + 1)$$

$$\vdots$$

$$y(\tau + kT + T - 1)$$
$$= \bar{C}\bar{A}(\tau + T - 1)\cdots \bar{A}(\tau)\bar{x}(\tau + kT) + \bar{C}\bar{A}(\tau + T - 1)\cdots u(\tau + kT)$$

$$+\cdots+\bar{B}u(\tau+kT+T-1)+\bar{C}\bar{A}(\tau+T-1)\cdots\bar{A}(\tau)\bar{E}d(\tau+kT)$$

$$+\cdots+\bar{E}d(\tau+kT+T-1)+\bar{C}\bar{A}(\tau+T-1)\cdots\bar{A}(\tau)\bar{F}f(\tau+kT)$$

$$+\cdots+\bar{F}f(\tau+kT+T-1)+\bar{C}\bar{A}(\tau+T-1)\cdots\bar{A}(\tau)\bar{W}w(\tau+kT)$$

$$+\cdots+\bar{W}w(\tau+kT+T-1) \tag{6.7}$$

记 $x_\tau(k)=x(kT+\tau)$，由式 (6.6) 和式 (6.7) 可得

$$\begin{cases} x_\tau(k+1)=A_\tau x_\tau(k)+B_{\tau,\,1}u_\tau(k)+E_{\tau,\,1}d_\tau(k)+F_{\tau,\,1}f_\tau(k)+W_{\tau,\,1}w_\tau(k) \\ y_\tau(k)=C_\tau x_\tau(k)+B_{\tau,\,2}u_\tau(k)+E_{\tau,\,2}d_\tau(k)+F_{\tau,\,2}f_\tau(k) \\ \qquad +W_{\tau,\,2}w_\tau(k)+v_\tau(k) \end{cases}$$

$$\tag{6.8}$$

式中

$$u_\tau(k)=\begin{bmatrix} u(\tau+kT) \\ u(\tau+kT+1) \\ \vdots \\ u(\tau+kT+T-1) \end{bmatrix}, \qquad d_\tau(k)=\begin{bmatrix} d(\tau+kT) \\ d(\tau+kT+1) \\ \vdots \\ d(\tau+kT+T-1) \end{bmatrix}$$

$$f_\tau(k)=\begin{bmatrix} f(\tau+kT) \\ f(\tau+kT+1) \\ \vdots \\ f(\tau+kT+T-1) \end{bmatrix}, \qquad w_\tau(k)=\begin{bmatrix} w(\tau+kT) \\ w(\tau+kT+1) \\ \vdots \\ w(\tau+kT+T-1) \end{bmatrix}$$

$$y_\tau(k)=\begin{bmatrix} y(\tau+kT) \\ y(\tau+kT+1) \\ \vdots \\ y(\tau+kT+T-1) \end{bmatrix}, \qquad v_\tau(k)=\begin{bmatrix} v(\tau+kT) \\ v(\tau+kT+1) \\ \vdots \\ v(\tau+kT+T-1) \end{bmatrix}$$

$$A_\tau=\Phi(\tau+T,\ \tau), \qquad C_\tau=\begin{bmatrix} \bar{C} \\ \bar{C}\Phi(\tau+1,\ \tau) \\ \vdots \\ \bar{C}\Phi(\tau+T-1,\ \tau) \end{bmatrix}$$

$$B_{\tau,\,1}=\begin{bmatrix} \bar{B}_{\tau,\,1} & \bar{B}_{\tau,\,2} & \cdots & \bar{B}_{\tau,\,T} \end{bmatrix}$$

$$\bar{B}_{\tau, i} = \Phi(\tau + T, \ \tau + i)\bar{B}, \ 1 \leqslant i \leqslant T, \qquad E_{\tau, 1} = \begin{bmatrix} \bar{E}_{\tau, 1} & \bar{E}_{\tau, 2} & \cdots & \bar{E}_{\tau, T} \end{bmatrix}$$

$$\bar{E}_{\tau, i} = \Phi(\tau + T, \ \tau + i)\bar{E}, \ 1 \leqslant i \leqslant T, \qquad F_{\tau, 1} = \begin{bmatrix} \bar{F}_{\tau, 1} & \bar{F}_{\tau, 2} & \cdots & \bar{F}_{\tau, T} \end{bmatrix}$$

$$\bar{F}_{\tau, i} = \Phi(\tau + T, \ \tau + i)\bar{F}, \ 1 \leqslant i \leqslant T, \qquad W_{\tau, 1} = \begin{bmatrix} \bar{W}_{\tau, 1} & \bar{W}_{\tau, 2} & \cdots & \bar{W}_{\tau, T} \end{bmatrix}$$

$$\bar{W}_{\tau, i} = \Phi(\tau + T, \ \tau + i)\bar{W}, \ 1 \leqslant i \leqslant T$$

$$B_{\tau, 2} = \begin{bmatrix} B_{\tau, 2, 1, 1} & 0 & \cdots & 0 & 0 \\ B_{\tau, 2, 2, 1} & B_{\tau, 2, 2, 2} & \cdots & 0 & 0 \\ B_{\tau, 2, 3, 1} & B_{\tau, 2, 3, 2} & \cdots & 0 & 0 \\ \vdots & \vdots & & \vdots & \vdots \\ B_{\tau, 2, T, 1} & B_{\tau, 2, T, 2} & \cdots & B_{\tau, 2, T, T-1} & B_{\tau, 2, T, T} \end{bmatrix}$$

$$E_{\tau, 2} = \begin{bmatrix} E_{\tau, 2, 1, 1} & 0 & \cdots & 0 & 0 \\ E_{\tau, 2, 2, 1} & E_{\tau, 2, 2, 2} & \cdots & 0 & 0 \\ E_{\tau, 2, 3, 1} & E_{\tau, 2, 3, 2} & \cdots & 0 & 0 \\ \vdots & \vdots & & \vdots & \vdots \\ E_{\tau, 2, T, 1} & E_{\tau, 2, T, 2} & \cdots & E_{\tau, 2, T, T-1} & E_{\tau, 2, T, T} \end{bmatrix}$$

$$F_{\tau, 2} = \begin{bmatrix} F_{\tau, 2, 1, 1} & 0 & \cdots & 0 & 0 \\ F_{\tau, 2, 2, 1} & F_{\tau, 2, 2, 2} & \cdots & 0 & 0 \\ F_{\tau, 2, 3, 1} & F_{\tau, 2, 3, 2} & \cdots & 0 & 0 \\ \vdots & \vdots & & \vdots & \vdots \\ F_{\tau, 2, T, 1} & F_{\tau, 2, T, 2} & \cdots & F_{\tau, 2, T, T-1} & F_{\tau, 2, T, T} \end{bmatrix}$$

$$W_{\tau, 2} = \begin{bmatrix} W_{\tau, 2, 1, 1} & 0 & \cdots & 0 & 0 \\ W_{\tau, 2, 2, 1} & W_{\tau, 2, 2, 2} & \cdots & 0 & 0 \\ W_{\tau, 2, 3, 1} & W_{\tau, 2, 3, 2} & \cdots & 0 & 0 \\ \vdots & \vdots & & \vdots & \vdots \\ W_{\tau, 2, T, 1} & W_{\tau, 2, T, 2} & \cdots & W_{\tau, 2, T, T-1} & W_{\tau, 2, T, T} \end{bmatrix}$$

其中

$$\begin{cases} B_{\tau, 2, i, j} = 0, & i \leqslant j \\ B_{\tau, 2, i, j} = \bar{C}\bar{B}, & i = j + 1 \\ B_{\tau, 2, i, j} = \bar{C}\Phi(\tau + i - 1, \ \tau + j)\bar{B}, & i > j + 1 \end{cases}$$

$$\begin{cases} E_{\tau,\,2,\,i,\,j} = 0, & i \leqslant j \\ E_{\tau,\,2,\,i,\,j} = \bar{C}\bar{E}, & i = j+1 \\ E_{\tau,\,2,\,i,\,j} = \bar{C}\varPhi(\tau+i-1,\,\tau+j)\bar{E}, & i > j+1 \end{cases}$$

$$\begin{cases} F_{\tau,\,2,\,i,\,j} = 0, & i \leqslant j \\ F_{\tau,\,2,\,i,\,j} = \bar{C}\bar{F}, & i = j+1 \\ F_{\tau,\,2,\,i,\,j} = \bar{C}\varPhi(\tau+i-1,\,\tau+j)\bar{F}, & i > j+1 \end{cases}$$

$$\begin{cases} W_{\tau,\,2,\,i,\,j} = 0, & i \leqslant j \\ W_{\tau,\,2,\,i,\,j} = \bar{C}\bar{W}, & i = j+1 \\ W_{\tau,\,2,\,i,\,j} = \bar{C}\varPhi(\tau+i-1,\,\tau+j)\bar{W}, & i > j+1 \end{cases}$$

6.3　周期时滞系统的间歇故障检测方法

在 6.2 节中，通过使用提升法和叠加原理，具有周期性的时变时滞系统被转化为无时滞系统。针对间歇故障具有随机发生和随机消失的特性，本节通过选择合适的滑动时间窗口，结合等价空间法设计了对外部未知扰动解耦的标量鲁棒残差。在随机分析的框架下，提出两个假设检验分别检测间歇故障的发生时刻和消失时刻，最后给出了满足间歇故障可检测性的充分条件。

6.3.1　鲁棒残差设计

对于系统 (6.8)，为了使得所设计的残差对外部未知扰动解耦并且仅对间歇故障和随机噪声敏感，利用等价空间法，通过选择合适的滑动时间窗口 s 来设计鲁棒残差。那么，对于任意的滑动时间窗口 $s > 0$，我们有

$$\begin{aligned} y_\tau(k-s) = {}& C_\tau x_\tau(k-s) + B_{\tau,\,2}u_\tau(k-s) + E_{\tau,\,2}d_\tau(k-s) + F_{\tau,\,2}f_\tau(k-s) \\ & + W_{\tau,\,2}w_\tau(k-s) + v_\tau(k-s) \end{aligned}$$

$$\begin{aligned} y_\tau(k-s+1) = {}& C_\tau A_\tau x_\tau(k-s) + C_\tau B_{\tau,\,1}u_\tau(k-s) + B_{\tau,\,2}u_\tau(k-s+1) \\ & + E_{\tau,\,2}d_\tau(k-s) + F_{\tau,\,2}f_\tau(k-s) + W_{\tau,\,2}w_\tau(k-s) + v_\tau(k-s) \end{aligned}$$

$$\vdots$$

$$\begin{aligned} y_\tau(k) = {}& C_\tau A_\tau x_\tau(k-s) + C_\tau A_\tau^{s-1}B_{\tau,\,1}u_\tau(k-s) \\ & + \cdots + C_\tau B_{\tau,\,1}u_\tau(k-1) + B_{\tau,\,2}u_\tau(k) + C_\tau A_\tau^{s-1}E_{\tau,\,1}d_\tau(k-s) \\ & + \cdots + C_\tau E_{\tau,\,1}d_\tau(k-1) + E_{\tau,\,2}d_\tau(k) + C_\tau A_\tau^{s-1}F_{\tau,\,1}f_\tau(k-s) \end{aligned}$$

$$+\cdots+C_\tau F_{\tau,\,1}f_\tau(k-1)+F_{\tau,\,2}f_\tau(k)+C_\tau A_\tau^{s-1}W_{\tau,\,1}w_\tau(k-s)+\cdots$$

$$+C_\tau W_{\tau,\,1}w_\tau(k-1)+W_{\tau,\,2}w_\tau(k)+v_\tau(k) \tag{6.9}$$

为了简化公式表达，令 $\tilde{y}(k)=\begin{bmatrix} y_\tau^{\mathrm{T}}(k-s) & y_\tau^{\mathrm{T}}(k-s+1) & \cdots & y_\tau^{\mathrm{T}}(k) \end{bmatrix}^{\mathrm{T}}$，根据式 (6.9)，整理后可得

$$\tilde{y}(k)=H_{o,\,s}x_\tau(k-s)+H_{u,\,s}\tilde{u}(k)+H_{d,\,s}\tilde{d}(k)+H_{f,\,s}\tilde{f}(k)+H_{w,\,s}\tilde{w}(k)+\tilde{v}(k) \tag{6.10}$$

式中

$$\tilde{u}(k)=\begin{bmatrix} u_\tau(k-s) \\ u_\tau(k-s+1) \\ \vdots \\ u_\tau(k) \end{bmatrix},\quad \tilde{d}(k)=\begin{bmatrix} d_\tau(k-s) \\ d_\tau(k-s+1) \\ \vdots \\ d_\tau(k) \end{bmatrix},\quad \tilde{f}(k)=\begin{bmatrix} f_\tau(k-s) \\ f_\tau(k-s+1) \\ \vdots \\ f_\tau(k) \end{bmatrix}$$

$$\tilde{w}(k)=\begin{bmatrix} w_\tau(k-s) \\ w_\tau(k-s+1) \\ \vdots \\ w_\tau(k) \end{bmatrix},\quad \tilde{v}(k)=\begin{bmatrix} v_\tau(k-s) \\ v_\tau(k-s+1) \\ \vdots \\ v_\tau(k) \end{bmatrix},\quad H_{o,\,s}=\begin{bmatrix} C_\tau \\ C_\tau A_\tau \\ \vdots \\ C_\tau A_\tau^s \end{bmatrix}$$

$$H_{u,\,s}=\begin{bmatrix} B_{\tau,\,2} & 0 & \cdots & 0 \\ C_\tau B_{\tau,\,1} & B_{\tau,\,2} & \ddots & \vdots \\ \vdots & \ddots & \ddots & 0 \\ C_\tau A_\tau^{s-1}B_{\tau,\,1} & \cdots & C_\tau B_{\tau,\,1} & B_{\tau,\,2} \end{bmatrix}$$

$$H_{d,\,s}=\begin{bmatrix} E_{\tau,\,2} & 0 & \cdots & 0 \\ C_\tau E_{\tau,\,1} & E_{\tau,\,2} & \ddots & \vdots \\ \vdots & \ddots & \ddots & 0 \\ C_\tau A_\tau^{s-1}E_{\tau,\,1} & \cdots & C_\tau E_{\tau,\,1} & E_{\tau,\,2} \end{bmatrix}$$

$$H_{f,\,s}=\begin{bmatrix} F_{\tau,\,2} & 0 & \cdots & 0 \\ C_\tau F_{\tau,\,1} & F_{\tau,\,2} & \ddots & \vdots \\ \vdots & \ddots & \ddots & 0 \\ C_\tau A_\tau^{s-1}F_{\tau,\,1} & \cdots & C_\tau F_{\tau,\,1} & F_{\tau,\,2} \end{bmatrix}$$

$$
H_{w, s} = \begin{bmatrix}
W_{\tau, 2} & 0 & \cdots & 0 \\
C_\tau W_{\tau, 1} & W_{\tau, 2} & \ddots & \vdots \\
\vdots & \ddots & \ddots & 0 \\
C_\tau A_\tau^{s-1} W_{\tau, 1} & \cdots & C_\tau W_{\tau, 1} & W_{\tau, 2}
\end{bmatrix}
$$

根据式 (6.10) 构造鲁棒残差如下：

$$
r(k) = \tilde{y}(k) - H_{u, s}\tilde{u}(k) = H_{o, s}x_\tau(k-s) + H_{d, s}\tilde{d}(k) + H_{f, s}\tilde{f}(k) + H_{w, s}\tilde{w}(k) + \tilde{v}(k)
\tag{6.11}
$$

在式 (6.11) 中，根据间歇故障检测的需要，所设计的鲁棒残差不仅要对初始状态 $x_\tau(k-s)$ 解耦，还需要对外部未知扰动 $\tilde{d}(k)$ 解耦，同时还要对间歇故障 $\tilde{f}(k)$ 敏感。注意到间歇故障的最小活跃时间 $\tau_{\min}^{\mathrm{ac}}$ 和最小间隔时间 $\tau_{\min}^{\mathrm{in}}$ 是先验已知的，根据文献 [7]，通过选择合适的滑动时间窗口 s，使其满足以下条件：

(1) $0 < s < \tau_{\min}$；

(2) $\mathrm{rank}(\ H_{o, s}\ \ H_{d, s}\ \ H_{f, s}\ ) > \mathrm{rank}(\ H_{o, s}\ \ H_{d, s}\ )$。

若上述条件满足，则可以得到一组等价空间向量 $\Omega = \{\Xi | \Xi^{\mathrm{T}} \begin{bmatrix} H_{o, s} & H_{d, s} \end{bmatrix} = 0\}$ 使得残差只对故障和噪声敏感，而对初始状态和外部未知扰动同时解耦。为了保证等价空间向量 Ω 存在，显然要有 $\mathrm{rank}\left(\ H_{o, s}\ \ H_{d, s}\ \right) \leqslant n_y(l+1)(s+1) - 1$。令 $n_r = \dim(r(k, s))$，则残差 $r(k, s)$ 的最大维数满足 $(s+1)(n_y - n_d) - n_x \leqslant \dfrac{\max n_r}{l+1} \leqslant (s+1)n_y - n_x$。因此，若假设 6.1 成立，通过选取足够大的 s，总能求得非零的等价空间向量 Ω，使得残差只对故障和噪声敏感。在本章中，基于等价空间法所构造的鲁棒残差如式 (6.12) 所示：

$$
r(k, s) = \Xi^{\mathrm{T}}(H_{f, s}\tilde{f}(k) + H_{w, s}\tilde{w}(k) + \tilde{v}(k))
\tag{6.12}
$$

从式 (6.12) 中可以看出，所设计的鲁棒残差只与间歇故障、过程噪声和测量噪声有关。为了方便分析鲁棒残差的统计特性，通过引入适当的标量残差生成向量，构建标量残差如式 (6.13) 所示：

$$
\bar{r}(k, s) = \Lambda^{\mathrm{T}}\Xi^{\mathrm{T}}(H_{f, s}\tilde{f}(k) + H_{w, s}\tilde{w}(k) + \tilde{v}(k))
\tag{6.13}
$$

式中，Λ 为具有适当维数的标量残差生成列向量。

6.3.2　间歇故障发生时刻和消失时刻检测

根据 6.3.1 节的分析，间歇故障的检测不仅要求在当前故障消失之前检测到当前故障的发生时刻，还需要在下一个故障发生之前能够检测到当前故障的消失时刻。为了准确地设定检测阈值，首先要对鲁棒残差的统计特性进行分析，由式 (6.13) 可知，标量残差可以被写为如下两部分：

$$\begin{cases} P_1(k, \ s) = \Lambda^{\mathrm{T}} \varXi^{\mathrm{T}} H_{f, \ s} \tilde{f}(k) \\ P_2(k, \ s) = \Lambda^{\mathrm{T}} \varXi^{\mathrm{T}} (H_{w, \ s} \tilde{w}(k) + \tilde{v}(k)) \end{cases} \tag{6.14}$$

由于 $w(k)$ 和 $v(k)$ 是相互独立的零均值高斯白噪声，根据均方黎曼积分的定义 [2]，很显然 $\tilde{w}(k)$ 和 $\tilde{v}(k)$ 也是相互独立的零均值高斯白噪声，且其方差分别为 $R_{\tilde{w}}$ 和 $R_{\tilde{v}}$。那么 $P_2(k, \ \Delta k)$ 也是服从高斯分布的，其均值为零，方差为

$$\sigma^2(k, \ s) = \Lambda^{\mathrm{T}} \varXi^{\mathrm{T}} H_{w, \ s} R_{\tilde{w}} H_{w, \ s}^{\mathrm{T}} \varXi \Lambda + \Lambda^{\mathrm{T}} \varXi^{\mathrm{T}} R_{\tilde{v}} \varXi \Lambda \tag{6.15}$$

因此，$\bar{r}(k, \ s) \sim N(P_1(k, \ s), \ \sigma^2(k, \ s))$，这里 $N(\cdot)$ 表示正态分布。初始阶段，间歇故障未发生，那么滑动窗口与间歇故障无交集，此时 $P_1(k, \ s) = 0$。间歇故障发生后，滑动时间窗口与间歇故障有交集，残差的均值立刻由零变为非零，即 $P_1(k, \ s) \neq 0$。那么，间歇故障的发生时刻可以利用如下的假设检验来检测：

$$\begin{cases} H_0^a: \ |\mathbb{E}[\bar{r}(k, \ s)]| = 0 \\ H_1^a: \ |\mathbb{E}[\bar{r}(k, \ s)]| \neq 0 \end{cases} \tag{6.16}$$

对于给定的显著性水平 γ，可以得到发生时刻的检测接受域为

$$W(k, \ s) = (-H_{\frac{\gamma}{2}} \sigma(k, \ s), \ H_{\frac{\gamma}{2}} \sigma(k, \ s)) \tag{6.17}$$

式中，$H_{\frac{\gamma}{2}}$ 表示标准正态分布变量具有 $\frac{\gamma}{2}$ 的概率落在区间 $(H_{\frac{\gamma}{2}}, \ +\infty)$ 内。

根据式 (6.17)，对于给定的滑动时间窗口 s 和显著性水平 γ，间歇故障发生时刻的检测阈值 θ_a 为

$$\theta_a = \pm H_{\frac{\gamma}{2}} \sigma(k, \ s) \tag{6.18}$$

由 6.3.1 节可知，滑动时间窗口 s 满足 $0 < s < \tau_{\min}$。根据假设 6.2可知，当滑动时间窗口完全包含于间歇故障内时，一个间歇故障的幅值具有最小值 λ。定义一个元素全为 1 的列向量 $1_f \in \mathbb{R}^{(l+1)(s+1) \times 1}$，则有

$$\varphi(k, \ s) = |\Lambda^{\mathrm{T}} \varXi^{\mathrm{T}} H_{f, \ s} 1_f \lambda| \tag{6.19}$$

随着滑动时间窗口慢慢滑出故障，窗口与故障的交集终会小于 $\varphi(k, s)$，直至变为零。根据这一变化规律，间歇故障的消失时刻可以通过以下的假设检验来检测：

$$\begin{cases} H_0^d: \ |\mathbb{E}[\bar{r}(k, \ s)]| \geqslant \varphi(k, \ s) \\ H_1^d: \ |\mathbb{E}[\bar{r}(k, \ s)]| < \varphi(k, \ s) \end{cases} \tag{6.20}$$

对于给定的显著性水平 ϑ，可以得到检测消失时刻的接受域为

$$V(k,\ s) = (-\infty,\ -\varphi(k,\ s) + H_\vartheta \sigma(k,\ s)) \cup (\varphi(k,\ s) - H_\vartheta \sigma(k,\ s),\ +\infty)$$
(6.21)

式中，H_ϑ 表示标准正态分布变量具有 ϑ 的概率落在区间 $(H_\vartheta,\ +\infty)$ 内。

因此，对于给定的滑动时间窗口 s 和显著性水平 ϑ，间歇故障消失时刻的检测阈值 θ_d 为

$$\theta_d = \pm (\varphi(k,\ s) - H_\vartheta \sigma(k,\ s))$$
(6.22)

6.3.3　间歇故障可检测性分析

由 6.3.2 节可知，间歇故障的检测要求在当前故障消失之前检测到故障的发生时刻，在下一个故障发生之前检测得到当前故障的消失时刻。对于给定的滑动时间窗口 s，间歇故障发生时刻和消失时刻能够分别检测的充分条件为 $W(k,\ s) \cap V(k,\ s) = \varnothing$。由于本章所提出的间歇故障检测方法是基于两组假设检验的，这就导致了两个假设检验的接受域存在交集的情况，从而影响间歇故障发生和消失的独立检测。定义：

$$
\begin{cases}
\Psi = \{s \colon W(k,\ s) \cap V(k,\ s) = \varnothing,\ 0 < s < \tau_{\min}\} \\
\hat{k}_{qa} = k_{qa} + \inf \Psi, \quad q \in \mathbb{N}^+ \\
\hat{k}_{qd} = k_{qd} + \inf \Psi, \quad q \in \mathbb{N}^+
\end{cases}
$$
(6.23)

式中，Ψ 是在满足间歇故障可检测框架下滑动时间窗口 s 的集合。

当滑动时间窗口 s 给定以后，也就确定了间歇故障检测值与真实值之间的最大延迟，也就是说，间歇故障发生时刻 k_{qa} 的最佳检测值为 $\hat{k}_{qa}$。同理，间歇故障消失时刻 k_{qd} 的最佳检测值为 $\hat{k}_{qd}$。根据以上分析，我们给出间歇故障可检测性定义如下。

定义 6.1　对于给定的参数 λ、l、$\tau_{\min}^{\mathrm{ac}}$、$\tau_{\min}^{\mathrm{in}}$、$\gamma$ 和 ϑ。如果 $\Psi \neq \varnothing$，而且对于任意的 $q \in \mathbb{N}^+$，$\hat{k}_{qa}$ 都存在，则称间歇故障的发生时刻在概率统计意义下是可检测的。

定义 6.2　对于给定的参数 λ、l、$\tau_{\min}^{\mathrm{ac}}$、$\tau_{\min}^{\mathrm{in}}$、$\gamma$ 和 ϑ。如果 $\Psi \neq \varnothing$，而且对于任意的 $q \in \mathbb{N}^+$，$\hat{k}_{qd}$ 都存在，则称间歇故障的消失时刻在概率统计意义下是可检测的。

定义 6.3　对于给定的参数 λ、l、$\tau_{\min}^{\mathrm{ac}}$、$\tau_{\min}^{\mathrm{in}}$、$\gamma$ 和 ϑ。如果间歇故障的发生时刻和消失时刻在概率统计意义下都是可检测的，则称间歇故障在统计意义下是可检测的。

定理 6.1 对于给定的参数 λ、l、$\tau_{\min}^{\mathrm{ac}}$、$\tau_{\min}^{\mathrm{in}}$、$\gamma$ 和 ϑ。系统 (6.1) 中间歇故障可检测的充分条件为

$$H_{\frac{\gamma}{2}} + H_\vartheta < \frac{\Lambda^{\mathrm{T}} \Xi^{\mathrm{T}} H_{f,\,s} \lambda}{\sqrt{\Lambda^{\mathrm{T}} \Xi^{\mathrm{T}} \left(H_{w,\,s} R_{\tilde{w}} H_{w,\,s}^{\mathrm{T}} + R_{\tilde{v}}\right) \Xi \Lambda}} \tag{6.24}$$

证明 首先，间歇故障的发生时刻和消失时刻分别通过两组假设检验检测得到。因此，由式 (6.17) 和式 (6.21) 得到的两个集合的交集需为空集，即有

$$W(k,\,s) \cap V(k,\,s) = \varnothing \tag{6.25}$$

其次，可以得到

$$H_{\frac{\gamma}{2}} \sigma(k,\,s) < \varphi(k,\,s) - H_\vartheta \sigma(k,\,s) \tag{6.26}$$

进一步，可得

$$\left(H_{\frac{\gamma}{2}} + H_\vartheta\right) \sigma(k,\,s) < \varphi(k,\,s) \tag{6.27}$$

最后，将方差 $\sigma(k,\,s)$ 和方差 $\varphi(k,\,s)$ 代入式 (6.27)，可得

$$H_{\frac{\gamma}{2}} + H_\vartheta < \frac{\Lambda^{\mathrm{T}} \Xi^{\mathrm{T}} H_{f,\,s} \lambda}{\sqrt{\Lambda^{\mathrm{T}} \Xi^{\mathrm{T}} \left(H_{w,\,s} R_{\tilde{w}} H_{w,\,s}^{\mathrm{T}} + R_{\tilde{v}}\right) \Xi \Lambda}} \tag{6.28}$$

证毕。

6.4 仿真验证

为了验证上述间歇故障检测方法的有效性，本节将所提方法在一个简化的无人径向飞行控制系统上进行了仿真验证。该径向飞行控制系统受到未知扰动和间歇故障影响的线性离散时变时滞动态系统模型为

$$\begin{cases} x(k+1) = Ax(k) + A_d x(k - h(k)) + Bu(k) + Ed(k) + Ff(k) + w(k) \\ y(k) = Cx(k) + v(k) \end{cases} \tag{6.29}$$

式中，$x(k) = \begin{bmatrix} \eta(k) & \varpi(k) & \delta(k) \end{bmatrix}^{\mathrm{T}}$，$\eta(k)$ 为正常飞行速度，$\varpi(k)$ 为俯仰角速度 (°/s)，$\delta(k)$ 为俯仰角 (°)；$u(k)$ 为升降舵控制信号；$d(k)$ 为电子信号干扰；$f(k)$ 为发生在舵机上的间歇故障信号；$w(k)$ 为复杂飞行环境引起的过程噪声；$v(k)$ 为

传感器测量噪声。假设 $w(k)$ 和 $v(k)$ 都是方差已知的零均值高斯白噪声，其方差分别为 R_w 和 R_v。系统 (6.29) 中其他矩阵参数分别为

$$A = \begin{bmatrix} -0.6604 & 66.4681 & -134.1019 \\ 0.1528 & 12.3810 & -22.8515 \\ -0.3054 & 252.2071 & -292.7029 \end{bmatrix}, \quad A_d = \begin{bmatrix} 0.2032 & 0 & 0 \\ 0 & 0.011 & 0.015 \\ 0 & 0 & 0.031 \end{bmatrix}$$

$$E = \begin{bmatrix} 8.0254 \\ 0.0121 \\ 1.3254 \end{bmatrix}, \quad F = \begin{bmatrix} 6 \\ 0 \\ 0 \end{bmatrix}, \quad B = \begin{bmatrix} 24.337 & 32.5142 \\ 2.0323 & 2.3684 \\ 53.8949 & 42.3695 \end{bmatrix}$$

$$C = \begin{bmatrix} 1 & 0 & 0 \\ 0 & 1 & 0 \\ 0 & 0 & 1 \end{bmatrix}$$

另外定义

$$R_v = \begin{bmatrix} 0.02 & 0 & 0 \\ 0 & 0.02 & 0 \\ 0 & 0 & 0.02 \end{bmatrix}, \quad R_w = \begin{bmatrix} 0.01 & 0 & 0 \\ 0 & 0.01 & 0 \\ 0 & 0 & 0.01 \end{bmatrix}$$

为保证无人机跟踪预设运行轨迹的性能，本仿真实验采用状态反馈控制律 $u = -Kx(k)$，其中

$$K = \begin{bmatrix} 0.0209 & 7.3300 & -5.0348 \\ -0.0360 & -3.4345 & -0.3721 \end{bmatrix}$$

本仿真中的间歇故障模型如图 6.1所示，间歇故障具有最小的活跃时间和最小的间隔时间，且其最小活跃时间为 $\tau_{\min}^{\mathrm{ac}} = 10$，最小间隔时间为 $\tau_{\min}^{\mathrm{in}} = 10$，间歇故障所有故障的最小幅值为 $\lambda = 0.8$。假设时变时滞的最大时滞步数为 $l = 1$，由式 (6.12) 和式 (6.13)，可以得到满足对外部未知扰动解耦且对故障和噪声敏感的滑动时间窗口的最小值为 $s = 2$。容易验证 $\mathrm{rank}\left(\begin{array}{ccc} H_{o,\,s} & H_{d,\,s} & H_{f,\,s} \end{array} \right) = 6$ 且 $\mathrm{rank}\left(\begin{array}{cc} H_{o,\,s} & H_{d,\,s} \end{array} \right) = 8$。因此，可以构造一个鲁棒残差使得其对外部未知扰动解耦并且对间歇故障和高斯白噪声敏感。标量残差生成向量选为 $\Lambda^{\mathrm{T}} = \left[\begin{array}{cccccc} 0.1 & 0.1 & 0 & 0 & 0 & 0 \end{array} \right]$，选取两个假设检验的显著性水平分别为 $\gamma = 0.05$ 和 $\vartheta = 0.05$，可以得到间歇故障发生时刻和消失时刻的检测阈值分别为 $\theta_a = \pm 0.1328$ 和 $\theta_b = \pm 0.1204$。

基于本章所提方法设计的标量鲁棒截断式残差如图 6.2所示，当间歇故障没有发生时，标量残差 $\bar{r}(k,\,s)$ 只在平衡点附近很小的范围内波动，说明所设计的

鲁棒残差能够实现对外部未知扰动的解耦。当间歇故障发生后，标量残差 $\bar{r}(k, s)$ 能够以较快的速度超出检测阈值 θ_a，说明所提方法可以检测到间歇故障的发生时刻。当间歇故障消失后，残差 $\bar{r}(k, s)$ 仍能以较快的速度回落到检测阈值 θ_d 以下，说明本章所提间歇故障检测方法能够及时地检测出间歇故障的消失时刻。

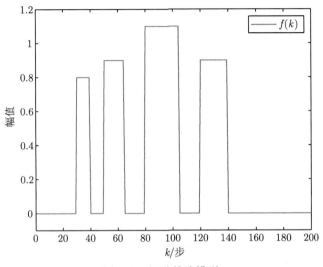

图 6.1　间歇故障模型

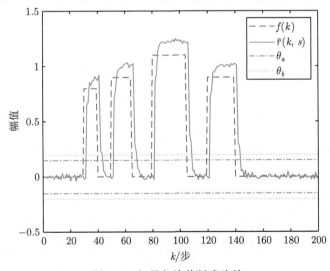

图 6.2　标量鲁棒截断式残差

间歇故障所有发生时刻和消失时刻的检测结果如图 6.3和表 6.1所示。从检测结果中可以看出，所有故障的发生时刻都能在当前故障消失之前准确检测得到，并且所有故障的消失时刻都能在下一个故障发生之前被检测得到。检测结果表明，本章所提方法能够检测到间歇故障的所有发生时刻和消失时刻，能够满足线性离散周期时变时滞系统的间歇故障检测要求。

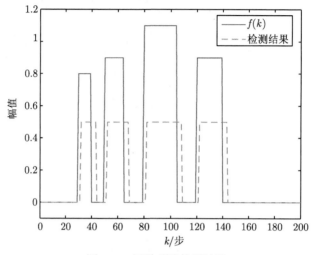

图 6.3　　间歇故障检测结果

表 6.1　　间歇故障检测时刻列表

故障序号	故障状态	实际值	检测值
1	发生	30	32
	消失	40	43
2	发生	50	51
	消失	65	68
3	发生	80	81
	消失	105	109
4	发生	120	122
	消失	140	143

　　为了比较说明所述方法的有效性，对于上述问题，本仿真实验采用传统 Luenberger 观测器的方法进行比较实验。基于传统 Luenberger 观测器方法所构造的残差如图 6.4所示，当间歇故障发生后，残差能够很快超出检测阈值，因此第一个故障的发生时刻可以被检测得到。但是在故障消失后，由于之前时刻的故障影响还存在于当前的误差中，所以残差无法快速地降到阈值以下，导致当前故障的消失时刻无法检测得到，进而会影响后续间歇故障的检测，最终导致此方法失效。与传统 Luenberger 观测器方法相比，本章所提出的间歇故障检测方法能够更为有效地检测间歇故障。

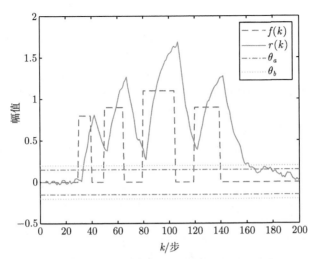

图 6.4   基于传统 Luenberger 观测器的残差

6.5 本 章 小 结

本章针对一类存在未知扰动的线性时变时滞离散随机系统的间歇故障检测问题, 提出了一种基于等价空间法的间歇故障检测方案。利用提升技术和叠加原理, 将具有周期性变化规律的时变时滞系统转化为无时滞系统。在等价空间法的基础上, 通过选择合适的滑动时间窗口, 设计了对外部未知扰动解耦且对故障和噪声敏感的标量截断残差。该残差对间歇故障的发生和消失更加敏感, 能够有效地检测故障的发生和消失。在给定显著性水平的前提下, 通过两个假设检验分别设定检测间歇故障的发生时刻和消失时刻的检测阈值, 并在随机分析的框架下分析了间歇故障的可检测性。最后通过一个简化的无人径向飞行控制系统仿真验证了所提方法的有效性。

参 考 文 献

[1] Gertler J. Fault Detection and Diagnosis in Engineering Systems[M]. Boca Raton: CRC Press, 1998.

[2] 鄢镕易. 线性随机动态系统间歇故障诊断 [D]. 北京: 清华大学, 2016.

[3] Zhou D, Zhao Y H, Wang Z D, et al. Review on diagnosis techniques for intermittent faults in dynamic systems[J]. IEEE Transactions on Industrial Electronics, 2020, 67(3): 2337-2347.

[4] 周东华, 史建涛, 何潇. 动态系统间歇故障诊断技术综述 [J]. 自动化学报, 2014, 40(2): 161-171.

[5]　Xin W, Zhu Y. Intermittent fault estimation for satellite attitude control systems based on the unknown input observer[C]. 2016 International Joint Conference on Neural Networks, Vancouver, 2016: 4789-4794.

[6]　Han W X, Wang Z H, Shen Y. Robust H_∞ fault diagnosis observer design for multiple satellites attitude synchronization with disturbance[C]. 2016 35th Chinese Control Conference, Chengdu, 2016 : 6575-6580.

[7]　Yan R Y, He X, Zhou D H. Detecting intermittent sensor faults for linear stochastic systems subject to unknown disturbance[J]. Journal of the Franklin Institute, 2016, 353(17): 4734-4753.

[8]　Cao L, Wang Y. Fault-tolerant control for nonlinear systems with multiple intermittent faults and time-varying delays[J]. International Journal of Control Automation and Systems, 2018, 16: 609-621.

[9]　Sun S, Dai J, Cai Y, et al. Fault estimation and tolerant control for discrete-time nonlinear stochastic multiple-delayed systems with intermittent sensor and actuator faults[J]. International Journal of Robust and Nonlinear Control, 2020, 30(16): 6761-6781.

[10]　Sun S, Zhang H, Sun J, et al. Reliable H_∞ guaranteed cost control for uncertain switched fuzzy stochastic systems with multiple time-varying delays and intermittent actuator and sensor faults[J]. Neural Computing and Applications, 2021, 33(4): 1343-1365.

[11]　Sun S, Zhang H, Qin Z, et al. Delay-dependent H_∞ guaranteed cost control for uncertain switched T-S fuzzy systems with multiple interval time-varying delays[J]. IEEE Transactions on Fuzzy Systems, 2021, 29(5): 1065-1080.

[12]　Zhang S, Sheng L, Gao M, et al. Intermittent fault detection for discrete-time linear stochastic systems with time delay[J]. IET Control Theory and Applications, 2020, 14(3): 511-518.

[13]　张森, 盛立, 高明. 具有时变时滞的线性离散随机系统的间歇故障检测 [J]. 控制理论与应用, 2021, 38(6): 806-814.

第 7 章 含未知扰动的线性随机闭环时滞系统的传感器间歇故障检测

7.1 引　　言

在实际的工业系统中，为了使系统能够满足某些期望的性能指标，同时保证系统在健康稳定的环境下运行，通常需要对系统施加反馈控制。目前，应用比较成熟的反馈控制方法有比例积分微分控制、最优控制和鲁棒控制等 [1]。事实上，许多实际的操作系统都包含闭环反馈控制，如三容水箱系统 [2]、人造飞行器系统 [3] 和卫星姿态控制系统 [4] 等。

近些年，闭环控制系统的故障检测问题已经得到了广泛的关注，例如，Chen 等 [5] 基于确定性学习理论，提出一种非线性闭环系统的微小故障检测方法，根据补偿故障动力学和故障动力学构造了两种残差，分别衡量了系统动力学变化和控制效果的变化。同样是针对微小故障的检测，Zhang 等 [6] 研究了一类闭环控制下的非线性离散不确定系统的微小故障检测问题，文献中指出，在故障模式下的系统状态和控制输入与正常模式下的系统状态和控制输入保持接近的前提下，所发生的故障可以被定义为微小故障，进一步提出了一种基于自适应动态学习的微小故障检测方案。Liu 等 [7,8] 考虑一类闭环比例积分控制下的故障检测问题，当系统存在未知扰动时，讨论了基于闭环 UIO 方法的故障检测方案，当系统是一个精确的模型时，分别讨论了基于 Luenberger 观测器的方法和基于鲁棒观测器的方法，通过适当地修改观测器的结构和重新设计观测器参数，证明了闭环比例积分控制下的残差动态和控制输入已知情况下的残差动态完全一致。

在另一个研究领域，时滞现象是许多工程应用中不可忽视的问题，时滞通常会引起系统不稳定、振荡和低性能等问题，同时时滞的引入会影响故障检测的精度。因此，研究时滞系统的故障检测问题非常有实际意义。截止到目前，已经有许多学者在相关方面做出了杰出的贡献 [9-15]。例如，针对一类带有未知输入的互联时滞系统，Tran 等 [16] 设计了一类分布式功能观测器用来检测系统中的故障。利用线性矩阵不等式技术和 H_∞ 性能指标，Song 等 [17] 研究了时变时滞马尔可夫跳变系统的故障检测问题。遗憾的是，上述文献都没有考虑间歇故障检测问题。

本章考虑了一类具有外部未知扰动的线性离散时滞随机系统，提出了一种闭环传感器间歇故障检测方案 [18]。改变观测器的结构和重新设计观测器参数，使得闭环比例积分控制下的残差动态特性和控制量已知下的残差动态特性保持一致，并使所设计的残差对状态时滞和闭环比例积分控制器引入的时滞误差同时解耦。在此基础上，通过引入滑动时间窗口设计截断式残差用以检测间歇故障，并提出两个假设检验分别检测间歇故障的发生时刻和消失时刻。在随机分析的框架下，讨论间歇故障的可检测性、误报率和漏报率等问题。最后，通过一个简化的无人机径向飞行控制系统的仿真实验，验证所提方法的有效性。

7.2　问题描述

考虑一类带有未知扰动的线性离散系统，其动态模型由式 (7.1) 给出：

$$\begin{cases} x(k+1) = Ax(k) + Bu(k) + Ed(k) \\ y(k) = Cx(k) \end{cases} \tag{7.1}$$

式中，$x(k) \in \mathbb{R}^n$，$u(k) \in \mathbb{R}^b$，$d(k) \in \mathbb{R}^s$，$y(k) \in \mathbb{R}^m$ 分别代表系统状态、系统输入、外部未知扰动和系统输出；$A \in \mathbb{R}^{n \times n}$，$B \in \mathbb{R}^{n \times b}$，$E \in \mathbb{R}^{n \times s}$，$C \in \mathbb{R}^{m \times n}$ 都是已知的常数矩阵。

为了设计对外部未知扰动 $d(k)$ 解耦的误差系统和残差系统，对于系统 (7.1) 设计如下形式的 UIO 观测器：

$$\begin{cases} z(k+1) = Jz(k) + TBu(k) + Gy(k) \\ \hat{x}(k) = z(k) + Hy(k) \end{cases} \tag{7.2}$$

式中，$z(k) \in \mathbb{R}^n$ 为观测器状态；$\hat{x}(k) \in \mathbb{R}^n$ 为系统状态 $x(k)$ 的估计。其他参数按照如下形式给出：

$$E = HCE \tag{7.3}$$

$$T = I - HC \tag{7.4}$$

$$G = G_1 + G_2 \tag{7.5}$$

$$J = A - HCA - G_1 C \tag{7.6}$$

$$G_2 = JH \tag{7.7}$$

式中，J 是一个 Hurwitz 矩阵。

令误差为 $e(k) = x(k) - \hat{x}(k)$，则误差的动态方程为

$$e(k+1) = Je(k) \tag{7.8}$$

相应的残差系统为

$$r(k) = y(k) - C\hat{x}(k) = Ce(k) \tag{7.9}$$

很显然，误差系统 (7.8) 和残差系统 (7.9) 都与外部未知扰动解耦。式 (7.2) 可以作为系统 (7.1) 的未知输入观测器的充要条件为 [8]：

(1) $\mathrm{rank}(CE) = \mathrm{rank}(E)$；

(2) $(C，A - HCA)$ 是可检测的。

在本章中，考虑一类受到外部未知扰动和传感器间歇故障影响的线性离散随机时滞系统，其动态方程如下：

$$\begin{cases} x(k+1) = Ax(k) + A_d x(k-\tau) + Bu(k) + Ed(k) + w(k) \\ y(k) = Cx(k) + Ff(k) + v(k) \end{cases} \tag{7.10}$$

式中，$x(k)$、$u(k)$、$d(k)$、$y(k)$ 与式 (7.1) 中定义的向量一致；$\tau \in \mathbb{N}$ 代表定常时滞；$f(k) \in \mathbb{R}$ 为标量传感器间歇故障模型；$w(k) \in \mathbb{R}^n$ 和 $v(k) \in \mathbb{R}^m$ 分别是相互独立的过程噪声和测量噪声，且二者均为方差已知的高斯白噪声，其方差分别为 R_w 和 R_v；A、A_d、B、E、C 和 F 均为具有适宜维数的常数矩阵。

对于系统 (7.10)，考虑如下形式的离散闭环比例积分控制器：

$$u(k) = Q_1 y(k) + Q_2 \sum_{i=1}^{l} y(k-i) \tag{7.11}$$

式中，Q_1、Q_2 和 l 都是能够保证系统 (7.10) 稳定的已知参数矩阵。

在进行下一步之前，我们引入以下两个假设。

假设 7.1   系统 (7.10) 中，假设传感器间歇故障具有如下形式：

$$f(k) = \sum_{\lambda=1}^{\infty} \left(\Gamma(k - k_{\lambda a}) - \Gamma(k - k_{\lambda d}) \right) \cdot h(\lambda) \tag{7.12}$$

式中，$\Gamma(\cdot)$ 为阶跃函数；$k_{\lambda a}$ 和 $k_{\lambda d}$ 分别是传感器间歇故障的第 λ 个发生时刻和消失时刻；$h(\lambda)$ 表示传感器间歇故障的第 λ 个未知的故障幅值，且存在一个常数 ρ 满足 $|h(\lambda)| \geqslant \rho$。定义传感器间歇故障的第 λ 个活跃时间和间隔时间分别为 $t_\lambda^{\mathrm{ac}} = k_{\lambda d} - k_{\lambda a}$ 和 $t_\lambda^{\mathrm{in}} = k_{\lambda(a+1)} - k_{\lambda d}$。在本章中，定义传感器间歇故障的活跃时间和间隔时间的最小值为 $t_{\min} = \min\{t_\lambda^{\mathrm{ac}}，t_\lambda^{\mathrm{in}}\}$。

假设 7.2   矩阵 C 是非奇异的且有 $t_{\min} \gg l \geqslant \tau$。

注释 7.1   根据文献 [19]，传感器间歇故障通常会持续一段有限的时间，且其故障幅值、发生时刻和消失时刻都具有一定的随机性。除此之外，幅值很小且活跃时间很短的传感器间歇故障通常不会影响系统的正常运行。因此，在假设 7.1 中假设传感器间歇故障的幅值、活跃时间和间隔时间具有最小值是合理的。另外，参数 ρ、t_λ^{ac} 和 t_λ^{in} 可以从实验数据和操作经验中获得。

注释 7.2 实际上，测量输出矩阵 C 可以通过设计一个降维观测器来保证其是非奇异的。除此之外，最近的很多工作都研究过类似的系统，如文献 [20]、[21]。另外，在系统 (7.10) 中，时滞 τ 是一个已知的常数。由于离散比例积分控制器 (7.11) 中的参数 l 可以被任意选择来保证系统 (7.10) 的稳定性，因此可以人为选择参数 l 大于 τ，即 $t_{\min} \gg l \geqslant \tau$。

联立式 (7.10) 和式 (7.11)，有

$$\begin{cases} x(k+1) = Ax(k) + A_d x(k-\tau) + BQ_1 y(k) + BQ_2 \sum_{i=1}^{l} y(k-i) \\ \qquad\quad + Ed(k) + w(k) \\ y(k) = Cx(k) + Ff(k) + v(k) \end{cases} \tag{7.13}$$

定义向量 $\bar{x}(k)$，$\bar{f}(k)$ 和 $\bar{v}(k)$ 如下：

$$\bar{x}(k) = \begin{bmatrix} x^{\mathrm{T}}(k) & x^{\mathrm{T}}(k-1) & \cdots & x^{\mathrm{T}}(k-l) \end{bmatrix}^{\mathrm{T}}$$

$$\bar{f}(k) = \begin{bmatrix} f^{\mathrm{T}}(k) & f^{\mathrm{T}}(k-1) & \cdots & f^{\mathrm{T}}(k-l) \end{bmatrix}^{\mathrm{T}}$$

$$\bar{v}(k) = \begin{bmatrix} v^{\mathrm{T}}(k) & v^{\mathrm{T}}(k-1) & \cdots & v^{\mathrm{T}}(k-l) \end{bmatrix}^{\mathrm{T}}$$

那么系统 (7.13) 可以被重写为

$$\begin{cases} \bar{x}(k+1) = \bar{A}\bar{x}(k) + \bar{F}_1 \bar{f}(k) + \bar{E}d(k) + \bar{W}w(k) + \bar{V}_1 \bar{v}(k) \\ y(k) = \bar{C}_1 \bar{x}(k) + \bar{F}_2 \bar{f}(k) + \bar{V}_2 \bar{v}(k) \end{cases} \tag{7.14}$$

式中

$$\bar{A} = \begin{bmatrix} A+BQ_1C & \cdots & A_d+BQ_2C & \cdots & BQ_2C \\ I & \cdots & \cdots & \cdots & \vdots \\ \vdots & \cdots & \cdots & \cdots & \vdots \\ 0 & \cdots & \cdots & I & 0 \end{bmatrix}, \quad \bar{E} = \begin{bmatrix} E \\ 0 \\ \vdots \\ 0 \end{bmatrix}, \quad \bar{W} = \begin{bmatrix} I_n \\ 0 \\ \vdots \\ 0 \end{bmatrix}$$

$$\bar{F}_1 = \begin{bmatrix} BQ_1F & BQ_2F & \cdots & BQ_2F \\ 0 & 0 & \cdots & 0 \\ \vdots & \vdots & & \vdots \\ 0 & 0 & \cdots & 0 \end{bmatrix}, \quad \bar{V}_1 = \begin{bmatrix} BQ_1 & BQ_2 & \cdots & BQ_2 \\ 0 & 0 & \cdots & 0 \\ \vdots & \vdots & & \vdots \\ 0 & 0 & \cdots & 0 \end{bmatrix}$$

$$\bar{C}_1 = \begin{bmatrix} C & 0 & \cdots & 0 \end{bmatrix}, \quad \bar{F}_2 = \begin{bmatrix} F & 0 & \cdots & 0 \end{bmatrix}, \quad \bar{V}_2 = \begin{bmatrix} I_m & 0 & \cdots & 0 \end{bmatrix}$$

受未知输入观测器 (7.2) 启发,对于系统 (7.14) 构建闭环未知输入观测器如下:

$$\begin{cases} \bar{z}(k+1) = \bar{J}\bar{z}(k) + \bar{G}y(k) \\ \hat{\bar{x}}(k) = \bar{z}(k) + \bar{H}y(k) \end{cases} \tag{7.15}$$

式中,$\bar{z}(k) \in \mathbb{R}^{n(\tau+1)}$ 为闭环观测器状态;$\hat{\bar{x}}(k) \in \mathbb{R}^{n(\tau+1)}$ 为系统状态 $\bar{x}(k)$ 的估计值。为了确保闭环未知输入观测器仍然对外部未知扰动解耦,观测器的参数设计如下:

$$\bar{E} = \bar{H}\bar{C}_1\bar{E} \tag{7.16}$$

$$\bar{H} = \begin{bmatrix} H^{\mathrm{T}} & 0 & \cdots & 0 \end{bmatrix}^{\mathrm{T}} \tag{7.17}$$

$$\bar{G}_1 = \begin{bmatrix} (G_1 + BQ_1 - HCBQ_1)^{\mathrm{T}} & 0 & \cdots & 0 \end{bmatrix}^{\mathrm{T}} \tag{7.18}$$

$$\bar{J} = \bar{A} - \bar{H}\bar{C}_1\bar{A} - \bar{G}_1\bar{C}_1 \tag{7.19}$$

$$\bar{G}_2 = \bar{J}\bar{H} \tag{7.20}$$

$$\bar{G} = \bar{G}_1 + \bar{G}_2 \tag{7.21}$$

令闭环误差 $\bar{e}(k) = \bar{x}(k) - \hat{\bar{x}}(k)$,则闭环误差动态系统可以写为

$$\bar{e}(k+1) = \bar{J}\bar{e}(k) + ((I - \bar{H}\bar{C}_1)\bar{F}_1 - \bar{G}_1\bar{F}_2)\bar{f}(k) - \bar{H}\bar{F}_2\bar{f}(k+1)$$
$$- \bar{H}\bar{V}_2\bar{v}(k+1) + (I - \bar{H}\bar{C}_1)\bar{W}w(k)((I - \bar{H}\bar{C}_1)\bar{V}_1 - \bar{G}_1\bar{V}_2)\bar{v}(k) \tag{7.22}$$

考虑到式 (7.17) 和式 (7.18),联立式 (7.14) 和式 (7.22) 可得

$$e(k+1)$$

$$= Je(k) + (I - HC)A_d e(k-\tau) + (I - HC)BQ_2C\sum_{i=1}^{l} e(k-i) + G_1 F f(k)$$

$$+ (I - HC)BQ_2F\sum_{i=1}^{l} f(k-i) - HFf(k+1) + (I - HC)w(k)$$

$$+ G_1 v(k) + BQ_2\sum_{i=1}^{l} v(k-i) - Hv(k+1) \tag{7.23}$$

由式 (7.23) 可知,闭环动态误差的稳定性不仅与 $e(k)$ 有关,而且与时滞误差 $e(k-\tau)$ 和 $\sum_{i=1}^{l} e(k-i)$ 有关。即使 J 是一个 Hurwitz 矩阵,受时滞误差的影

响，式 (7.23) 在均值意义下也无法保持稳定，进而会影响后续残差的设计和故障的检测。

7.3　闭环随机系统间歇故障检测方法

在本节中，为了解耦由闭环比例积分控制器引入的时滞误差，通过重新设计观测器的参数和修改观测器的结构设计了一个新的修正未知输入观测器。首先，通过引入一个滑动时间窗口，设计截断式残差用以检测间歇故障的发生时刻和消失时刻。然后，利用两个假设检验分别设定用来检测间歇故障发生和消失时刻的两个阈值。最后，在随机统计分析的框架下，分析了闭环控制下传感器间歇故障的可检测性、误报率和漏报率等问题。

7.3.1　修正观测器设计

为了解耦由闭环比例积分环节引入的时滞误差，需要对闭环未知输入观测器的结构进行适当的调整。引入增广输出向量 $\bar{y}(k) = [y^{\mathrm{T}}(k) \quad y^{\mathrm{T}}(k-1) \quad \cdots \quad y^{\mathrm{T}}(k-l)]^{\mathrm{T}}$，可得

$$\bar{y}(k) = \bar{C}_2 \bar{x}(k) + \bar{F}_3 \bar{f}(k) + \bar{v}(k) \tag{7.24}$$

式中，$\bar{C}_2 = \mathrm{diag}_{l+1}\{C\}$；$\bar{F}_3 = \mathrm{diag}_{l+1}\{F\}$ 。

对系统 (7.14) 考虑如下形式的修正闭环未知输入观测器：

$$\begin{cases} \bar{z}(k+1) = \bar{J}\bar{z}(k) + \bar{G}\bar{y}(k) \\ \hat{\bar{x}}(k) = \bar{z}(k) + \bar{H}y(k) \end{cases} \tag{7.25}$$

式中，$\bar{z}(k) \in \mathbb{R}^{n(\tau+1)}$ 和 $\hat{\bar{x}}(k) \in \mathbb{R}^{n(\tau+1)}$ 是式 (7.15) 中已经定义的向量。

在给出参数设计方法之前，首先提出以下定理以确保误差和残差动态系统的动态特性与式 (7.8) 和式 (7.9) 中的一致。

定理 7.1　考虑一类带有离散闭环比例积分控制器的系统 (7.14)，为其建立的闭环修正观测器如式 (7.25) 所示，其中，参数 $\bar{H}$ 和 $\bar{G}$ 已在式 (7.17) 和式 (7.21) 中给出。若其余参数按照如下形式进行设计：

$$\bar{G}_1 = \begin{bmatrix} G_1 + (I-HC)BQ_1 & \cdots & (I-HC)(BQ_2 + A_dC^{-1}) & \cdots & (I-HC)BQ_2 \\ 0 & \cdots & 0 & \cdots & 0 \\ \vdots & & \vdots & & \vdots \\ 0 & \cdots & 0 & \cdots & 0 \end{bmatrix}$$

$$\tag{7.26}$$

$$\bar{J} = \bar{A} - \bar{H}\bar{C}_1\bar{A} - \bar{G}_1\bar{C}_2 \tag{7.27}$$

$$\bar{G}_2 = \bar{J}\bar{H}\bar{V}_2 \tag{7.28}$$

那么，在没有故障和噪声的情况下，闭环残差 $r(k) = y(k) - \bar{C}_1\hat{\bar{x}}(k)$ 的动态特性与式 (7.8) 和式 (7.9) 一致。

证明　令 $\bar{e}(k) = \begin{bmatrix} e^{\mathrm{T}}(k) & e^{\mathrm{T}}(k-1) & \cdots & e^{\mathrm{T}}(k-l) \end{bmatrix}^{\mathrm{T}}$，易得

$$\bar{e}(k+1) = \bar{x}(k+1) - \bar{J}\hat{\bar{x}}(k) + \bar{J}\bar{H}y(k) - \bar{G}\bar{y}(k) - \bar{H}y(k+1) \tag{7.29}$$

考虑到式 (7.21)，则有

$$\bar{e}(k+1) = \bar{x}(k+1) - \bar{J}\hat{\bar{x}}(k) + \bar{J}\bar{H}y(k) - \bar{G}_1\bar{y}(k) - \bar{G}_2\bar{y}(k) - \bar{H}y(k+1) \tag{7.30}$$

联立式 (7.28) 和式 (7.30)，可得

$$\bar{G}_2\bar{y}(k) = \begin{bmatrix} \bar{J}\bar{H} & 0 & \cdots & 0 \end{bmatrix} \begin{bmatrix} y^{\mathrm{T}}(k) & y^{\mathrm{T}}(k-1) & \cdots & y^{\mathrm{T}}(k-l) \end{bmatrix}^{\mathrm{T}}$$
$$= \bar{J}\bar{H}y(k) \tag{7.31}$$

根据式 (7.14)、式 (7.24) 和式 (7.31)，可将误差动态系统 (7.30) 改写为

$$\begin{aligned} \bar{e}(k+1) = & ((I - \bar{H}\bar{C}_1)\bar{A} - G_1\bar{C}_2)\bar{x}(k) - \bar{J}\bar{x}(k) \\ & + ((I - \bar{H}\bar{C}_1)\bar{F}_1 - G_1\bar{F}_3)\bar{f}(k) \\ & - \bar{H}\bar{F}_2\bar{f}(k+1) + (I - \bar{H}\bar{C}_1)\bar{E}d(k) + (I - \bar{H}\bar{C}_1)\bar{W}w(k) \\ & + ((I - \bar{H}\bar{C}_1)\bar{V}_1 - G_1)\bar{v}(k) + \bar{H}\bar{V}_2\bar{v}(k+1) \end{aligned} \tag{7.32}$$

考虑到式 (7.16) 和式 (7.27)，有

$$\begin{aligned} \bar{e}(k+1) = & \bar{J}\bar{e}(k) + ((I - \bar{H}\bar{C}_1)\bar{F}_1 - G_1\bar{F}_3)\bar{f}(k) - \bar{H}\bar{F}_2\bar{f}(k+1) \\ & + (I - \bar{H}\bar{C}_1)\bar{W}w(k) + ((I - \bar{H}\bar{C}_1)\bar{V}_1 - G_1)\bar{v}(k) + \bar{H}\bar{V}_2\bar{v}(k+1) \end{aligned} \tag{7.33}$$

由式 (7.26) 和式 (7.27)，可得

$$\bar{J} = \begin{bmatrix} J & 0 & \cdots & 0 \\ I & & & \vdots \\ \vdots & & & \vdots \\ 0 & \cdots & I & 0 \end{bmatrix} \tag{7.34}$$

将式 (7.34) 代入式 (7.33)，可得

$$e(k+1) = Je(k) - G_1 Ff(k) - (I-HC)A_dC^{-1}Ff(k-\tau)$$

$$- HFf(k+1) + (I-HC)w(k) - G_1v(k)$$

$$- (I-HC)A_dC^{-1}v(k-\tau) - Hv(k+1) \qquad (7.35)$$

$$r(k) = y(k) - \bar{C}_1\hat{\tilde{x}}(k) = Ce(k) + Ff(k) + v(k) \qquad (7.36)$$

由式 (7.35) 和式 (7.36) 可以看出，在没有故障和噪声的情况下，闭环误差和残差的动态特性和式 (7.8) 以及式 (7.9) 中的一致。

证毕。

7.3.2　截断式残差设计

在本节中，为了准确地检测传感器间歇故障的发生时刻和消失时刻，引入了滑动时间窗口，设计了基于闭环比例积分控制器的标量截断式残差。根据式 (7.35) 和式 (7.36)，残差的动态特性可以被写为

$$r(k+1) = CJe(k) - CG_1Ff(k) - C(I-HC)A_dC^{-1}Ff(k-\tau)$$

$$+ (I-HC)Ff(k+1) + C(I-HC)w(k) - CG_1v(k)$$

$$- C(I-HC)A_dC^{-1}v(k-\tau) - (I-CH)v(k+1) \qquad (7.37)$$

由式 (7.36) 和假设 7.2，有

$$e(k) = C^{-1}r(k) - C^{-1}Ff(k) - C^{-1}v(k) \qquad (7.38)$$

联立式 (7.37) 和式 (7.38)，可得

$$r(k+1) = \tilde{J}r(k) - \tilde{F}_1 f(k) - \tilde{F}_2 f(k-\tau) + \tilde{F}_3 f(k+1) + \tilde{W}w(k) - \tilde{V}_1 v(k)$$

$$- \tilde{V}_2 v(k-\tau) - \tilde{V}_3 v(k+1) \qquad (7.39)$$

式中

$$\tilde{J} = CJC^{-1}$$
$$\tilde{F}_1 = C^{-1}F + CG_1F$$
$$\tilde{F}_2 = C(I-HC)A_dC^{-1}F$$
$$\tilde{F}_3 = (I-HC)F$$
$$\tilde{W} = C(I-HC)$$
$$\tilde{V}_1 = CG_1 + C^{-1}$$
$$\tilde{V}_2 = C(I-HC)A_dC^{-1}$$
$$\tilde{V}_3 = (I-CH)$$

通过引入一个滑动时间窗口 Δk，式 (7.39) 可以被写为

$$r(k) = \tilde{J}^{\Delta k} r(k - \Delta k) + \sum_{j=0}^{\Delta k-1} \tilde{J}^{\Delta k-j-1}(-\tilde{F}_1 f(k - \Delta k + j) - \tilde{F}_2 f(k - \tau - \Delta k + j)$$

$$+ \tilde{F}_3 f(k - \Delta k + j + 1) + \tilde{W} w(k - \Delta k + j) - \tilde{V}_1 v(k - \Delta k + j)$$

$$- \tilde{V}_2 v(k - \tau - \Delta k + j) - \tilde{V}_3 v(k - \Delta k + j + 1)) \tag{7.40}$$

定义截断式残差为 $r(k, \Delta k) = r(k) - \tilde{J}^{\Delta k} r(k - \Delta k)$，然后引入一个标量残差生成向量 $\Xi \in \mathbb{R}^{1 \times n}$，则标量截断式残差 $\Xi r(k, \Delta k)$ 可以被写为

$$\Xi r(k, \Delta k) = \Xi \sum_{j=0}^{\Delta k-1} \tilde{J}^{\Delta k-j-1}(-\tilde{F}_1 f(k - \Delta k + j) - \tilde{F}_2 f(k - \tau - \Delta k + j)$$

$$+ \tilde{F}_3 f(k - \Delta k + j + 1) + \tilde{W} w(k - \Delta k + j) - \tilde{V}_1 v(k - \Delta k + j)$$

$$- \tilde{V}_2 v(k - \tau - \Delta k + j) - \tilde{V}_3 v(k - \Delta k + j + 1)) \tag{7.41}$$

注意到标量截断式残差 $\Xi r(k, \Delta k)$ 的均值只与故障组件有关。因此，在均值意义下，残差的统计特性可以通过比较滑动时间窗口和传感器间歇故障的相对位置关系得到。令

$$\Phi_1(k, \Delta k) = \Xi \Big(-\tilde{J}^{\Delta k-1}\tilde{F}_1 - \sum_{j=0}^{\Delta k-1} \tilde{J}^{\Delta k-j+1}\tilde{F}_2$$

$$+ \sum_{j=0}^{\Delta k-2} (\tilde{J}\tilde{F}_3 - \tilde{F}_1) + \tilde{F}_3 \Big) \cdot h(\lambda) \tag{7.42}$$

在随机统计的框架下，残差 $\Xi r(k, \Delta k)$ 的均值可以被总结为如下四种情况。

情况 1：当传感器间歇故障和滑动时间窗口没有交集时，即 $k_{(\lambda-1)d} < k - \Delta k - \tau < k < k_{\lambda a}$，式 (7.42) 中的故障组件全为零，我们有 $\Phi_1(k, \Delta k) = 0$。

情况 2：当滑动时间窗口刚刚滑入传感器间歇故障内，即 $k_{(\lambda-1)d} < k - \Delta k - \tau < k_{\lambda a} < k$，式 (7.42) 中的部分故障组件变为非零，我们有 $\Phi_1(k, \Delta k) \neq 0$。

情况 3：当滑动时间窗口完全位于传感器间歇故障内时，即 $k_{\lambda a} < k - \Delta k - \tau < k < k_{\lambda d}$，式 (7.42) 中的所有故障组件变为非零，我们有

$$\Phi_1(k, \Delta k) = \Xi \Big(-\tilde{J}^{\Delta k-1}\tilde{F}_1 - \sum_{j=0}^{\Delta k-1} \tilde{J}^{\Delta k-j+1}\tilde{F}_2$$

$$+ \sum_{j=0}^{\Delta k-2} (\tilde{J}\tilde{F}_3 - \tilde{F}_1) + \tilde{F}_3 \Big) \cdot h(\lambda) \tag{7.43}$$

情况 4：当滑动时间窗口滑出传感器间歇故障时，即 $k_{(\lambda-1)d} < k - \Delta k - \tau < k_{\lambda a} < k$，式 (7.42) 中的故障组件又重新变为零，我们有 $\Phi_1(k,\ \Delta k) = 0$。

注释 7.3　基于以上的分析，在式 (7.42) 中，残差 $\Xi r(k,\ \Delta k)$ 的均值只与滑动时间窗口和传感器间歇故障的相对位置关系有关。从情况 1 到情况 2，残差 $\Xi r(k,\ \Delta k)$ 的均值由零变为非零。因此，我们有充分的理由提出一个假设检验来检测传感器间歇故障的发生时刻。情况 3 中，由于提前假设了传感器间歇故障具有最小的故障幅值，因此，$\Phi_1(k,\ \Delta k)$ 的绝对值也存在一个最小值。类似地，从情况 3 到情况 4，随着滑动时间窗口逐渐滑出传感器间歇故障，$\Phi_1(k,\ \Delta k)$ 的值最终会小于这一最小值，直到变为零为止。因此，我们可以提出另外一个假设检验来检测传感器间歇故障的消失时刻。

注意到 $w(k)$ 和 $v(k)$ 为相互独立的高斯白噪声，且其均值为零，协方差分别为 R_w 和 R_v。定义：

$$\Phi_2(k,\ \Delta k) = \Xi \sum_{j=0}^{\Delta k-1} \tilde{J}^{\Delta k-j-1}(\tilde{W}w(k-\Delta k+j) - \tilde{V}_1 v(k-\Delta k+j)$$
$$- \tilde{V}_2 v(k-\tau-\Delta k+j) - \tilde{V}_3 v(k-\Delta k+j+1)) \tag{7.44}$$

那么，标量截断式残差 $\Xi r(k,\ \Delta k)$ 的方差为

$$\mathrm{Var}[\Phi_2(k,\ \Delta k)]$$

$$= \sum_{j=0}^{\Delta k-1} \Xi \tilde{J}^{\Delta k-j-1}\tilde{W}R_w\tilde{W}^{\mathrm{T}}(\tilde{J}^{\Delta k-j-1})^{\mathrm{T}}\Xi^{\mathrm{T}}$$

$$+ \sum_{j=0}^{\Delta k-2} \Xi \tilde{J}^j(\tilde{J}\tilde{V}_3 - \tilde{V}_1)R_v(\tilde{J}\tilde{V}_3 - \tilde{V}_1)^{\mathrm{T}}(\tilde{J}^j)^{\mathrm{T}}\Xi^{\mathrm{T}}$$

$$+ \Xi \tilde{J}^{\Delta k-1}\tilde{V}_1 R_v\tilde{V}_1^{\mathrm{T}}(\tilde{J}^{\Delta k-1})^{\mathrm{T}}\Xi^{\mathrm{T}} \sum_{j=0}^{\Delta k-1} \Xi \tilde{J}^{\Delta k-j-1}\tilde{V}_2 R_v\tilde{V}_2^{\mathrm{T}}(\tilde{J}^{\Delta k+j-1})^{\mathrm{T}}\Xi^{\mathrm{T}}$$

$$\tag{7.45}$$

很显然，随机变量 $\Phi_2(k,\ \Delta k)$ 服从均值为零，方差为 $\Phi_2(k,\ \Delta k)$ 的正态分布，即 $\Phi_2(k,\ \Delta k) \sim \mathcal{N}(0,\ \mathrm{Var}[\Phi_2(k,\ \Delta k)])$。进一步地，$\Xi r(k,\ \Delta k) \sim \mathcal{N}(\Phi_1(k,\ \Delta k),\ \mathrm{Var}[\Phi_2(k,\ \Delta k)])$，其中，$\mathcal{N}(\mu,\ \sigma^2)$ 表示均值为 μ，方差为 σ^2 的正态分布。

7.3.3　间歇故障发生时刻和消失时刻的检测

在 7.3.2 节中，通过对滑动时间窗口和传感器间歇故障相对位置关系的分析，残差 $\Xi r(k,\ \Delta k)$ 的均值从零变为非零的过程意味着第 λ 个故障的发生。因此，我

们有充分的依据提出以下的假设检验来检测传感器间歇故障的第 λ 个发生时刻:

$$\begin{cases} H_0^A : |\mathbb{E}[\Xi r(k, \ \Delta k)]| = 0 \\ H_1^A : |\mathbb{E}[\Xi r(k, \ \Delta k)]| \neq 0 \end{cases} \tag{7.46}$$

式中, $\mathbb{E}[\cdot]$ 表示 $\Xi r(k, \ \Delta k)$ 的数学期望。

给定显著性水平 α, 假设检验 (7.46) 的接受域 $\Theta(k, \ \Delta k)$ 和拒绝域 $\bar{\Theta}(k, \ \Delta k)$ 可以写为

$$\begin{cases} \Theta(k, \ \Delta k) = (-\mathcal{H}_{\frac{\alpha}{2}}\sqrt{\mathrm{Var}[\Phi_2(k, \ \Delta k)]}, \ +\mathcal{H}_{\frac{\alpha}{2}}\sqrt{\mathrm{Var}[\Phi_2(k, \ \Delta k)]}) \\ \bar{\Theta}(k, \ \Delta k) = (-\infty, \ -\mathcal{H}_{\frac{\alpha}{2}}\sqrt{\mathrm{Var}[\Phi_2(k, \ \Delta k)]}] \\ \qquad\qquad \cup[+\mathcal{H}_{\frac{\alpha}{2}}\sqrt{\mathrm{Var}[\Phi_2(k, \ \Delta k)]}, \ +\infty) \end{cases} \tag{7.47}$$

式中, $\mathcal{H}_{\frac{\alpha}{2}}$ 表示标准正态分布变量具有 $\frac{\alpha}{2}$ 的概率落到区间 $[+\mathcal{H}_{\frac{\alpha}{2}}, \ +\infty)$ 内。定义第 λ 个发生时刻的实际检测值为 $k_{\lambda a}^{\mathrm{act}}$, 则传感器间歇故障的第 λ 个发生时刻可以被定义为如下随机变量:

$$k_{\lambda a}^{\mathrm{act}} = \inf\{k > k_{\lambda a} : \Xi r(k, \ \Delta k) \in \bar{\Theta}(k, \ \Delta k)\} \tag{7.48}$$

根据以上分析, 检测传感器间歇故障发生时刻的阈值可设为

$$J_{\mathrm{th}}^{\mathrm{at}} = \pm\mathcal{H}_{\frac{\alpha}{2}}\sqrt{\mathrm{Var}[\Phi_2(k, \ \Delta k)]} \tag{7.49}$$

由假设 7.1 和情况 3 可知, 传感器间歇故障的幅值满足 $|h(\lambda)| \geqslant \rho$。定义传感器间歇故障与滑动时间窗口交集的最小值为 $\delta_\rho(k, \ \Delta k)$, 则有

$$\delta_\rho(k, \ \Delta k) = \Xi\left|-\tilde{J}^{\Delta k-1}\tilde{F}_1 - \sum_{j=0}^{\Delta k-1}\tilde{J}^{\Delta k-j+1}\tilde{F}_2 + \sum_{j=0}^{\Delta k-2}(\tilde{J}\tilde{F}_3 - \tilde{F}_1) + \tilde{F}_3\right|\rho \tag{7.50}$$

在滑动时间窗口完全滑出第 λ 个故障之前, 滑动时间窗口 Δk 和第 λ 个故障的交集将会小于 $\delta_\rho(k, \ \Delta k)$, 由此可以提出以下假设检验来检测传感器间歇故障的消失时刻:

$$\begin{cases} H_0^D : |\mathcal{E}[\Xi r(k, \ \Delta k)]| \geqslant \delta_\rho(k, \ \Delta k) \\ H_1^D : |\mathcal{E}[\Xi r(k, \ \Delta k)]| < \delta_\rho(k, \ \Delta k) \end{cases} \tag{7.51}$$

给定显著性水平 β, 假设检验 (7.51) 的接受域 $\Omega(k, \ \Delta k)$ 和拒绝域 $\bar{\Omega}(k, \ \Delta k)$ 为

$$\Omega(k, \ \Delta k) = (-\infty, \ -\delta_\rho(k, \ \Delta k) + \mathcal{H}_\beta\sqrt{\mathrm{Var}[\Phi_2(k, \ \Delta k)]}]\cup$$

$$[+\delta_\rho(k,\ \Delta k)-\mathcal{H}_\beta\sqrt{\mathrm{Var}[\varPhi_2(k,\ \Delta k)]},\ +\infty) \tag{7.52}$$

$$\bar{\varOmega}(k,\ \Delta k)=(-\delta_\rho(k,\ \Delta k)+\mathcal{H}_\beta\sqrt{\mathrm{Var}[\varPhi_2(k,\ \Delta k)]},$$

$$+\delta_\rho(k,\ \Delta k)-\mathcal{H}_\beta\sqrt{\mathrm{Var}[\varPhi_2(k,\ \Delta k)]})$$

式中，$\mathcal{H}_\beta$ 表示标准正态分布变量具有 β 的概率落到区间 $[+\mathcal{H}_\beta,\ +\infty)$ 内。

与前面内容的分析类似，定义传感器间歇故障的第 β 个实际检测值为 $k_{\lambda d}^{\mathrm{act}}$，那么有

$$k_{\lambda d}^{\mathrm{act}}=\inf\{k>k_{\lambda d}:\varXi r(k,\ \Delta k)\in\bar{\varOmega}(k,\ \Delta k)\} \tag{7.53}$$

同理，检测传感器间歇故障消失时刻的检测阈值可以设为

$$J_{\mathrm{th}}^{\mathrm{dt}}=\pm(\delta_\rho(k,\ \Delta k)-\mathcal{H}_\beta\sqrt{\mathrm{Var}[\varPhi_2(k,\ \Delta k)]}) \tag{7.54}$$

7.4　间歇故障可检测性和检测性能分析

7.4.1　可检测性分析

本节中，为了分析传感器间歇故障的可检测性，首先给出以下定义。

定义 7.1　对于给定的参数 τ、$t_{\min}$、ρ、$\varXi$、α 和 β，如果 $\exists k_{\lambda a}^{\mathrm{act}}:k_{\lambda a}<k_{\lambda a}^{\mathrm{act}}<k_{\lambda d}$ 使得 $\forall k\in(k_{\lambda a},\ k_{\lambda a}^{\mathrm{act}})$，都有 $\varXi r(k,\ \Delta k)\in\varTheta(k,\ \Delta k)$ 成立，且 $\forall k\in(k_{\lambda a}^{\mathrm{act}},\ k_{\lambda d})$，有 $\varXi r(k,\ \Delta k)\notin\varTheta(k,\ \Delta k)$，则称传感器间歇故障的第 λ 个故障的发生时刻是可检测的。

定义 7.2　对于给定的参数 τ、$t_{\min}$、ρ、$\varXi$、α 和 β，如果 $\exists k_{\lambda d}^{\mathrm{act}}:k_{\lambda d}<k_{\lambda d}^{\mathrm{act}}<k_{(\lambda+1)a}$ 使得 $\forall k\in(k_{\lambda d},\ k_{\lambda d}^{\mathrm{act}})$，$\varXi r(k,\ \Delta k)\in\varOmega(k,\ \Delta k)$，且 $\forall k\in(k_{\lambda d}^{\mathrm{act}},\ k_{(\lambda+1)a})$，$\varXi r(k,\ \Delta k)\notin\varOmega(k,\ \Delta k)$，则称传感器间歇故障的第 λ 个故障的消失时刻是可检测的。

定义 7.3　对于给定的参数 τ、$t_{\min}$、ρ、$\varXi$、α 和 β，如果传感器间歇故障的所有发生时刻和消失时刻都是可检测的，那么称传感器间歇故障是可检测的。

根据以上传感器间歇故障的可检测性定义，为保证所述传感器间歇故障是可检测的，我们提出以下定理。

定理 7.2　对于给定的参数 τ、$t_{\min}$、ρ、$\varXi$、α 和 β，传感器间歇故障发生时刻和消失时刻可检测的充分条件为

$$\mathcal{H}_{\frac{\alpha}{2}}+\mathcal{H}_\beta<\frac{\delta_\rho(k,\ \Delta k)}{\sqrt{\mathrm{Var}[\varPhi_2(k,\ \Delta k)]}} \tag{7.55}$$

证明 从式 (7.46) 和式 (7.51) 中可以看出，为了保证传感器间歇故障的发生时刻和消失时刻可以分别被检测到，两个假设检验的接受域 (7.47) 和接受域 (7.52) 需要相互独立。因此，我们有

$$\Theta(k,\ \Delta k) \cap \Omega(k,\ \Delta k) = \varnothing \tag{7.56}$$

根据式 (7.56)，可得

$$-\mathcal{H}_{\frac{\alpha}{2}}\sqrt{\mathrm{Var}[\Phi_2(k,\ \Delta k)]} > -\delta_\rho(k,\ \Delta k) + \mathcal{H}_\beta\sqrt{\mathrm{Var}[\Phi_2(k,\ \Delta k)]} \tag{7.57}$$

由不等式 (7.57) 可以得到

$$\delta_\rho(k,\ \Delta k) > \mathcal{H}_{\frac{\alpha}{2}}\sqrt{\mathrm{Var}[\Phi_2(k,\ \Delta k)]} + \mathcal{H}_\beta\sqrt{\mathrm{Var}[\Phi_2(k,\ \Delta k)]} \tag{7.58}$$

进一步，则有

$$\mathcal{H}_{\frac{\alpha}{2}} + \mathcal{H}_\beta < \frac{\delta_\rho(k,\ \Delta k)}{\sqrt{\mathrm{Var}[\Phi_2(k,\ \Delta k)]}} \tag{7.59}$$

证毕。

以上的分析可以归纳为以下算法。

算法 7.1 (1) 选择合适的滑动时间窗口 Δk 满足 $t_{\min} > \Delta k > \tau$。

(2) 设定两组假设检验的显著性水平 α 和 β，使得假设检验 (7.46) 和 (7.51) 具有较小的误报率。

(3) 对于给定的参数 τ、$t_{\min}$、ρ、Ξ 和 β，根据定理 7.2 验证式 (7.10) 中的传感器间歇故障是否是可检测的。如果条件成立，继续；否则，重新设定显著性水平 α 和 β。

(4) 通过式 (7.47) 和式 (7.52) 分别计算 $\Theta(k,\ \Delta k)$ 和 $\Omega(k,\ \Delta k)$。

(5) 如果 $\exists k_{\lambda a}^{\mathrm{act}}: k_{\lambda a} < k_{\lambda a}^{\mathrm{act}} < k_{\lambda d}$，使得 $\forall k \in (k_{\lambda a},\ k_{\lambda a}^{\mathrm{act}})$ 都有 $\Xi r(k,\ \Delta k) \in \Theta(k,\ \Delta k)$ 成立，并且 $\forall k \in (k_{\lambda a}^{\mathrm{act}},\ k_{\lambda d})$，有 $\Xi r(k,\ \Delta k) \notin \Theta(k,\ \Delta k)$。那么，传感器间歇故障的第 λ 个发生时刻是可检测的，其检测值为 $k_{\lambda d}^{\mathrm{act}}$。

(6) 如果 $\exists k_{\lambda d}^{\mathrm{act}}: k_{\lambda d} < k_{\lambda d}^{\mathrm{act}} < k_{(\lambda+1)a}$，使得 $\forall k \in (k_{\lambda d},\ k_{\lambda d}^{\mathrm{act}})$ 都有 $\Xi r(k,\ \Delta k) \in \Omega(k,\ \Delta k)$ 成立，并且 $\forall k \in (k_{\lambda d}^{\mathrm{act}},\ k_{(\lambda+1)a})$，有 $\Xi r(k,\ \Delta k) \notin \Omega(k,\ \Delta k)$。那么，传感器间歇故障的第 λ 个消失时刻是可检测的，其检测值为 $k_{\lambda d}^{\mathrm{act}}$。

7.4.2 误报率和漏报率

由于两个假设检验 (7.46) 和 (7.51) 都是基于随机样本提供的信息所提出，所以不同的显著性水平必然会导致不同程度的错误决策，而对于间歇故障发生时刻和消失时刻的检测来说，显著性水平的选择会导致不同程度的误报和漏报。因此，研究传感器间歇故障的发生时刻 $k_{\lambda a}$ 和消失时刻 $k_{\lambda d}$ 的误报率和漏报率是十分必要的。为表示方便，令 $\mathcal{D}(k)$ 为时刻 k 时的检测决策，那么传感器间歇故障的漏报率和误报率可以表示如下。

(1) 传感器间歇故障发生时刻 $k_{\lambda a}$ 的误报率：

$$\Pr(\mathcal{D}(k) = H_A^1 | H_A^0) = \Pr(\Xi r(k,\ \Delta k) \in \bar{\Theta}(k,\ \Delta k) | H_A^0) = \alpha \qquad (7.60)$$

(2) 传感器间歇故障消失时刻 $k_{\lambda d}$ 的误报率：

$$\Pr(\mathcal{D}(k) = H_D^1 | H_D^0) = \Pr(\Xi r(k,\ \Delta k) \in \bar{\Omega}(k,\ \Delta k) | H_D^0) < \beta \qquad (7.61)$$

(3) 传感器间歇故障发生时刻 $k_{\lambda a}$ 的漏报率。注意到如果传感器间歇故障的发生时刻检测值 $k_{\lambda a}^{\text{act}}$ 满足 $k_{\lambda a}^{\text{act}} > k_{\lambda d}$，那么间歇故障的检测就失去意义。因此，$k_{\lambda d}^{\text{act}} > k_{\lambda d}$ 可以被视为传感器间歇故障的发生时刻 $k_{\lambda a}$ 的漏报，则有

$$\Pr(\mathcal{D}(k) = H_D^0),\ \forall k \in (k_{\lambda a},\ k_{\lambda d} | H_D^1) = 1 - \Pr(\Xi r(k,\ \Delta k) \in \Omega(k,\ \Delta k)) < \beta \qquad (7.62)$$

(4) 传感器间歇故障消失时刻 $k_{\lambda d}$ 的漏报率。基于同样的道理，在本方法中，$k_{\lambda d}^{\text{act}} > k_{(\lambda+1)a}$ 被视为传感器间歇故障消失时刻 $k_{\lambda d}$ 的漏报，则有

$$\Pr(\mathcal{D}(k) = H_D^0,\ \forall k \in (k_{\lambda d},\ k_{(\lambda+1)a}) | H_D^1) \leqslant \alpha \qquad (7.63)$$

7.5 仿真验证

本节给出了一个仿真实例以证明所提方法的有效性。考虑一个受随机噪声和未知扰动影响的简化径向飞行控制系统，其动态特性由式 (7.64) 给出：

$$\begin{cases} x(k+1) = Ax(k) + A_d x(k-\tau) + Bu(k) + Ed(k) + w(k) \\ y(k) = Cx(k) + Ff(k) + v(k) \end{cases} \qquad (7.64)$$

式中，$x(k) = \begin{bmatrix} \eta(k) & \varphi(k) & \chi(k) \end{bmatrix}^{\mathrm{T}}$ 为系统状态，$\eta(k)$ 为法向速度，$\varphi(k)$ 为俯仰角速度 (°/s)，$\chi(k)$ 为俯仰角度 (°)；$\tau = 1$ 为定常时滞；$u(k)$ 为闭环控制信号；

$f(k)$ 为标量传感器间歇故障。这里，$w(k)$ 和 $v(k)$ 均为相互独立的零均值高斯白噪声，其协方差分别为 R_w 和 R_v。定义其他参数如下所示：

$$A = \begin{bmatrix} -0.6664 & 66.4681 & -134.1019 \\ 0.1528 & 12.3810 & -22.8515 \\ -0.3054 & 252.2071 & -292.7029 \end{bmatrix}, \quad A_d = \begin{bmatrix} 0.1240 & -0.1265 & 0 \\ 0 & 0.1740 & 0 \\ 0 & 0 & 0.10000 \end{bmatrix}$$

$$B = \begin{bmatrix} 24.3370 & 32.1241 & 3.2547 \\ 2.0323 & 22.3214 & 25.3987 \\ 53.8949 & 0.3254 & 36.2541 \end{bmatrix}, \quad E = \begin{bmatrix} 2.3370 \\ 2.0323 \\ 3.8949 \end{bmatrix}, \quad F = \begin{bmatrix} 0.0370 \\ 0.1323 \\ 0.0949 \end{bmatrix}$$

$$R_w = \mathrm{diag}_3\{0.001\}, \quad R_v = \mathrm{diag}_3\{0.002\}$$

为了保证飞行器跟踪预定轨迹的性能，本节仿真采用了闭环离散时间比例积分控制器，其参数如下所示：

$$Q_1 = \begin{bmatrix} 0.0304 & -3.9774 & 5.2306 \\ 0.0326 & 1.0508 & 0.1790 \\ -0.0371 & -1.0534 & 0.3239 \end{bmatrix}$$

$$Q_2 = \begin{bmatrix} -0.0017 & 0.0053 & -0.0013 \\ -0.0028 & 0 & 0.0011 \\ 0.0036 & -0.0079 & 0 \end{bmatrix}, \quad l = 2$$

为了解耦由闭环比例积分控制器引起的时滞误差和外部未知扰动 $d(k)$，针对系统 (7.64) 设计了一个改进的闭环 UIO，并计算观测器参数如下：

$$\bar{J} = \begin{bmatrix} 0.9800 & 0 & 0 & 0 & 0 & 0 & 0 & 0 & 0 \\ 0 & 0.9800 & 0 & 0 & 0 & 0 & 0 & 0 & 0 \\ 0 & 0 & 0.9800 & 0 & 0 & 0 & 0 & 0 & 0 \\ 1 & 0 & 0 & 0 & 0 & 0 & 0 & 0 & 0 \\ 0 & 1 & 0 & 0 & 0 & 0 & 0 & 0 & 0 \\ 0 & 0 & 1 & 0 & 0 & 0 & 0 & 0 & 0 \\ 0 & 0 & 0 & 1 & 0 & 0 & 0 & 0 & 0 \\ 0 & 0 & 0 & 0 & 1 & 0 & 0 & 0 & 0 \\ 0 & 0 & 0 & 0 & 0 & 1 & 0 & 0 & 0 \end{bmatrix}$$

$$\bar{H} = \begin{bmatrix} 0.2206 & 0.1918 & 0.3676 \\ 0.1918 & 0.1668 & 0.3197 \\ 0.3676 & 0.3197 & 0.6126 \\ 0 & 0 & 0 \\ 0 & 0 & 0 \\ 0 & 0 & 0 \\ 0 & 0 & 0 \\ 0 & 0 & 0 \\ 0 & 0 & 0 \end{bmatrix}$$

$$\bar{G} = \begin{bmatrix} -2.4154 & -86.1739 & 15.6370 & -0.0157 & 0 & 0 & -0.1123 & 0.1320 & 0.0368 \\ 1.0851 & -167.7595 & 201.1304 & 0.0089 & 0 & 0 & 0.0327 & -0.1692 & 0.0320 \\ 0.8831 & 139.2400 & -114.3292 & 0.0047 & 0 & 0 & 0.0503 & 0.0091 & -0.0387 \\ 0.2206 & 0.1918 & 0.3676 & 0 & 0 & 0 & 0 & 0 & 0 \\ 0.1918 & 0.1668 & 0.3197 & 0 & 0 & 0 & 0 & 0 & 0 \\ 0.3676 & 0.3197 & 0.6126 & 0 & 0 & 0 & 0 & 0 & 0 \\ 0 & 0 & 0 & 0 & 0 & 0 & 0 & 0 & 0 \\ 0 & 0 & 0 & 0 & 0 & 0 & 0 & 0 & 0 \\ 0 & 0 & 0 & 0 & 0 & 0 & 0 & 0 & 0 \end{bmatrix}$$

当系统中没有传感器间歇故障和未知扰动时，径向飞行控制系统的三个状态信号如图 7.1 所示，从图中可以看出，在闭环离散比例积分控制器的作用下，飞

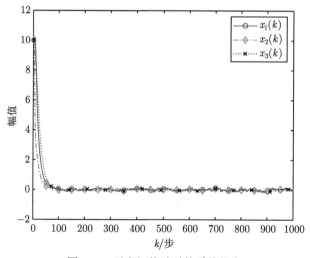

图 7.1　无未知扰动时的系统状态

行控制系统的所有状态都能趋于稳定。然而，当飞行控制系统中同时发生传感器间歇故障和未知扰动时，飞行控制系统的输出信号如图 7.2 所示，由于外部未知扰动过大，在系统的输出信号中无法明显辨别间歇故障引起的变化。显然，由于受到未知扰动的影响，传感器间歇故障的检测无法仅依靠输出信号完成。

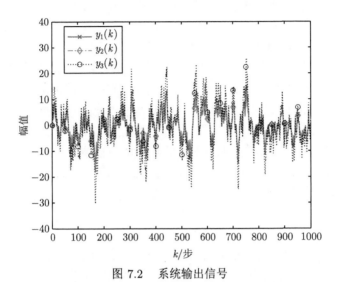

图 7.2　系统输出信号

在本节仿真中，传感器间歇故障如图 7.3 所示。根据假设 7.1，传感器间歇故障可以被描述为一组具有一定持续时间的阶跃信号，它的出现和消失具有不确定性，其幅值、间隔时间和活跃时间均具有一定随机性。若没有外部纠正措施，间歇故

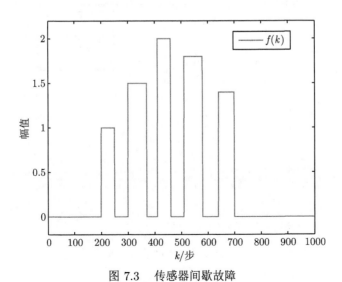

图 7.3　传感器间歇故障

障的幅值会变大，间隔时间会变短，活跃时间会变长，最终将演化为永久故障。在本节仿真中，传感器间歇故障幅值的最小值为 $\rho = 1$，活跃时间和间隔时间的最小值为 $t_{\min} = 50$。

　　为了检测传感器间歇故障的所有发生时刻和消失时刻，通过引入滑动时间窗口 $\Delta k = 10$ 来构造截断残差信号。另外，标量残差生成向量选为 $\Xi = [0.01\quad 0.01\quad 0.01]$，选择两组假设检验的显著性水平为 $\alpha = \beta = 0.05$。根据式 (7.47) 和式 (7.52) 确定两个假设检验的接受域分别为 $\Theta(k,\ \Delta k) = (-0.1983,\ +0.1983)$ 和 $\Omega(k,\ \Delta k) = (-\infty,\ -0.2504]\cup[+0.2504,\ +\infty)$。由此，传感器间歇故障所有发生时刻和消失时刻的检测阈值可以分别设置为 $J_{\mathrm{th}}^{\mathrm{at}} = \pm 0.1983$ 和 $J_{\mathrm{th}}^{\mathrm{dt}} = \pm 0.2504$。

　　基于标量截断式残差 $\Xi r(k,\ \Delta k)$ 检测传感器间歇故障检测的示意图如图 7.4 所示，当系统中没有传感器间歇故障发生时，由于受到高斯白噪声的影响，残差信号 $\Xi r(k,\ \Delta k)$ 在零点附近的很小的范围内上下波动；当传感器间歇故障的第一次故障在 $k = 200$ 发生时，残差信号 $\Xi r(k,\ \Delta k)$ 能够迅速超过阈值 $J_{\mathrm{th}}^{\mathrm{at}}$，说明可以检测出第一个故障的发生时刻。当第一次故障在 $k = 250$ 消失后，残差信号 $\Xi r(k,\ \Delta k)$ 可以迅速降到阈值 $J_{\mathrm{th}}^{\mathrm{dt}}$ 以下，说明可以成功检测到第一次故障的消失时刻。通过对其他故障类似地分析，本章所提方法能够检测出所有的发生时刻和消失时刻，其检测结果如图 7.5 和表 7.1 所示，检测结果表明，本章所提间歇故障检测方案能够及时地检测出所有间歇故障的发生时刻和消失时刻。

　　为了对比说明所提方法的有效性，基于传统 UIO 所设计的残差对传感器间歇故障进行检测的示意图如图 7.6 所示。虽然第一个故障的发生时刻在 $k = 205$ 时被成功检测到，但是受到定常时滞和闭环比例积分控制器所引起的时滞误差的

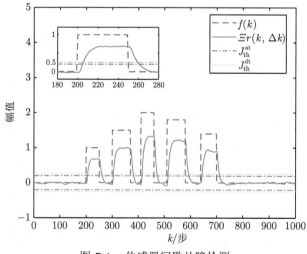

图 7.4　传感器间歇故障检测

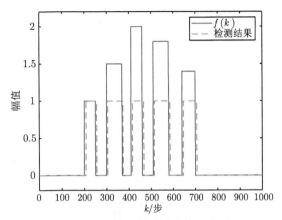

图 7.5 传感器间歇故障检测结果

表 7.1 间歇故障检测时刻列表

故障序号	故障状态	实际值	检测值
1	发生	200	208
	消失	250	256
2	发生	300	305
	消失	370	374
3	发生	410	416
	消失	460	467
4	发生	510	515
	消失	580	586
5	发生	640	646
	消失	700	707

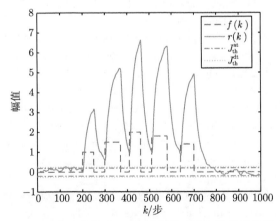

图 7.6 基于传统 UIO 方法的传感器间歇故障检测

影响, 传统残差 $r(k)$ 无法及时地回落到两个检测阈值以下, 导致传感器间歇故障的其余发生时刻和消失时刻无法被检测到。因此, 基于传统 UIO 所设计的残差不再适用于传感器间歇故障检测。对比仿真说明,针对具有未知扰动和闭环比例积分控制器的线性随机时滞系统,本章提出的传感器间歇故障检测方法能够有效、准确地检测出传感器间歇故障的所有发生时刻和消失时刻,并且满足闭环线性随机时滞系统的间歇故障检测要求。

7.6　本章小结

本章研究了一类受到外部未知扰动和定常时滞影响的线性离散随机系统的闭环传感器间歇故障检测问题。基于传统未知输入观测器,提出了一种通过修改观测结构和重设观测器参数的方法来解耦外部未知干扰,并消除比例积分控制器和定常时滞引起的延时误差。为了准确检测传感器间歇故障的发生时刻和消失时刻,引入滑动时间窗口和标量残差生成向量设计了标量截断式残差。此外,基于滑动时间窗口与传感器间歇故障之间的相对位置关系,提出了两个假设检验来设定检测间歇故障发生时刻和消失时刻的检测阈值。进一步通过分析标量截断式残差的统计特性,讨论了传感器间歇故障的可检测性、误报率和漏报率等问题。最后,通过一个仿真实例验证了所提方法的有效性。

参 考 文 献

[1] 周东华, 刘洋, 何潇. 闭环系统故障诊断技术综述 [J]. 自动化学报, 2013, 39(11): 1933-1943.

[2] Li Z, Li X S. Fault detection in the closed-loop system using one-class support vector machine[C]. Proceedings of 2018 IEEE 7th Data Driven Control and Learning Systems Conference, Enshi, 2018: 251-255.

[3] Zhong W, Xin C. Fault detection of UAV fault based on a SFUKF[C]. International Conference on Advanced Electronic Materials, Computers and Materials Engineering, Changsha, 2019, doi: 10.1088/1757-899X/563/5/052099.

[4] Song H, Han P Q, Zhang J X, et al. Fault diagnosis method for closed-loop satellite attitude control systems based on a fuzzy parity equation[J]. International Journal of Distributed Sensor Networks, 2018, 14(10): Art.no.1550147718805938.

[5] Chen T R, Wang C, Chen G, et al. Small fault detection for a class of closed-loop systems via deterministic learning[J]. IEEE Transactions on Cybernetics, 2019, 49(3): 897-906.

[6] Zhang J T, Yuan C Z, Stegagno P, et al. Small fault detection from discrete-time closed-loop control using fault dynamics residuals[J]. Neurocomputing, 2019, 365: 239-248.

[7] Liu Y, Wang Z D, He X, et al. A class of observer-based fault diagnosis schemes under closed-loop control: Performance evaluation and improvement[J]. IET Control Theory and Applications, 2017, 11(1): 135-141.

[8] 刘洋. 基于模型的闭环系统故障诊断 [D]. 北京: 清华大学, 2016.

[9] Cao L, Wang Y. Fault-tolerant control for nonlinear systems with multiple intermittent faults and time-varying delays[J]. International Journal of Control Automation and Systems, 2018, 16: 609-621.

[10] Cao L, Wang Y, Xu L. Fault-tolerant control of stochastic systems with intermittent faults and time-varying delays[C]. 35th Chinese Control Conference (CCC), Chengdu, 2016: 6756-6760.

[11] 顾洲, 张建华, 杜黎龙. 一类具有间歇性执行器故障的时滞系统的容错控制 [J]. 控制与决策, 2011, 26(12): 1829-1834.

[12] Patel H R, Shah V A. Passive fault-tolerant tracking for nonlinear system with intermittent fault and time delay[J]. IFAC-Papers on Line, 2019, 52(11): 200-205.

[13] Sun S, Dai J, Cai Y, et al. Fault estimation and tolerant control for discrete-time nonlinear stochastic multiple-delayed systems with intermittent sensor and actuator faults[J]. International Journal of Robust and Nonlinear Control, 2020, 30(16): 6761-6781.

[14] Sun S, Zhang H, Sun J, et al. Reliable H_∞ guaranteed cost control for uncertain switched fuzzy stochastic systems with multiple time-varying delays and intermittent actuator and sensor faults[J]. Neural Computing and Applications, 2021, 33(4): 1343-1365.

[15] Sun S, Zhang H, Qin Z, et al. Delay-dependent H_∞ guaranteed cost control for uncertain switched T-S fuzzy systems with multiple interval time-varying delays[J]. IEEE Transactions on Fuzzy Systems, 2021, 29(5): 1065-1080.

[16] Tran H M, Trinh H. Distributed functional observer based fault detection for interconnected time-delay systems[J]. IEEE Systems Journal, 2019, 13(1): 940-951.

[17] Song S Y, Hu J, Chen D Y, et al. An event-triggered approach to robust fault detection for nonlinear uncertain Markovian jump systems with time-varying delays[J]. Circuits Systems and Signal Processing, 2020, 39(7): 3445-3469.

[18] Zhang S, Sheng L, Gao M. Closed-loop intermittent sensor fault detection for linear stochastic time-delay systems with unknown disturbances[J]. International Journal of Control, https://doi.org/10.1080/00207179.2022.2116603.

[19] Yan R Y, He X, Zhou D H, et al. Detection of intermittent faults for linear stochastic systems subject to time-varying parametric perturbations[J]. IET Control Theory and Applications, 2016, 10(8): 903-910.

[20] He X, Wang Z D, Qin L G, et al. Active fault-tolerant control for an internet-based networked three-tank system[J]. IEEE Transactions on Control Systems Technology, 2016, 24(6): 2150-2157.

[21] He X, Wang Z D, Liu Y, et al. Fault-tolerant control for an internet-based three-tank system: Accommodation to sensor bias faults[J]. IEEE Transactions on Industrial Electronics, 2017, 64(3): 2266-2275.

第 8 章　多智能体线性定常随机系统的
间歇故障诊断

8.1　引　　言

多智能体协同技术由于在无线通信系统、多机器人系统、协同飞行控制系统和地质灾害监测系统方面的广泛应用，在过去的几十年里已经引起了广泛的研究兴趣 [1-5]。长时间的运行、复杂的操作环境和相互间的电子干扰势必会导致多智能体系统 (Multi-Agent System, MAS) 发生故障，而一旦多智能体系统出现故障，由于其各个节点之间存在信息交互，故障影响的不仅是单一节点，而是整个多智能体系统的安全性和稳定性。因此，研究多智能体的分布式故障检测技术对保障系统的稳定可靠运行具有非常重要的现实意义。

近年来，多智能体的分布式故障检测技术得到了充分的关注，例如，Liu 等 [6] 通过设计 UIO 观测器的方法研究了一类带有外部未知扰动的分布式多智能体故障检测问题。通过构造一系列的分布式故障检测和分离观测器，Shames 等 [7] 研究了一类二维多智能体系统的分布式故障检测和分离问题。为了研究非线性多智能体系统的故障检测问题，Liu 等 [8] 利用多智能体各个节点和其相邻节点的测量信息，提出一种可调维数的观测器。Li 等 [9] 设计了一种分布式联合故障检测方案，解决了带有加性故障和外部未知扰动的多智能体系统的故障检测问题。

目前，集中式系统的间歇故障诊断问题已得到了初步研究 [10,11]，但尚未有分布式系统的相关研究。此外，虽然多智能体系统的故障诊断问题已经得到了充分研究，但是在已有的文献中很少考虑间歇故障。由于多智能体各个节点之间存在信息交互，多智能体的节点个数决定着整个检测方案的复杂性，系统发生故障后，如何准确快速地定位发生故障的节点是一个热点研究问题。除此之外，确定故障节点后，如何在当前故障消失前检测到发生时刻以及如何检测下一个故障出现前当前故障的消失时刻也是一个难点。

本章针对一类多智能体线性离散随机系统，提出一种间歇故障检测和定位方案 [12]。利用每个智能体和其相邻节点的测量信息对智能体的每个节点设计分布式观测器，结合降维 UIO 方法，通过将每个智能体的故障分量进行抽离解耦的方法实现故障的定位。为了检测间歇故障的发生时刻和消失时刻，引入滑动时间窗口设计截断式残差，并提出两个假设检验来分别设定检测间歇故障发生时刻和消失时刻的阈值。在此基础上，提出一个算法来详细说明多智能体系统间歇故障检测和定位的步骤。在随机分析的框架下，讨论了间歇故障的可检测性、误报率和漏报率等问题。最后通过一个仿真实验，验证了所提方法的有效性。

8.2 问题描述

在本章中，通过引入一个指标集 $\mathcal{V} = \{V_1, V_2, \cdots, V_N\}$ 来表示 N 个多智能体的集合，并用一个无向图 $\mathcal{G} = \{\mathcal{V}, \mathcal{E}, \mathcal{A}\}$ 来描述这些智能体之间的相互作用，其中 $\mathcal{E} = \{(V_i, V_j): V_i, V_j \in \mathcal{V}\} \subseteq \mathcal{V} \times \mathcal{V}$ 代表无向图 $\mathcal{G}$ 的边集。无向图的权重矩阵定义为 $\mathcal{A} = [a_{ij}] \in \mathbb{R}^{N \times N}$，其中 $(V_i, V_j) \in \mathcal{E}$ 且 $a_{ij} = 0(V_i, V_j) \notin \mathcal{E}$。第 i 个智能体的广义邻居节点集合包含智能体 i 的所有邻居节点和其自身，并定义这个集合为 $\mathcal{N}_i$。进一步地，定义第 i 个智能体的广义邻居节点集合中的元素个数为 $\bar{N}_i$。无向图的度矩阵用 $\mathcal{D} = \mathrm{diag}(\mathcal{D}_1, \mathcal{D}_2, \cdots, \mathcal{D}_N)$ 来描述，其中 $\mathcal{D}_i = \sum\limits_{j=1}^{N} a_{ij}$ 表示智能体的自由度。无向图的拉普拉斯矩阵定义为 $\mathcal{L} = \mathcal{D} - \mathcal{A}$，其中 $\mathcal{L} = [l_{ij}] \in \mathbb{R}^{N \times N}$。在本章中，我们假设无向图 $\mathcal{G}$ 是连通的。

考虑一类由 N 个多智能体组成的线性离散时间多智能体随机系统，其中智能体 i 的动态特性由以下公式给出：

$$\begin{cases} x_i(k+1) = Ax_i(k) + Bu_i(k) + Ff_i(k) + w_i(k) \\ y_i(k) = Cx_i(k) + v_i(k) \end{cases} \tag{8.1}$$

式中，$x_i(k) \in \mathbb{R}^n$，$u_i(k) \in \mathbb{R}^s$，$f_i(k) \in \mathbb{R}^1$，$y_i(k) \in \mathbb{R}^q$ 分别是第 i 个智能体的状态、控制输入、标量间歇故障和测量输出；$w_i(k) \in \mathbb{R}^n$ 和 $v_i(k) \in \mathbb{R}^q$ 分别是相互独立的高斯白噪声，其均值为零且协方差分别为 R_w 和 R_v；A、B、F 和 C 分别为具有适宜维数的常数矩阵。

与前面内容类似，假设本章的间歇故障模型是一个标量故障，作为一种特殊的故障形式，间歇故障可以由瞬时故障演化形成，并且在没有外部纠正措施的情况下，间歇故障很有可能演变成永久故障。间歇故障通常具有不确定的幅值、活跃时间和间隔时间。根据该定义，在系统 (8.1) 中，一类间歇故障可以被表述为如下形式：

$$f_i(k) = \sum_{m=1}^{\infty} (\Gamma(k - k_{ma}) - \Gamma(k - k_{md})) \cdot h(m), \quad i = 1, 2, \cdots, N \tag{8.2}$$

式中，$\Gamma(\cdot)$ 为阶跃函数；k_{ma} 和 k_{md} 分别代表间歇故障的第 m 个发生时刻和消失时刻；$h(m)$ 表示第 m 个故障的幅值，其中 $m \in \mathbb{N}^+$ 是一个正整数。定义间歇故障的间隔时间和活跃时间分别为 $\tau_m^{\mathrm{in}} = k_{(m+1)a} - k_{md}$ 和 $\tau_m^{\mathrm{ac}} = k_{md} - k_{ma}$。间

歇故障检测的难点在于其幅值、活跃时间和间隔时间具有不确定性。根据历史实验数据和操作经验，有理由做出如下假设。

假设 8.1　(1) 间歇故障具有最小幅值 ϱ，即 $|h(m)| \geqslant \varrho$。

(2) 间歇故障的活跃时间和间隔时间的最小值分别为 $\tau_{\min}^{\text{in}}$ 和 $\tau_{\min}^{\text{ac}}$，且有 $\tau_{\min} = \min\{\tau_{\min}^{\text{in}},\ \tau_{\min}^{\text{ac}}\}$。

注释 8.1　根据已有文献中的历史数据和实验结果，在没有外部的纠正措施下，间歇故障通常会持续一段时间后自行消失，且故障会反复发生和消失。一般情况下，具有非常小的幅值和非常短的活跃时间的间歇故障对系统的负面影响较小。因此，假设间歇故障的幅值、活跃时间和间隔时间具有最小值是合理的。实际上，假设 8.1中的故障指标 ϱ 和 $\tau_{\min}$ 可以从历史数据和操作经验中得到。

根据文献 [6] 中介绍的一致性输出反馈控制器，本章所设计的一致性控制律如式 (8.3) 所示：

$$u_i(k) = K \sum_{j=1}^{N} a_{ij}(y_j(k) - y_i(k)) \tag{8.3}$$

式中，K 为一致性控制律的反馈增益矩阵。

联立式 (8.1) 和式 (8.3)，则有

$$\begin{cases} x(k+1) = \bar{A}x(k) + \bar{F}f(k) + w(k) - Vv(k) \\ y(k) = \bar{C}x(k) + v(k) \end{cases} \tag{8.4}$$

式中

$$x(k) = \begin{bmatrix} x_1^{\text{T}}(k) & x_2^{\text{T}}(k) & \cdots & x_N^{\text{T}}(k) \end{bmatrix}^{\text{T}}, \quad f(k) = \begin{bmatrix} f_1(k) & f_2(k) & \cdots & f_N(k) \end{bmatrix}^{\text{T}}$$

$$y(k) = \begin{bmatrix} y_1^{\text{T}}(k) & y_2^{\text{T}}(k) & \cdots & y_N^{\text{T}}(k) \end{bmatrix}^{\text{T}}, \quad w(k) = \begin{bmatrix} w_1^{\text{T}}(k) & w_2^{\text{T}}(k) & \cdots & w_N^{\text{T}}(k) \end{bmatrix}^{\text{T}}$$

$$v(k) = \begin{bmatrix} v_1^{\text{T}}(k) & v_2^{\text{T}}(k) & \cdots & v_N^{\text{T}}(k) \end{bmatrix}^{\text{T}}, \quad \bar{A} = I_N \otimes A - \mathcal{L} \otimes BKC, \quad \bar{F} = I_N \otimes F$$

$$V = \mathcal{L} \otimes BK, \quad \bar{C} = I_N \otimes C$$

在本章中，假设每个智能体只能从其邻居节点和自身获取测量信息，为了检测和定位多智能体系统中可能发生的间歇故障，根据式 (8.1) 和式 (8.4)，得到如下形式的系统：

$$\begin{cases} x(k+1) = \bar{A}x(k) + \bar{F}_{-i}f_{-i}(k) + \bar{F}_i f_i(k) + w(k) - Vv(k) \\ \mathscr{Y}_\varsigma(k) = \bar{C}_\varsigma x(k) + \bar{V}_\varsigma v(k) \end{cases} \tag{8.5}$$

式中，$\varsigma \in \mathcal{V}$，$i \in \mathcal{N}_\varsigma$，$\bar{C}_\varsigma = L_\varsigma \otimes C$，$\bar{V}_\varsigma = L_\varsigma \otimes I_q$，$L_\varsigma \in \mathbb{R}^{\bar{N}_\varsigma \times N}$ 为行满秩的信息转换矩阵，其每行元素除了对应于智能体 ς 的邻居节点为 1 外，其余均为零；$\bar{F}_i$ 是 $\bar{F}$ 的第 i 列；$\bar{F}_{-i}$ 是矩阵 $\bar{F}$ 去掉 $\bar{F}_i$ 以后剩余的部分；$f_{-i}(k) = [f_1(k)$ $f_2(k)$ $\cdots$ $f_{i-1}(k)$ $f_{i+1}(k)$ $\cdots$ $f_N(k)]^{\mathrm{T}}$ 为矩阵 $f(k)$ 去掉 $f_i(k)$ 以后剩余的部分；$\mathscr{Y}_\varsigma(k) \in \mathbb{R}^{\bar{N}_\varsigma}$ 代表智能体 ς 可用的测量信息。

8.3 多智能体间歇故障检测和定位方法

本章的研究目标是通过对系统 (8.5) 设计一组截断式残差来检测和定位多智能体系统 (8.1) 中可能发生的间歇故障。本节提出一种降维 UIO 观测器的方法将提取的故障分量以未知扰动的形式进行解耦。通过引入滑动时间窗口，设计截断式残差检测间歇故障的发生时刻和消失时刻，基于此，提出两组假设检验来设定间歇故障检测和定位的阈值，并在随机分析的框架下分析间歇故障的可检测性。

8.3.1 降维观测器设计

在系统 (8.5) 中，$\bar{C}_\varsigma$ 是行满秩的，可以选择一个线性变换 $T_\varsigma = \begin{bmatrix} \bar{C}_\varsigma^0 & \bar{C}_\varsigma^\dagger \end{bmatrix}$ 使得 $\bar{C}_\varsigma T_\varsigma = \begin{bmatrix} 0 & I_{q\bar{N}_\varsigma} \end{bmatrix}$ 成立，其中，$T_\varsigma \in \mathbb{R}^{nN \times nN}$，$\bar{C}_\varsigma^0$ 是 $\bar{C}_\varsigma$ 的零空间，$\bar{C}_\varsigma^\dagger$ 是 $\bar{C}_\varsigma$ 的广义逆。定义 $\bar{x}_\varsigma(k) = T_\varsigma^{-1} x(k)$，由式 (8.5) 可得

$$\begin{cases} \bar{x}_\varsigma(k+1) = T_\varsigma^{-1} \bar{A} T_\varsigma \bar{x}_\varsigma(k) + T_\varsigma^{-1} \bar{F}_{-i} f_{-i}(k) + T_\varsigma^{-1} \bar{F}_i f_i(k) \\ \qquad\qquad + T_\varsigma^{-1} w(k) - T_\varsigma^{-1} V v(k) \\ \mathscr{Y}_\varsigma(k) = \begin{bmatrix} 0 & I_{q\bar{N}_\varsigma} \end{bmatrix} \bar{x}_\varsigma(k) + \bar{V}_\varsigma v(k) \end{cases} \tag{8.6}$$

进一步地，令 $\bar{x}_\varsigma(k) = \begin{bmatrix} \bar{x}_{\varsigma,\,1}^{\mathrm{T}}(k) & \bar{x}_{\varsigma,\,2}^{\mathrm{T}}(k) \end{bmatrix}^{\mathrm{T}}$，其中 $\bar{x}_{\varsigma,\,1}(k) \in \mathbb{R}^{nN-q\bar{N}_\varsigma}$，$\bar{x}_{\varsigma,\,2}(k) \in \mathbb{R}^{q\bar{N}_\varsigma}$，有

$$\begin{cases} \bar{x}_{\varsigma,\,1}(k+1) = \bar{A}_{\varsigma,\,11} \bar{x}_{\varsigma,\,1}(k) + \bar{A}_{\varsigma,\,12} \bar{x}_{\varsigma,\,2}(k) + \bar{F}_{\varsigma,\,-i1} f_{-i}(k) + \bar{F}_{\varsigma,\,i1} f_i(k) \\ \qquad\qquad + W_{\varsigma,\,1} w(k) - V_{\varsigma,\,1} v(k) \\ \bar{x}_{\varsigma,\,2}(k+1) = \bar{A}_{\varsigma,\,21} \bar{x}_{\varsigma,\,1}(k) + \bar{A}_{\varsigma,\,22} \bar{x}_{\varsigma,\,2}(k) + \bar{F}_{\varsigma,\,-i2} f_{-i}(k) + \bar{F}_{\varsigma,\,i2} f_i(k) \\ \qquad\qquad + W_{\varsigma,\,2} w(k) - V_{\varsigma,\,2} v(k) \\ \mathscr{Y}_\varsigma(k) = \bar{x}_{\varsigma,\,2}(k) + \bar{V}_\varsigma v(k) \end{cases}$$

$$\tag{8.7}$$

式 (8.6) 和式 (8.7) 的系数矩阵对应关系如下：

$$T_\varsigma^{-1}\bar{A}T_\varsigma = \begin{bmatrix} \bar{A}_{\varsigma,\,11} & \bar{A}_{\varsigma,\,12} \\ \bar{A}_{\varsigma,\,21} & \bar{A}_{\varsigma,\,22} \end{bmatrix}, \quad T_\varsigma^{-1}\bar{F}_{-i} = \begin{bmatrix} \bar{F}_{\varsigma,\,-i1} \\ \bar{F}_{\varsigma,\,-i2} \end{bmatrix}$$

$$T_\varsigma^{-1}\bar{F}_i = \begin{bmatrix} \bar{F}_{\varsigma,\,i1} \\ \bar{F}_{\varsigma,\,i2} \end{bmatrix}, \quad T_\varsigma^{-1} = \begin{bmatrix} W_{\varsigma,\,1} \\ W_{\varsigma,\,2} \end{bmatrix}, \quad T_\varsigma^{-1}V = \begin{bmatrix} V_{\varsigma,\,1} \\ V_{\varsigma,\,2} \end{bmatrix}$$

对于系统 (8.7)，引进如下虚拟输入 $\rho_\varsigma(k)$ 和虚拟输出 $\phi_\varsigma(k)$：

$$\begin{cases} \rho_\varsigma(k) = \bar{A}_{\varsigma,\,12}\mathscr{Y}_\varsigma(k) \\ \phi_\varsigma(k) = \mathscr{Y}_\varsigma(k+1) - \bar{A}_{\varsigma,\,22}\mathscr{Y}_\varsigma(k) \end{cases} \tag{8.8}$$

此外，注意到 $\bar{F}_{\varsigma,\,i2}$ 是一个列向量，因此有 $\mathrm{rank}(\bar{F}_{\varsigma,\,i2}) = \varpi \leqslant 1$。容易得到一个矩阵 $\bar{T}_{\varsigma,\,-i2} \in \mathbb{R}^{(q\bar{N}_\varsigma - \varpi) \times q\bar{N}_\varsigma}$ 使得 $\bar{T}_{\varsigma,\,-i2}\bar{F}_{\varsigma,\,i2} = 0$ 成立。联立式 (8.7) 和式 (8.8)，那么有

$$\begin{cases} \bar{x}_{\varsigma,\,1}(k+1) = \bar{A}_{\varsigma,\,11}\bar{x}_{\varsigma,\,1}(k) + \rho_\varsigma(k) + \bar{F}_{\varsigma,\,-i1}f_{-i}(k) + \bar{F}_{\varsigma,\,i1}f_i(k) \\ \qquad\qquad + W_{\varsigma,\,1}w(k) - \bar{A}_{\varsigma,\,21}\bar{V}_\varsigma v(k) - V_{\varsigma,\,1}v(k) \\ \Phi_{\varsigma,\,-i}(k) = \bar{T}_{\varsigma,\,-i2}\phi_\varsigma(k) = \bar{T}_{\varsigma,\,-i2}\bar{A}_{\varsigma,\,21}\bar{x}_{\varsigma,\,1}(k) + \bar{T}_{\varsigma,\,-i2}\bar{F}_{\varsigma,\,-i2}f_{-i}(k) \quad (8.9) \\ \qquad\qquad + \bar{T}_{\varsigma,\,-i2}W_{\varsigma,\,2}w(k) - \bar{T}_{\varsigma,\,-i2}\bar{A}_{\varsigma,\,22}\bar{V}_\varsigma v(k) \\ \qquad\qquad - \bar{T}_{\varsigma,\,-i2}V_{\varsigma,\,2}v(k) + \bar{T}_{\varsigma,\,-i2}\bar{V}_\varsigma v(k+1) \end{cases}$$

式中，$\Phi_{\varsigma,\,-i}(k) \in \mathbb{R}^{(q\bar{N}_\varsigma - \varpi) \times 1}$ 表示 $\phi_\varsigma(k)$ 解耦掉故障组件 $f_i(k)$ 后的输出。

假设 8.2　注意到 $(\bar{T}_{\varsigma,\,-i2}\bar{A}_{\varsigma,\,21}) \in \mathbb{R}^{(q\bar{N}_\varsigma - \varpi) \times (nN - q\bar{N}_\varsigma)}$，假设 $q\bar{N}_\varsigma - \varpi \geqslant nN - q\bar{N}_\varsigma$ 且 $\mathrm{rank}(\bar{T}_{\varsigma,\,-i2}\bar{A}_{\varsigma,\,21}) = q\bar{N}_\varsigma - \varpi$，则 $\bar{T}_{\varsigma,\,-i2}\bar{A}_{\varsigma,\,21}$ 的左逆存在。

为了检测间歇故障的发生时刻和消失时刻，针对节点 ς 可以构造一组未知输入观测器如式 (8.10) 所示：

$$\begin{cases} z_{\varsigma,\,-i}(k+1) = H_{\varsigma,\,-i}z_{\varsigma,\,-i}(k) + Q_{\varsigma,\,-i}\rho_\varsigma(k) + J_{\varsigma,\,-i}\Phi_{\varsigma,\,-i}(k) \\ \hat{\bar{x}}_{\varsigma,\,1,\,-i}(k) = z_{\varsigma,\,-i}(k) + G_{\varsigma,\,-i}\Phi_{\varsigma,\,-i}(k) \end{cases} \tag{8.10}$$

式中，$i = 1,\,2,\,3,\,\cdots,\,\bar{N}_\varsigma$；$z_{\varsigma,\,-i}(k) \in \mathbb{R}^{nN - q\bar{N}_\varsigma}$ 为观测器的状态；$\hat{\bar{x}}_{\varsigma,\,1,\,-i}(k)$ 为解耦掉第 i 个智能体的故障组件后状态 $\bar{x}_{\varsigma,\,1}(k)$ 的估计；$H_{\varsigma,\,-i}$、$Q_{\varsigma,\,-i}$、$J_{\varsigma,\,-i}$、$G_{\varsigma,\,-i}$ 均为待设计的参数矩阵。

注释 8.2　　基于未知输入观测器的解耦原理，将智能体 ς 邻居节点的故障组件提取出来并看作未知扰动进行解耦。依据这种方式，对每个智能体设计一组未知输入观测器可以定位出故障发生的位置。因此，观测器的解耦条件 $\mathrm{rank}(\bar{T}_{\varsigma,\,-i2}\bar{A}_{\varsigma,\,21}\bar{F}_{\varsigma,\,i1}) = \mathrm{rank}(\bar{F}_{\varsigma,\,i1})$ 对所提间歇故障检测和定位方法有着至关重要的作用。注意到 $\mathrm{rank}(\bar{F}_{\varsigma,\,i1}) = \varpi \leqslant 1$，并由假设 8.2 可知，$\mathrm{rank}(\bar{T}_{\varsigma,\,-i2}\bar{A}_{\varsigma,\,21}) = q\bar{N}_\varsigma - \varpi \geqslant 1$。则有 $\mathrm{rank}(\bar{T}_{\varsigma,\,-i2}\bar{A}_{\varsigma,\,21}\bar{F}_{\varsigma,\,i1}) = \mathrm{rank}(\bar{F}_{\varsigma,\,i1})$ 成立。

在提出间歇故障检测和定位的定理之前，首先给出如下引理。

引理 8.1　　对于给定的矩阵 $\mathscr{A}$ 和 $\mathscr{B}$，如果条件 $\mathscr{C}\mathscr{A}\mathscr{B} = \mathscr{B}$ 和 $\mathrm{rank}(\mathscr{A}\mathscr{B}) = \mathrm{rank}(\mathscr{B})$ 同时满足，那么，存在一个矩阵 $\mathscr{C}$ 的解，其表达式可写为

$$\mathscr{C} = \mathscr{B}(\mathscr{A}\mathscr{B})^\dagger + \mathscr{D}(I - (\mathscr{A}\mathscr{B})(\mathscr{A}\mathscr{B})^\dagger) \tag{8.11}$$

式中，$(\mathscr{A}\mathscr{B})^\dagger$ 是 $(\mathscr{A}\mathscr{B})$ 的广义逆；$\mathscr{D}$ 是一个具有适宜维数的任意矩阵。

定义估计误差为 $e_{\varsigma,\,-i}(k) = \bar{x}_{\varsigma,\,1}(k) - \hat{\bar{x}}_{\varsigma,\,1,\,-i}(k)$，由式 (8.9) 和式 (8.10) 可以得到如下的误差系统：

$$e_{\varsigma,\,-i}(k+1) = \bar{x}_{\varsigma,\,1}(k+1) - H_{\varsigma,\,-i}\hat{\bar{x}}_{\varsigma,\,1,\,-i}(k) + H_{\varsigma,\,-i}G_{\varsigma,\,-i}\Phi_{\varsigma,\,-i}(k)$$
$$- Q_{\varsigma,\,-i}\rho_\varsigma(k) - J_{\varsigma,\,-i}\Phi_{\varsigma,\,-i}(k) - G_{\varsigma,\,-i}\Phi_{\varsigma,\,-i}(k+1) \tag{8.12}$$

定理 8.1　　如果下述条件成立，则误差系统 (8.12) 是渐近稳定的，并且对故障组件 $f_i(k)$ 解耦。

(1) $H_{\varsigma,\,-i}$ 是一个 Hurwitz 矩阵。

(2) $\mathrm{rank}(\bar{T}_{\varsigma,\,-i2}\bar{A}_{\varsigma,\,21}\bar{F}_{\varsigma,\,i1}) = \mathrm{rank}(\bar{F}_{\varsigma,\,i1})$ 成立。

(3) $H_{\varsigma,\,-i}$、$Q_{\varsigma,\,-i}$、$J_{\varsigma,\,-i}$、$J_{\varsigma,\,-i,\,1}$、$J_{\varsigma,\,-i,\,2}$ 和 $G_{\varsigma,\,-i}$ 满足

$$J_{\varsigma,\,-i} = J_{\varsigma,\,-i,\,1} + J_{\varsigma,\,-i,\,2} \tag{8.13}$$

$$J_{\varsigma,\,-i,\,1} - H_{\varsigma,\,-i}G_{\varsigma,\,-i} = 0 \tag{8.14}$$

$$H_{\varsigma,\,-i} = (I_{nN-q\bar{N}_\varsigma} - G_{\varsigma,\,-i}\bar{T}_{\varsigma,\,-i2}\bar{A}_{\varsigma,\,21})\bar{A}_{\varsigma,\,11} - J_{\varsigma,\,-i,\,2}\bar{T}_{\varsigma,\,-i2}\bar{A}_{\varsigma,\,21} \tag{8.15}$$

$$Q_{\varsigma,\,-i} = I_{nN-q\bar{N}_\varsigma} - G_{\varsigma,\,-i}\bar{T}_{\varsigma,\,-i2}\bar{A}_{\varsigma,\,21} \tag{8.16}$$

$$(I_{nN-q\bar{N}_\varsigma} - G_{\varsigma,\,-i}\bar{T}_{\varsigma,\,-i2}\bar{A}_{\varsigma,\,21})\bar{F}_{\varsigma,\,i1} = 0 \tag{8.17}$$

式中，I 为具有适宜维数的单位矩阵。

证明　　考虑到式 (8.13) 和式 (8.14)，有

$$e_{\varsigma,\,-i}(k+1)$$

$$
\begin{aligned}
=&((I_{nN-q\bar{N}_\varsigma}-G_{\varsigma,\,-i}\bar{T}_{\varsigma,\,-i2}\bar{A}_{\varsigma,\,21})\bar{A}_{\varsigma,\,11}-J_{\varsigma,\,-i,\,2}\bar{T}_{\varsigma,\,-i2}\bar{A}_{\varsigma,\,21})\bar{x}_{\varsigma,\,1}(k)\\
&-H_{\varsigma,\,-i}\hat{\bar{x}}_{1,\,\varsigma,\,-i}(k)+(I_{nN-q\bar{N}_\varsigma}-G_{\varsigma,\,-i}\bar{T}_{\varsigma,\,-i2}\bar{A}_{\varsigma,\,21}-Q_{\varsigma,\,-i})\rho_\varsigma(k)\\
&+(I_{nN-q\bar{N}_\varsigma}-G_{\varsigma,\,-i}\bar{T}_{\varsigma,\,-i2}\bar{A}_{\varsigma,\,21})\bar{F}_{\varsigma,\,i1}f_i(k)\\
&+((I_{nN-q\bar{N}_\varsigma}-G_{\varsigma,\,-i}\bar{T}_{\varsigma,\,-i2}\bar{A}_{\varsigma,\,21})\bar{F}_{\varsigma,\,-i1}-J_{\varsigma,\,-i,\,2}\bar{T}_{\varsigma,\,-i2}\bar{F}_{\varsigma,\,-i2})f_{-i}(k)\\
&+((I_{nN-q\bar{N}_\varsigma}-G_{\varsigma,\,-i}\bar{T}_{\varsigma,\,-i2}\bar{A}_{\varsigma,\,21})\bar{W}_{\varsigma,\,1}-J_{\varsigma,\,-i,\,2}\bar{T}_{\varsigma,\,-i2}\bar{W}_{\varsigma,\,2})w(k)\\
&-G_{\varsigma,\,-i,\,}\bar{T}_{-i2}\bar{V}_\varsigma v(k+2)+(J_{\varsigma,\,-i,\,2}\bar{T}_{\varsigma,\,-i2}(\bar{A}_{\varsigma,\,22}\bar{V}_\varsigma+V_{\varsigma,\,2})\\
&-(I_{nN-q\bar{N}_\varsigma}-G_{\varsigma,\,-i}\bar{T}_{\varsigma,\,-i2}\bar{A}_{\varsigma,\,21})(\bar{A}_{\varsigma,\,12}\bar{V}_\varsigma+V_{\varsigma,\,1}))v(k)\\
&+(G_{\varsigma,\,-i}\bar{T}_{\varsigma,\,-i2}(\bar{A}_{\varsigma,\,22}\bar{V}_\varsigma+V_{\varsigma,\,2})-J_{\varsigma,\,-i,\,2}\bar{T}_{\varsigma,\,-i2}\bar{V}_\varsigma)v(k+1)\\
&-G_{\varsigma,\,-i}\bar{T}_{-\varsigma,\,i2}\bar{F}_{\varsigma,\,-i2}f_{-i}(k+1)-G_{\varsigma,\,-i}\bar{T}_{\varsigma,\,-i2}\bar{W}_{\varsigma,\,2}w(k+1)\qquad(8.18)
\end{aligned}
$$

根据式 (8.15)～ 式 (8.17)，误差系统 (8.18) 可被推导为

$$
\begin{aligned}
e_{\varsigma,\,-i}(k+1)=&H_{\varsigma,\,-i}e_{\varsigma,\,-i}(k)+((I_{nN-q\bar{N}_\varsigma}-G_{\varsigma,\,-i}\bar{T}_{\varsigma,\,-i2}\bar{A}_{\varsigma,\,21})\bar{F}_{\varsigma,\,-i1}\\
&-J_{\varsigma,\,-i,\,2}\bar{T}_{\varsigma,\,-i2}\bar{F}_{\varsigma,\,-i2})f_{-i}(k)\\
&+((I_{nN-q\bar{N}_\varsigma}-G_{\varsigma,\,-i}\bar{T}_{\varsigma,\,-i2}\bar{A}_{\varsigma,\,21})W_{\varsigma,\,1}-J_{\varsigma,\,-i,\,2}\bar{T}_{\varsigma,\,-i2}W_{\varsigma,\,2})w(k)\\
&-G_{\varsigma,\,-i}\bar{T}_{\varsigma,\,-i2}W_{\varsigma,\,2}w(k+1)+(J_{\varsigma,\,-i,\,2}\bar{T}_{\varsigma,\,-i2}(\bar{A}_{\varsigma,\,22}\bar{V}_\varsigma+V_{\varsigma,\,2})\\
&-(I_{nN-q\bar{N}_\varsigma}-G_{\varsigma,\,-i}\bar{T}_{\varsigma,\,-i2}\bar{A}_{\varsigma,\,21})(\bar{A}_{\varsigma,\,12}\bar{V}_\varsigma+V_{\varsigma,\,1}))v(k)\\
&+(G_{\varsigma,\,-i}\bar{T}_{\varsigma,\,-i2}(\bar{A}_{\varsigma,\,22}\bar{V}_\varsigma+V_{\varsigma,\,2})-J_{\varsigma,\,-i,\,2}\bar{T}_{\varsigma,\,-i2}\bar{V}_\varsigma)v(k+1)\\
&-G_{\varsigma,\,-i}\bar{T}_{\varsigma,\,-i2}\bar{F}_{\varsigma,\,-i2}f_{-i}(k+1)-G_{\varsigma,\,-i}\bar{T}_{\varsigma,\,-i2}\bar{V}_\varsigma v(k+2)
\end{aligned}
$$

$$(8.19)$$

由引理 8.1可知，$G_{\varsigma,\,-i}$ 的解可以表示为

$$
\begin{aligned}
G_{\varsigma,\,-i}=&\bar{F}_{\varsigma,\,i1}(\bar{T}_{\varsigma,\,-i2}\bar{A}_{\varsigma,\,21}\bar{F}_{\varsigma,\,i1})^{\dagger}\\
&+\mathscr{D}(I-(\bar{T}_{\varsigma,\,-i2}\bar{A}_{\varsigma,\,21}\bar{F}_{\varsigma,\,i1})(\bar{T}_{\varsigma,\,-i2}\bar{A}_{\varsigma,\,21}\bar{F}_{\varsigma,\,i1})^{\dagger})\qquad(8.20)
\end{aligned}
$$

式中，$\mathscr{D}$ 是一个具有适宜维数的任意矩阵。

考虑到 $H_{\varsigma,\,-i}$ 是一个 Hurwitz 矩阵，由式 (8.19) 可知，误差系统是渐近稳定的。很显然，式 (8.19) 对 $f_i(k)$ 解耦。

证毕。

8.3.2 截断式残差设计

根据 8.3.1 节所提出的降维未知输入观测器，通过引入滑动时间窗口，本节将设计截断式残差对间歇故障的发生时刻和消失时刻进行检测。将智能体 $\varsigma \in \mathscr{V}$ 的广义邻居节点 $i \in \mathscr{N}_\varsigma$ 的故障分量解耦后的残差定义为 $r_{\varsigma,-i}(k)$，其表达式可写为

$$r_{\varsigma,-i}(k) = \Phi_{\varsigma,-i}(k) - \bar{T}_{\varsigma,-i2}\bar{A}_{\varsigma,21}\hat{\bar{x}}_{1,\varsigma,-i}(k) \tag{8.21}$$

将式 (8.9) 代入式 (8.21)，并联立式 (8.10) 和式 (8.19) 可得

$$\begin{aligned}
r_{\varsigma,-i}(k+1) =& \tilde{H}_{\varsigma,-i}r_{\varsigma,-i}(k) + \tilde{F}_{\varsigma,-i,1}f_{-i}(k) + \tilde{F}_{\varsigma,-i,2}f_{-i}(k+1) \\
&+ \tilde{W}_{\varsigma,-i,1}w(k) + \tilde{W}_{\varsigma,-i,2}w(k+1) + \tilde{V}_{\varsigma,-i,1}v(k) \\
&+ \tilde{V}_{\varsigma,-i,2}v(k+1) + \tilde{V}_{\varsigma,-i,3}v(k+2) \tag{8.22}
\end{aligned}$$

式中

$$\tilde{H}_{\varsigma,-i} = \bar{T}_{\varsigma,-i2}\bar{A}_{\varsigma,21}H_{\varsigma,-i}(\bar{T}_{\varsigma,-i2}\bar{A}_{\varsigma,21})^{\dagger}$$

$$\begin{aligned}
\tilde{F}_{\varsigma,-i,1} =& \bar{T}_{\varsigma,-i2}\bar{A}_{\varsigma,21}((I_{nN-q\bar{N}_\varsigma} - G_{\varsigma,-i}\bar{T}_{\varsigma,-i2}\bar{A}_{\varsigma,21})\bar{F}_{\varsigma,-i1} \\
&- J_{\varsigma,-i,2}\bar{T}_{\varsigma,-i2}\bar{F}_{\varsigma,-i2} - H_{\varsigma,-i}(\bar{T}_{\varsigma,-i2}\bar{A}_{\varsigma,21})^{\dagger}\bar{T}_{\varsigma,-i2}\bar{F}_{\varsigma,-i2})
\end{aligned}$$

$$\tilde{F}_{\varsigma,-i,2} = \bar{T}_{\varsigma,-i2}\bar{F}_{\varsigma,-i2} - \bar{T}_{\varsigma,-i2}\bar{A}_{\varsigma,21}G_{\varsigma,-i}\bar{T}_{\varsigma,-i2}\bar{F}_{\varsigma,-i2}$$

$$\begin{aligned}
\tilde{W}_{\varsigma,-i,1} =& \bar{T}_{\varsigma,-i2}\bar{A}_{\varsigma,21}((I_{nN-q\bar{N}_\varsigma} - G_{\varsigma,-i}\bar{T}_{\varsigma,-i2}\bar{A}_{\varsigma,21})\bar{W}_{\varsigma,1} \\
&- J_{\varsigma,-i2}\bar{T}_{\varsigma,-i2}\bar{W}_{\varsigma,2} - H_{\varsigma,-i}(\bar{T}_{\varsigma,-i2}\bar{A}_{\varsigma,21})^{\dagger}\bar{T}_{\varsigma,-i2}\bar{W}_{\varsigma,2})
\end{aligned}$$

$$\tilde{W}_{\varsigma,-i,2} = \bar{T}_{\varsigma,-i2}\bar{W}_{\varsigma,2} - \bar{T}_{\varsigma,-i2}\bar{A}_{\varsigma,21}G_{\varsigma,-i}\bar{T}_{\varsigma,-i2}\bar{W}_{\varsigma,2}$$

$$\begin{aligned}
\tilde{V}_{\varsigma,-i,1} =& \bar{T}_{\varsigma,-i2}\bar{A}_{\varsigma,21}(J_{\varsigma,-i,2}\bar{T}_{\varsigma,-i2}(\bar{A}_{\varsigma,22}\bar{V}_\varsigma + V_{\varsigma,2}) - (I_{nN-q\bar{N}_\varsigma} \\
&- G_{\varsigma,-i}\bar{T}_{\varsigma,-i2}\bar{A}_{\varsigma,21}) \times (\bar{A}_{\varsigma,12}\bar{V}_\varsigma + V_{\varsigma,1}) \\
&+ H_{\varsigma,-i}(\bar{T}_{\varsigma,-i2}\bar{A}_{\varsigma,21})^{\dagger}\bar{T}_{\varsigma,-i2}(\bar{A}_{\varsigma,22}\bar{V}_\varsigma + V_{\varsigma,2}))
\end{aligned}$$

$$\begin{aligned}
\tilde{V}_{\varsigma,-i,2} =& \bar{T}_{\varsigma,-i2}(\bar{A}_{\varsigma,21}G_{\varsigma,-i}\bar{T}_{\varsigma,-i2}(\bar{A}_{\varsigma,22}\bar{V}_\varsigma + V_{\varsigma,2}) - \bar{A}_{\varsigma,21}J_{\varsigma,-i,2}\bar{T}_{\varsigma,-i2}\bar{V}_\varsigma \\
&- (\bar{A}_{\varsigma,22}\bar{V}_\varsigma + V_{\varsigma,2}) - \bar{A}_{\varsigma,21}H_{\varsigma,-i}(\bar{T}_{\varsigma,-i2}\bar{A}_{\varsigma,21})^{\dagger}\bar{T}_{\varsigma,-i2}\bar{V}_\varsigma)
\end{aligned}$$

$$\tilde{V}_{\varsigma,-i,3} = \bar{T}_{\varsigma,-i2}\bar{V}_\varsigma - \bar{T}_{\varsigma,-i2}\bar{A}_{\varsigma,21}G_{\varsigma,-i}\bar{T}_{\varsigma,-i2}\bar{V}_\varsigma$$

根据文献 [13] 可知，带有滑动时间窗口的残差对间歇故障的检测更为有效。

通过引入滑动时间窗口 Δk, 其中 $0 \leqslant \Delta k \leqslant \tau_{\min}$, 则式 (8.22) 可以写为

$$
\begin{aligned}
r_{\varsigma, \, -i}(k) =& \tilde{H}_{\varsigma, \, -i}^{\Delta k} r_{\varsigma, \, -i}(k - \Delta k) + \sum_{j=0}^{\Delta k-1} \tilde{H}_{\varsigma, \, -i}^{\Delta k-j-1}(\tilde{F}_{\varsigma, \, -i, \, 1} f_{-i}(k - \Delta k + j) \\
&+ \tilde{F}_{\varsigma, \, -i, \, 2} f_{-i}(k - \Delta k + j + 1) + \tilde{W}_{\varsigma, \, -i, \, 1} w(k - \Delta k + j) \\
&+ \tilde{W}_{\varsigma, \, -i, \, 2} w(k - \Delta k + j + 1) + \tilde{V}_{\varsigma, \, -i, \, 1} v(k - \Delta k + j) \\
&+ \tilde{V}_{\varsigma, \, -i, \, 2} v(k - \Delta k + j + 1) + \tilde{V}_{\varsigma, \, -i, \, 3} v(k - \Delta k + j + 2))
\end{aligned} \tag{8.23}
$$

定义截断式残差为 $r_{\varsigma, \, -i}^{\Delta k}(k) = r_{\varsigma, \, -i}(k) - \tilde{H}_{\varsigma, \, -i}^{\Delta k} r_{\varsigma, \, -i}(k - \Delta k)$, 易得

$$
\begin{aligned}
r_{\varsigma, \, -i}^{\Delta k}(k) =& \sum_{j=0}^{\Delta k-1} \tilde{H}_{\varsigma, \, -i}^{\Delta k-j-1}(\tilde{F}_{\varsigma, \, -i, \, 1} f_{-i}(k - \Delta k + j) \\
&+ \tilde{F}_{\varsigma, \, -i, \, 2} f_{-i}(k - \Delta k + j + 1) \\
&+ \tilde{W}_{\varsigma, \, -i, \, 1} w(k - \Delta k + j) + \tilde{W}_{\varsigma, \, -i, \, 2} w(k - \Delta k + j + 1) \\
&+ \tilde{V}_{\varsigma, \, -i, \, 1} v(k - \Delta k + j) + \tilde{V}_{\varsigma, \, -i, \, 2} v(k - \Delta k + j + 1) \\
&+ \tilde{V}_{\varsigma, \, -i, \, 3} v(k - \Delta k + j + 2))
\end{aligned} \tag{8.24}
$$

注意到截断式残差 $r_{\varsigma, \, -i}^{\Delta k}(k)$ 的均值只与故障组件有关, 为了方便分析截断式残差的统计特性, 引入一个标量残差生成向量 $\varXi_{\varsigma, \, -i} \in \mathbb{R}^{1 \times (q \bar{N}_{\varsigma} - \varpi)}$, 则式 (8.24) 可写为

$$
\begin{aligned}
&\varXi_{\varsigma, \, -i} r_{\varsigma, \, -i}^{\Delta k}(k) \\
=& \varXi_{\varsigma, \, -i} \sum_{j=0}^{\Delta k-1} \tilde{H}_{\varsigma, \, -i}^{\Delta k-j-1} \left(\begin{bmatrix} \tilde{F}_{\varsigma, \, -i, \, 1} & \tilde{F}_{\varsigma, \, -i, \, 2} \end{bmatrix} \begin{bmatrix} f_{-i}(k - \Delta k + j) \\ f_{-i}(k - \Delta k + j + 1) \end{bmatrix} \right. \\
&+ \tilde{W}_{\varsigma, \, -i, \, 1} w(k - \Delta k + j) + \tilde{W}_{\varsigma, \, -i, \, 2} w(k - \Delta k + j + 1) \\
&+ \tilde{V}_{\varsigma, \, -i, \, 1} v(k - \Delta k + j) + \tilde{V}_{\varsigma, \, -i, \, 2} v(k - \Delta k + j + 1) \\
&+ \tilde{V}_{\varsigma, \, -i, \, 3} v(k - \Delta k + j + 2))
\end{aligned} \tag{8.25}
$$

8.3.3　间歇故障的检测和定位

在 8.3.2 节中, 通过引入滑动时间窗口和标量残差生成向量, 对多智能体系统的每个节点设计了一组标量截断式残差来检测和定位间歇故障。为了直观地分析

截断式残差的统计特性，我们将式 (8.25) 写为如下三部分：

$$
\begin{cases}
\mathscr{P}_{\varsigma,\,-i,\,f}(k,\,\Delta k) = \Xi_{\varsigma,\,-i} \sum_{j=0}^{\Delta k-1} \tilde{H}_{\varsigma,\,-i}^{\Delta k-j-1}(\tilde{F}_{\varsigma,\,-i,\,1} f_{-i}(k-\Delta k+j) \\
\qquad\qquad + \tilde{F}_{\varsigma,\,-i,\,2} f_{-i}(k-\Delta k+j+1)) \\
\mathscr{P}_{\varsigma,\,-i,\,w}(k,\,\Delta k) = \Xi_{\varsigma,\,-i} \sum_{j=0}^{\Delta k-1} \tilde{H}_{\varsigma,\,-i}^{\Delta k-j-1}(\tilde{W}_{\varsigma,\,-i,\,1} w(k-\Delta k+j) \\
\qquad\qquad + \tilde{W}_{\varsigma,\,-i,\,2} w(k-\Delta k+j+1)) \\
\mathscr{P}_{\varsigma,\,-i,\,v}(k,\,\Delta k) = \Xi_{\varsigma,\,-i} \sum_{j=0}^{\Delta k-1} \tilde{H}_{\varsigma,\,-i}^{\Delta k-j-1}(\tilde{V}_{\varsigma,\,-i,\,1} v(k-\Delta k+j) \\
\qquad\qquad + \tilde{V}_{\varsigma,\,-i,\,2} v(k-\Delta k+j+1) + \tilde{V}_{\varsigma,\,-i,\,3} v(k-\Delta k+j+2))
\end{cases}
\tag{8.26}
$$

由式 (8.1) 可知，$w(k)$ 和 $v(k)$ 均为方差已知的零均值高斯白噪声，且其方差分别为 R_w 和 R_v。根据均方黎曼积分的定义 [14]，$\mathscr{P}_{\varsigma,\,-i,\,w}(k,\,\Delta k)$ 和 $\mathscr{P}_{\varsigma,\,-i,\,v}(k,\,\Delta k)$ 也是相互独立的，且都服从高斯分布。则 $\mathscr{P}_{\varsigma,\,-i,\,w}(k,\,\Delta k)$ 和 $\mathscr{P}_{\varsigma,\,-i,\,v}(k,\,\Delta k)$ 的方差有

$$
\begin{aligned}
&\mathrm{Var}[\mathscr{P}_{\varsigma,\,-i,\,w}(k,\,\Delta k)] \\
={}& \Xi_{\varsigma,\,-i}\tilde{H}_{\varsigma,\,-i}^{\Delta k-1}\tilde{W}_{\varsigma,\,-i,\,1} R_w \tilde{W}_{\varsigma,\,-i,\,1}^{\mathrm{T}}(\tilde{H}_{\varsigma,\,-i}^{\Delta k-1})^{\mathrm{T}}\Xi_{\varsigma,\,-i}^{\mathrm{T}} \\
&+ \Xi_{\varsigma,\,-i}\tilde{W}_{\varsigma,\,-i,\,2} R_w \tilde{W}_{\varsigma,\,-i,\,2}^{\mathrm{T}}\Xi_{\varsigma,\,-i}^{\mathrm{T}} + \sum_{j=0}^{\Delta k-2} \Xi_{\varsigma,\,-i}\tilde{H}_{\varsigma,\,-i}^{j} \\
&\times (\tilde{H}_{\varsigma,\,-i}\tilde{W}_{\varsigma,\,-i,\,2} + \tilde{W}_{\varsigma,\,-i,\,1}) R_w \\
&\times (\tilde{H}_{\varsigma,\,-i}\tilde{W}_{\varsigma,\,-i,\,2} + \tilde{W}_{\varsigma,\,-i,\,1})^{\mathrm{T}}(\tilde{H}_{\varsigma,\,-i}^{j})^{\mathrm{T}}\Xi_{\varsigma,\,-i}^{\mathrm{T}}
\end{aligned}
\tag{8.27}
$$

$$
\begin{aligned}
&\mathrm{Var}[\mathscr{P}_{\varsigma,\,-i,\,v}(k,\,\Delta k)] \\
={}& \Xi_{\varsigma,\,-i}\tilde{H}_{\varsigma,\,-i}^{\Delta k-1}\tilde{V}_{\varsigma,\,-i,\,1} R_v \tilde{V}_{\varsigma,\,-i,\,1}^{\mathrm{T}}(\tilde{H}_{\varsigma,\,-i}^{\Delta k-1})^{\mathrm{T}}\Xi_{\varsigma,\,-i}^{\mathrm{T}} \\
&+ \Xi_{\varsigma,\,-i}(\tilde{H}_{\varsigma,\,-i}\tilde{V}_{\varsigma,\,-i,\,3} + \tilde{V}_{\varsigma,\,-i,\,2}) R_v (\tilde{H}_{\varsigma,\,-i}\tilde{V}_{\varsigma,\,-i,\,3} + \tilde{V}_{\varsigma,\,-i,\,2})^{\mathrm{T}}\Xi_{\varsigma,\,-i}^{\mathrm{T}} \\
&+ \Xi_{\varsigma,\,-i}\tilde{H}_{\varsigma,\,-i}^{\Delta k-2}(\tilde{H}_{\varsigma,\,-i}\tilde{V}_{\varsigma,\,-i,\,2} + \tilde{V}_{\varsigma,\,-i,\,1}) R_v (\tilde{H}_{\varsigma,\,-i}\tilde{V}_{\varsigma,\,-i,\,2} + \tilde{V}_{\varsigma,\,-i,\,1})^{\mathrm{T}} \\
&\times (\tilde{H}_{\varsigma,\,-i}^{\Delta k-2})^{\mathrm{T}}\Xi_{\varsigma,\,-i}^{\mathrm{T}} + \sum_{j=0}^{\Delta k-1} \Xi_{\varsigma,\,-i}\tilde{H}_{\varsigma,\,-i}^{j}(\tilde{H}_{\varsigma,\,-i}\tilde{V}_{\varsigma,\,-i,\,2} + \tilde{V}_{\varsigma,\,-i,\,1})
\end{aligned}
$$

$$\times R_v(\tilde{H}_{\varsigma,\ -i}\tilde{V}_{\varsigma,\ -i,\ 2} + \tilde{V}_{\varsigma,\ -i,\ 1})^{\mathrm{T}}(\tilde{H}^j_{\varsigma,\ -i})^{\mathrm{T}}\varXi^{\mathrm{T}}_{\varsigma,\ -i}$$

$$+ \sum_{j=0}^{\Delta k - 1} \varXi_{\varsigma,\ -i}\tilde{H}^j_{\varsigma,\ -i}\tilde{H}^2_{\varsigma,\ -i}\tilde{V}_{\varsigma,\ -i,\ 3}R_v(\tilde{H}^2_{\varsigma,\ -i}\tilde{V}_{\varsigma,\ -i,\ 3})^{\mathrm{T}}(\tilde{H}^j_{\varsigma,\ -i})^{\mathrm{T}}\varXi^{\mathrm{T}}_{\varsigma,\ -i}$$

$$+ \tilde{H}_{\varsigma,\ -i}\tilde{V}_{\varsigma,\ -i,\ 3}R_v\tilde{V}^{\mathrm{T}}_{\varsigma,\ -i,\ 3}\varXi^{\mathrm{T}}_{\varsigma,\ -i} \tag{8.28}$$

为简化表示,令 $\sigma^2_{\varsigma,\ -i}(k,\ \Delta k) = \mathrm{Var}[\mathscr{P}_{\varsigma,\ -i,\ w}(k,\ \Delta k)] + \mathrm{Var}[\mathscr{P}_{\varsigma,\ -i,\ v}(k,\ \Delta k)]$, 则有 $\varXi_{\varsigma,\ -i}r^{\Delta k}_{\varsigma,\ -i}(k) \sim \mathcal{N}(\mathscr{P}_{\varsigma,\ -i,\ f}(k,\ \Delta k),\ \sigma^2_{\varsigma,\ -i}(k,\ \Delta k))$, 其中 $\mathcal{N}(\cdot)$ 表示正态分布。

为了更加直观地分析标量截断残差 $\varXi_{\varsigma,\ -i}r^{\Delta k}_{\varsigma,\ -i}(k)$ 的统计特征, 滑动时间窗口和间歇故障的相对位置关系如图 8.1 所示。当 $k_{(m-1)d} < k - \Delta k < k < k_{ma}$ 时, 滑动时间窗口和间歇故障之间的相对位置对应图 8.1(a), 我们有 $\mathscr{P}_{\varsigma,\ -i,\ f}(k,\ \Delta k) = 0$。当 $k - \Delta k < k_{ma} < k < k_{md}$ 时, 滑动时间窗口和间歇故障之间的相对位置对应图 8.1(b), 因此有 $\mathscr{P}_{\varsigma,\ -i,\ f}(k,\ \Delta k) \neq 0$。标量截断式残差 $\varXi_{\varsigma,\ -i}r^{\Delta k}_{\varsigma,\ -i}(k)$ 的均值从零变为非零的过程预示着间歇故障的第 m 次故障刚刚发生, 因此, 我们有充分的理由提出以下假设检验来检测间歇故障的第 m 个发生时刻:

$$\begin{cases} \mathscr{H}^A_{0,\ \varsigma,\ -i}\colon\ |\mathbb{E}[\varXi_{\varsigma,\ -i}r^{\Delta k}_{\varsigma,\ -i}(k)]| = 0 \\ \mathscr{H}^A_{1,\ \varsigma,\ -i}\colon\ |\mathbb{E}[\varXi_{\varsigma,\ -i}r^{\Delta k}_{\varsigma,\ -i}(k)]| \neq 0 \end{cases} \tag{8.29}$$

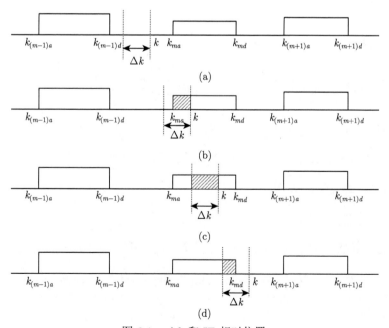

图 8.1　Δk 和 IF 相对位置

对于一个给定的显著性水平 α, 假设检验 (8.29) 的接受域 $\Theta_{\varsigma,\,-i}^{\Delta k}(k)$ 和拒绝域 $\bar{\Theta}_{\varsigma,\,-i}^{\Delta k}(k)$ 分别为

$$\begin{cases} \Theta_{\varsigma,\,-i}^{\Delta k}(k) = (-\zeta_{\frac{\alpha}{2}}\sigma_{\varsigma,\,-i}(k,\,\Delta k),\ +\zeta_{\frac{\alpha}{2}}\sigma_{\varsigma,\,-i}(k,\,\Delta k)) \\ \bar{\Theta}_{\varsigma,\,-i}^{\Delta k}(k) = (-\infty,\ -\zeta_{\frac{\alpha}{2}}\sigma_{\varsigma,\,-i}(k,\,\Delta k)] \cup [+\zeta_{\frac{\alpha}{2}}\sigma_{\varsigma,\,-i}(k,\,\Delta k),\ +\infty) \end{cases} \tag{8.30}$$

式中, $\zeta_{\frac{\alpha}{2}}$ 表示正态分布变量具有 $\frac{\alpha}{2}$ 的概率落到区间 $[+\zeta_{\frac{\alpha}{2}},\ +\infty)$ 内。由此, 第 m 次间歇故障发生时刻的检测阈值为

$$J_{\text{th}\varsigma,\,-i}^{\text{AT}} = \pm\zeta_{\frac{\alpha}{2}}\sigma_{\varsigma,\,-i}(k,\,\Delta k) \tag{8.31}$$

注释 8.3　　如果标量截断残差的均值落到区间 $\Theta_{\varsigma,\,-i}^{\Delta k}(k)$ 内, 则接受原假设, 也就意味着无故障发生。同理, 如果残差落到区间 $\bar{\Theta}_{\varsigma,\,-i}^{\Delta k}(k)$ 内, 则接受备择假设, 此时说明故障已经发生。基于上述的检测逻辑, 能够准确检测到第 m 次间歇故障的发生时刻。

现在考虑基于从图 8.1(c)～ 图 8.1(d) 的转换来检测第 m 次间歇故障消失时刻。根据假设 8.1, 我们有 $|h(m)| \geqslant \varrho$。当 $k_{ma} < k - \Delta k < k_{md} < k$ 时, 我们有 $f(k) = 1_{N-1}h(m)$, 其中 $1_{N-1} \in \mathbb{R}^{(N-1)\times 1}$ 表示元素都为 1 的列向量。此时, 可以得到间歇故障和滑动时间窗口交集的最小值为

$$\kappa_{\varsigma,\,-i}^{\varrho}(\Delta k) = \left| \Xi_{\varsigma,\,-i}(\tilde{H}_{\varsigma,\,-i}^{\Delta k-1}\tilde{F}_{\varsigma,\,-i,\,1} + \sum_{j=0}^{\Delta k-1}\tilde{H}_{\varsigma,\,-i}^{j}(\tilde{H}_{\varsigma,\,-i}\tilde{F}_{\varsigma,\,-i,\,2} \right.$$
$$\left. -\tilde{F}_{\varsigma,\,-i,\,1}) + \tilde{F}_{\varsigma,\,-i,\,2})1_{N-1} \right|\varrho \tag{8.32}$$

滑动时间窗口从图 8.1 (c)～ 图 8.1 (d), 最终会完全滑出第 m 个故障。滑动时间窗口和第 m 个间歇故障的交集最终会小于 $\kappa_{\varsigma,\,-i}^{\varrho}(\Delta k)$, 由此可以提出以下的假设检验来检测间歇故障的消失时刻:

$$\begin{cases} \mathscr{H}_{0,\,\varsigma,\,-i}^{D}\colon\ |\mathbb{E}[\Xi_{\varsigma,\,-i}r_{\varsigma,\,-i}^{\Delta k}(k)]| \geqslant \kappa_{\varsigma,\,-i}^{\varrho}(\Delta k) \\ \mathscr{H}_{1,\,\varsigma,\,-i}^{D}\colon\ |\mathbb{E}[\Xi_{\varsigma,\,-i}r_{\varsigma,\,-i}^{\Delta k}(k)]| < \kappa_{\varsigma,\,-i}^{\varrho}(\Delta k) \end{cases} \tag{8.33}$$

对于一个给定的显著性水平 β, 假设检验 (8.33) 的接受域 $\Omega_{\varsigma,\,-i}^{\Delta k}(k)$ 和拒绝域 $\bar{\Omega}_{\varsigma,\,-i}^{\Delta k}(k)$ 分别为

$$
\begin{cases}
\Omega_{\varsigma,\ -i}^{\Delta k}(k) = (-\infty,\ -\kappa_{\varsigma,\ -i}^{\varrho}(\Delta k) + \zeta_\beta \sigma_{\varsigma,\ -i}(k,\ \Delta k)] \cup \\
\qquad\qquad [+\kappa_{\varsigma,\ -i}^{\varrho}(\Delta k) - \zeta_\beta \sigma_{\varsigma,\ -i}(k,\ \Delta k),\ +\infty) \\
\bar{\Omega}_{\varsigma,\ -i}^{\Delta k}(k) = (-\kappa_{\varsigma,\ -i}^{\varrho}(\Delta k) + \zeta_\beta \sigma_{\varsigma,\ -i}(k,\ \Delta k) \\
\qquad\qquad + \kappa_{\varsigma,\ -i}^{\varrho}(\Delta k) - \zeta_\beta \sigma_{\varsigma,\ -i}(k,\ \Delta k))
\end{cases}
\tag{8.34}
$$

式中，ζ_β 表示正态分布变量具有 β 的概率落到区间 $[+\zeta_\beta,\ +\infty)$ 内。与上述分析类似，第 m 次间歇故障消失时刻的检测阈值为

$$
J_{\mathrm{th}\varsigma,\ -i}^{\mathrm{DT}} = \pm(\kappa_{\varsigma,\ -i}^{\varrho}(\Delta k) - \zeta_\beta \sigma_{\varsigma,\ -i}(k,\ \Delta k))
\tag{8.35}
$$

　　注释 8.4　　如果标量截断式残差落到区间 $\Omega_{\varsigma,\ -i}^{\Delta k}(k)$，则接受原假设，此时说明滑动时间窗口还未完全滑出第 m 次间歇故障。如果残差落到区间 $\bar{\Omega}_{\varsigma,\ -i}^{\Delta k}(k)$ 内，则接受备择假设，此时说明故障已经消失。基于上述的检测方法，能够准确检测第 m 次间歇故障的消失时刻。

8.4　间歇故障可检测性和检测性能分析

8.4.1　间歇故障可检测性

　　在本小节中，将在统计分析的框架下讨论间歇故障的可检测性问题。根据上述的理论分析和给定的参数 ϱ、$\tau_{\min}$、Δk、α 和 β，通过引入两个假设检验来检测间歇故障的发生时刻和消失时刻。通过图 8.1，当滑动时间窗口 Δk 给定以后，就确定了检测间歇故障发生时刻和消失时刻的最大时延。或者说，第 m 个故障的发生时刻需要在 $k_{ma} + \Delta k$ 之前检测得到，第 m 个故障的消失时刻需要在 $k_{md} + \Delta k$ 之前检测得到。

　　值得注意的是，假设检验 (8.29) 和检验 (8.33) 是相互独立的，这可能会导致两者的接受域之间存在交集。在提出间歇故障可检测性的定理之前，首先给出以下定义。

　　定义 8.1　　对于给定的参数 ϱ、$\tau_{\min}$、Δk、α 和 β，如果 $\Theta_{\varsigma,\ -i}^{\Delta k}(k) \neq \varnothing$ 和 $\Omega_{\varsigma,\ -i}^{\Delta k}(k) \neq \varnothing$，同时，对于所有 $m \in \mathbb{N}^+$，$\Theta_{\varsigma,\ -i}^{\Delta k}(k)$ 和 $\Omega_{\varsigma,\ -i}^{\Delta k}(k)$ 之间没有交集，那么称间歇故障的发生时刻和消失时刻在概率意义下是可检测的。

　　在上述定义的基础上，为了保证间歇故障是可检测的，我们给出以下定理。

　　定理 8.2　　在假设 8.1 的基础上，给定参数 ϱ、$\tau_{\min}$、Δk、α 和 β，间歇故障的发生时刻和消失时刻在概率意义下是可检测的，其充分条件为

$$
\zeta_{\frac{\alpha}{2}} + \zeta_\beta < \frac{\kappa_{\varsigma,\ -i}^{\varrho}(\Delta k)}{\sigma_{\varsigma,\ -i}(k,\ \Delta k)}
\tag{8.36}
$$

证明 对于给定的参数 ϱ、$\tau_{\min}$、Δk、α 和 β，为了确保间歇故障的发生时刻和消失时刻是可检测的，我们有

$$\Theta_{\varsigma,\ -i}^{\Delta k}(k) \cap \Omega_{\varsigma,\ -i}^{\Delta k}(k) = \varnothing \tag{8.37}$$

检测发生时刻的接受域的最小值应该大于 $-\kappa_{\varsigma,\ -i}^{\varrho}(\Delta k) + \zeta_{\beta}\sigma_{\varsigma,\ -i}(k,\ \Delta k)$。同时，检测发生时刻的接受域的最大值应该小于 $\kappa_{\varsigma,\ -i}^{\varrho}(\Delta k) - \zeta_{\beta}\sigma_{\varsigma,\ -i}(k,\ \Delta k)$，则有

$$-\zeta_{\frac{\alpha}{2}}\sigma_{\varsigma,\ -i}(k,\ \Delta k) > -\kappa_{\varsigma,\ -i}^{\varrho}(\Delta k) + \zeta_{\beta}\sigma_{\varsigma,\ -i}(k,\ \Delta k) \tag{8.38}$$

进一步，可得

$$\kappa_{\varsigma,\ -i}^{\varrho}(\Delta k) > \zeta_{\frac{\alpha}{2}}\sigma_{\varsigma,\ -i}(k,\ \Delta k) + \zeta_{\beta}\sigma_{\varsigma,\ -i}(k,\ \Delta k) \tag{8.39}$$

即

$$\zeta_{\frac{\alpha}{2}} + \zeta_{\beta} < \frac{\kappa_{\varsigma,\ -i}^{\varrho}(\Delta k)}{\sigma_{\varsigma,\ -i}(k,\ \Delta k)} \tag{8.40}$$

证毕。

注释 8.5 在该方法中，利用假设检验技术设计了间歇故障的检测和定位方案，为了避免过高的误报率，应选择较小的显著性水平 α 和 β。根据假设 8.1，间歇故障的幅值、间隔时间和活跃时间的最小值是先验已知的。在实际应用中，可根据实际操作经验来选择合适的参数，以保证间歇故障是可检测的[15]。

为了进一步说明所提方法的有效性，针对多智能体系统中间歇故障检测和定位的方法可以归纳为以下算法。

算法 8.1 (1) 通过式 (8.5) 获取系统中各智能体及其邻居节点的测量信息。

(2) 将间歇故障组件分为 $\bar{F}_i$ 和 $\bar{F}_{-i}$ 两个部分。

(3) 利用降维 UIO 的方法解耦掉故障组件 $\bar{F}_i$。

(4) 引入滑动时间窗口 Δk 和标量截断残差生成向量 $\Xi_{\varsigma,\ -i}$，利用式 (8.25) 设计截断式残差 $\Xi_{\varsigma,\ -i} r_{\varsigma,\ -i}^{\Delta k}(k)$。

(5) 选择显著性水平 α 和 β，根据定理 8.2 检查间歇故障是否可检测。如果间歇故障是可检测的，则转到下一步，否则停止或重新选择 α 和 β。

(6) 根据标量截断残差的统计特性，设定间歇故障检测和定位的阈值 $J_{\text{th}\varsigma,\ -i}^{\text{AT}}$ 和 $J_{\text{th}\varsigma,\ -i}^{\text{DT}}$。

(7) 根据以下逻辑进行间歇故障的定位:

$$\begin{cases} \varXi_{\varsigma,\,-i}r^{\Delta k}_{\varsigma,\,-i}(k) \leqslant \min\{|\,J^{\mathrm{AT}}_{\mathrm{th}\varsigma,\,-i}\,|,\quad |\,J^{\mathrm{DT}}_{\mathrm{th}\varsigma,\,-i}\,|\},\quad \text{不报警 (故障节点)} \\ \varXi_{\varsigma,\,-i}r^{\Delta k}_{\varsigma,\,-i}(k) > \max\{|\,J^{\mathrm{AT}}_{\mathrm{th}\varsigma,\,-i}\,|,\quad |\,J^{\mathrm{DT}}_{\mathrm{th}\varsigma,\,-i}\,|\},\quad \text{报警 (正常节点)} \end{cases} \tag{8.41}$$

(8) 根据间歇故障的定位结果, 选择故障节点的标量截断式残差来检测间歇故障的发生时刻和消失时刻。

(9) 停止。

由算法 8.1可以看出, 利用各智能体在多智能体系统中所获取的测量信息, 可以对每个节点设计一组截断式残差, 所设计的截断式残差分别对一个广义邻居节点的故障解耦, 以此来实现间歇故障的定位, 并通过两个假设检验分别设计检测和定位间歇故障的阈值。本算法的复杂度由每个智能体中系统状态的维数、多智能体系统中节点的数量以及每个智能体的广义邻居节点的数量决定。

8.4.2　误报率和漏报率

注意到间歇故障的发生时刻和消失时刻是基于假设检验技术的, 为了讨论所提方法的误报率和漏报率, 在时刻 k 将间歇故障检测决策定义为 $\mathrm{Idd}(k)$。受文献 [15] 启发, 间歇故障的误报率和漏报率可以描述如下。

(1) 基于式 (8.29) 和式 (8.30) 检测间歇故障发生时刻的误报率为

$$\Pr\big(\mathrm{Idd}(k)=\mathscr{H}^A_{1i}|\mathscr{H}^A_{0i}\big)=\Pr\big(\varXi_i r^{\Delta k}_i(k) \notin \varTheta^{\Delta k}_i(k)\big)=\alpha \tag{8.42}$$

(2) 基于式 (8.33) 和式 (8.34) 检测间歇故障消失时刻的误报率为

$$\Pr\big(\mathrm{Idd}(k)=\mathscr{H}^D_{1i}|\mathscr{H}^D_{0i}\big)=\Pr\big(\varXi_i r^{\Delta k}_i(k) \notin \varOmega^{\Delta k}_i(k)\big)=\beta \tag{8.43}$$

(3) 基于式 (8.29) 和式 (8.30) 检测间歇故障发生时刻的漏报率为

$$\Pr\Big(\mathrm{Idd}(k)=\mathscr{H}^A_{0i},\ \forall k \in (k_{ma},\ k_{md})|\mathscr{H}^A_{1i}\Big) \leqslant \Pr\Big(\varXi_i r^{\Delta k}_i(k) \in \varTheta^{\Delta k}_i(k)|\mathscr{H}^A_{1i}\Big)$$
$$\leqslant 1-\Pr\Big(\varXi_i r^{\Delta k}_i(k) \in \varOmega^{\Delta k}_i(k)|\mathscr{H}^A_{1i}\Big) \leqslant \beta \tag{8.44}$$

(4) 基于式 (8.33) 和式 (8.34) 检测间歇故障消失时刻的漏报率为

$$\Pr\Big(\mathrm{Idd}(k)=\mathscr{H}^D_{0i},\ \forall k \in (k_{md},\ k_{(m+1)a})|\mathscr{H}^D_{1i}\Big)$$
$$\leqslant \Pr\Big(\varXi_i r^{\Delta k}_i(k) \in \varOmega^{\Delta k}_i(k)|\mathscr{H}^D_{1i}\Big) \leqslant \alpha \tag{8.45}$$

8.5 实验仿真

在本节中，提供了一个仿真示例，以证明所提的间歇故障检测和定位方法在无人机编队飞行控制系统 [16,17] 中的有效性。基于线动量和角动量守恒的基本理论，无人机的动力学模型可以用以下方程描述。

力方程:

$$\begin{cases} \dot{\delta} = -\chi\varepsilon + rv + X/m \\ \dot{v} = -r\delta + p\varepsilon + Y/m \\ \dot{\varepsilon} = -pv + \chi\delta + Z/m \end{cases} \tag{8.46}$$

力矩方程:

$$\begin{cases} \dot{p} = \chi r(J_{yy} - J_{zz})/J_{xx} + L/J_{xx} \\ \dot{\chi} = pr(J_{zz} - J_{xx})/J_{yy} + M/J_{yy} \\ \dot{r} = p\chi(J_{xx} - J_{yy})/J_{zz} + N/J_{zz} \end{cases} \tag{8.47}$$

运动学方程:

$$\begin{cases} \dot{\phi} = p + \chi \sin\phi \tan\theta + r \cos\phi \tan\theta \\ \dot{\theta} = \chi \cos\phi - r \sin\phi \\ \dot{\psi} = q \sin\phi/\cos\theta - r \cos\phi/\cos\theta \end{cases} \tag{8.48}$$

在式 (8.46)~ 式 (8.48) 中，变量 δ、v 和 ε 是线速度; p、χ 和 r 分别表示滚转、俯仰和偏航率; ϕ,θ 和 ψ 分别表示滚转、俯仰和偏航角。本节仿真中,无人机编队飞控系统由四架无人机组成,无人机信息交互拓扑如图 8.2所示。系统的广义邻居节点集可以表示为 $\mathcal{N}_1 \triangleq \{V_1, V_2\}$, $\mathcal{N}_2 \triangleq \{V_1, V_2, V_3, V_4\}$, $\mathcal{N}_3 \triangleq \{V_2, V_3, V_4\}$ 和 $\mathcal{N}_4 \triangleq \{V_2, V_3, V_4\}$, 其中 $\mathcal{N}_1$, $\mathcal{N}_2$, $\mathcal{N}_3$ 和 $\mathcal{N}_4$ 中的元素个数分别为 $\bar{N}_1 = 2$, $\bar{N}_2 = 4$, $\bar{N}_3 = 3$ 和 $\bar{N}_4 = 3$。带有间歇故障的第 i 个无人机具有以下简化的线性纵向动力学模型:

$$\begin{cases} x_i(k+1) = Ax_i(k) + Bu_i(k) + Ff_i(k) + w_i(k) \\ y_i(k) = Cx_i(k) + v_i(k) \end{cases} \tag{8.49}$$

式中, $x_i(k) = \begin{bmatrix} \delta_i(k) & \varepsilon_i(k) & \chi_i(k) & \theta_i(k) \end{bmatrix}^{\mathrm{T}}$, $\delta_i(k)$ 为水平速度, $\varepsilon_i(k)$ 为垂直速度, $\chi_i(k)$ 为俯仰速率, $\theta_i(k)$ 为俯仰角度; $u_i(k)$ 为控制信号; $f_i(k)$ 表示在第 i

个智能体可能发生的间歇故障；$w_i(k)$ 是由复杂环境引起的过程噪声；$v_i(k)$ 为测量噪声。在这里，$w_i(k)$ 和 $v_i(k)$ 均为零均值方差已知的高斯白噪声，且其方差分别为 R_w 和 R_v。无人机编队飞行控制系统的参数矩阵如下所示：

$$A = \begin{bmatrix} 0.2792 & -0.0902 & 0.0158 & 0.3534 \\ 4.1993 & 1.2016 & 0.4645 & -2.0554 \\ 1.6791 & 0.1698 & 0.6617 & -1.3274 \\ 0.0977 & 0.0099 & 0.0819 & 0.9247 \end{bmatrix}, \quad B = \begin{bmatrix} 0.0111 & 0.0366 \\ 0.3577 & -0.0936 \\ -0.3736 & 0.3097 \\ -0.0213 & 0.0176 \end{bmatrix}$$

$$F = \begin{bmatrix} 2.3370 \\ 2.0323 \\ 3.8949 \\ 0 \end{bmatrix}, \quad C = \begin{bmatrix} 1 & 0 & 0 & 0 \\ 0 & 1 & 0 & 0 \\ 0 & 0 & 1 & 0 \\ 0 & 0 & 1 & 1 \end{bmatrix}, \quad R_w = \begin{bmatrix} 0.001 & 0 & 0 & 0 \\ 0 & 0.001 & 0 & 0 \\ 0 & 0 & 0.001 & 0 \\ 0 & 0 & 0 & 0.001 \end{bmatrix}$$

$$R_v = \begin{bmatrix} 0.002 & 0 & 0 & 0 \\ 0 & 0.002 & 0 & 0 \\ 0 & 0 & 0.002 & 0 \\ 0 & 0 & 0 & 0.002 \end{bmatrix}$$

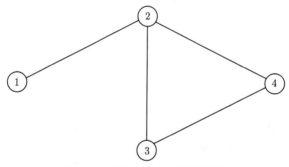

图 8.2　无人机信息交互拓扑图

在本节仿真中，假设间歇故障在 $k = 150$ 时在第三架无人机中发生，间歇故障的模型如图 8.3 所示。在初始阶段，间歇故障的间隔时间长、活跃时间短、振幅小，这说明间歇故障刚刚形成，而随着时间的推移，间歇故障的上述特征会逐渐变短、变长和变大，这表明间歇故障可能演变为更大的间歇故障甚至是永久故障。间歇故障的活跃时间和间隔时间的最小值为 $\tau_{\min} = 20$，间歇故障幅值的最小值为 $\varrho = 0.2$。为了实现无人机的一致轨迹跟踪，本节仿真选择一致性控制器参数矩阵 K 为

$$K = \begin{bmatrix} 2.7280 & 2.0325 & 1.7011 & -1.3273 \\ 4.0229 & 3.0297 & 2.8842 & -2.1293 \end{bmatrix}$$

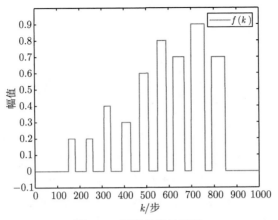

图 8.3　间歇故障的模型

无人机编队飞行控制系统的第四个状态 $\theta_1(k)$、$\theta_2(k)$、$\theta_3(k)$ 和 $\theta_4(k)$ 轨迹如图 8.4所示。在一致性控制律的控制下,无人机编队飞行控制系统的状态能够在间歇故障发生之前保持一致。然而,当第三架无人机发生间歇故障后,系统的状态一致性和稳定性均遭到破坏。根据式 (8.5) 和无人机信息交互拓扑图,无人机编队的信息转换矩阵可写为

$$L_1 = \begin{bmatrix} 1 & 0 & 0 & 0 \\ 0 & 1 & 0 & 0 \end{bmatrix}, \quad L_2 = \begin{bmatrix} 1 & 0 & 0 & 0 \\ 0 & 1 & 0 & 0 \\ 0 & 0 & 1 & 0 \\ 0 & 0 & 0 & 1 \end{bmatrix}, \quad L_3 = L_4 = \begin{bmatrix} 0 & 1 & 0 & 0 \\ 0 & 0 & 1 & 0 \\ 0 & 0 & 0 & 1 \end{bmatrix}$$

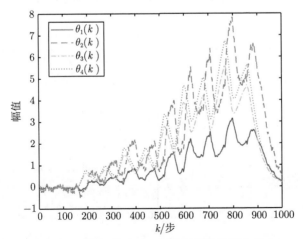

图 8.4　无人机编队的飞行控制系统第四个状态

为了处理多智能体系统中的间歇故障检测和定位的问题,本节仿真根据式

(8.10) 设计了四组 UIO 来检测和定位间歇故障。为了分别检测间歇故障的发生时刻和消失时刻，本节仿真中，滑动时间窗口的长度选为 $\Delta k = 10$，假设检验的显著性水平分别为 $\alpha = \beta = 0.05$。通过选择合适的标量残差生成向量，间歇故障检测和定位的阈值可分别设定为 $J^{\mathrm{AT}}_{\mathrm{th}1,\,-1} = \pm 0.1204$ 和 $J^{\mathrm{DT}}_{\mathrm{th}1,\,-1} = \pm 0.1498$。通过对比四组标量截断式残差和检测阈值之间的相对关系，根据算法 8.1可定位出间歇故障发生的具体位置。

四组无人机的截断式残差如图 8.5所示，在图 8.5(a) 中，当间歇故障发生后，截断残差 $\Xi_{1,\,-1} r^{\Delta k}_{1,\,-1}(k)$ 和 $\Xi_{1,\,-2} r^{\Delta k}_{1,\,-2}(k)$ 都能迅速超出两个检测阈值，说明第一架无人机和第二架无人机没有间歇故障，这是由于第一架无人机和第二架无人机的故障组件被作为未知扰动进行了解耦。如果间歇故障发生在第一架无人机或第二架无人机上，依据所提的方法，这两个残差中的一个将不会超出检测阈值。在图 8.5(b) 中，有且仅有一个残差 $\Xi_{2,\,-3} r^{\Delta k}_{2,\,-3}(k)$ 从未超过检测阈值，并且残差在

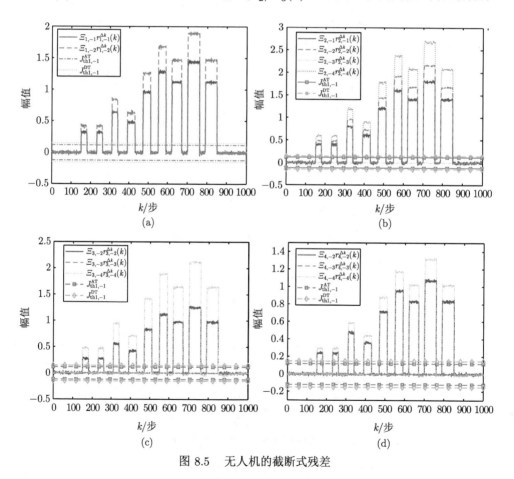

图 8.5　无人机的截断式残差

两个检测阈值范围内波动，这表明第三架无人机可能存在间歇故障。通过对剩余残差集的分析，残差 $\Xi_{3,\,-3}r_{3,\,-3}^{\Delta k}(k)$ 和 $\Xi_{4,\,-3}r_{4,\,-3}^{\Delta k}(k)$ 在仿真时域内均未超过两个检测阈值。因此，可以确定是第三架无人机发生故障。

根据间歇故障的定位结果，选择故障节点所对应的残差 $\Xi_{3,\,-2}r_{3,\,-2}^{\Delta k}(k)$ 和 $\Xi_{3,\,-4}r_{3,\,-4}^{\Delta k}(k)$ 进行间歇故障发生时刻和消失时刻的检测，间歇故障检测示意图如图 8.6 所示。从图中可以看出，间歇故障发生后，两个残差都能检测出所有间歇故障的发生时刻和消失时刻。通过比较两个残差的检测结果，选择较小的值作为最终的检测结果，如图 8.7 所示。从检测结果可以发现，所提方法能够准确检测到间歇故障的发生时刻和消失时刻，满足了多智能体系统对间歇故障检测的要求。

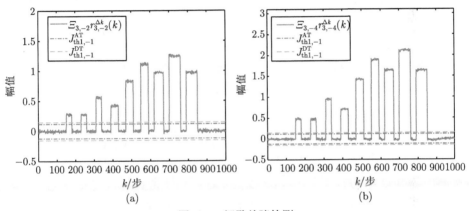

图 8.6　间歇故障检测

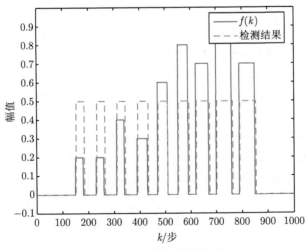

图 8.7　间歇故障检测结果

为了比较说明本章所提间歇故障检测和定位方案的优越性，本章采用基于传统龙伯格观测器的方法进行间歇故障的检测，其仿真结果如图 8.8 所示，其中 $r(k)$ 为基于传统龙伯格观测器的方法生成的残差。在间歇故障的初始阶段，可以看出，利用传统残差 $r(k)$ 可以成功检测到初始故障的发生时刻。然而，在间歇故障消失后，没有滑动时间窗的传统残差 $r(k)$ 下降速度非常缓慢，在下一个故障发生之前还未回落到检测阈值以下，传统方法无法及时检测到间歇故障的消失时刻。因此，基于传统龙伯格观测器的方法对于多智能体系统的间歇故障检测是失效的，对比实验进一步说明了本章所提方法的有效性。

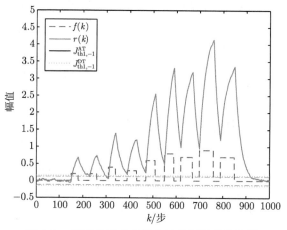

图 8.8　基于传统龙伯格方法的间歇故障检测

8.6　本 章 小 结

本章研究了一类线性离散随机多智能体系统的间歇故障检测和定位问题。利用多智能体节点自身和其邻居节点的测量信息对每个节点设计了一组降维未知输入观测器，并通过 UIO 解耦原理将每个邻居节点对应的故障分量进行抽离、解耦，以此来实现间歇故障的定位。为了准确地检测间歇故障的发生时刻和消失时刻，通过引入滑动时间窗口设计标量截断式残差，此外，提出了两组假设检验来确定间歇故障检测和定位的阈值，并在随机分析的框架下分析了所提方法的可检测性、误报率和漏报率。最后，通过一个无人机编队控制系统的仿真实例，验证了所提方法的有效性。

参 考 文 献

[1] Wang X, Li S, Lam J. Distributed active anti-disturbance output consensus algorithms for higher-order multi-agent systems with mismatched disturbances[J]. Au-

tomatica, 2016, 74: 30-37.

[2] Qin L, He X, Yan R Y, et al. Distributed sensor fault diagnosis for a formation of multi-vehicle systems[J]. Journal of the Franklin Institute, 2017, 356(2): 791-818.

[3] Gao M, Yang S, Sheng L. Distributed fault estimation for time-varying multi-agent systems with sensor faults and partially decoupled disturbances[J]. IEEE Access, 2019, 7: 147905-147913.

[4] Xu W, Wang Z, Ho D. Finite-horizon H_∞ consensus for multi-agent systems with redundant channels via an observer-type event-triggered scheme[J]. IEEE Transactions on Cybernetics, 2017, 48(5): 1567-1576.

[5] Ge Y, Chen Y, Zhang Y, et al. State consensus analysis and design for high-order discrete-time linear multi-agent systems[J]. Mathematical Problems in Engineering, 2013: 1104-1116.

[6] Liu X, Gao X, Han J. Robust unknown input observer based fault detection for high-order multi-agent systems with disturbances[J]. ISA Transactions, 2016, 61: 15-28.

[7] Shames I, Teixeira A, Sandberg H, et al. Distributed fault detection for interconnected second-order systems[J]. Automatica, 2011, 47(12): 2757-2764.

[8] Liu X, Han J, Wei X, et al. Distributed fault detection for non-linear multi-agent systems: An adjustable dimension observer design method[J]. IET Control Theory and Applications, 2019, 13(15): 2407-2415.

[9] Li Y, Hao F, Chen J, et al. Distributed cooperative fault detection for multi-agent systems: A mixed H_∞/H_2 optimization approach[J]. IEEE Transactions on Industrial Electronics, 2018, 65(8): 6468-6477.

[10] Yan R, He X, Wang Z. et al. Detection isolation and diagnosability analysis of intermittent faults in stochastic systems[J]. International Journal of Control, 2018, 91(2): 480-494.

[11] Yan R, He X, Zhou D. Detecting intermittent sensor faults for linear stochastic systems subject to unknown disturbance[J]. Journal of the Franklin Institute, 2016, 353(17): 4734-4753.

[12] Sheng L, Zhang S, Gao M. Intermittent fault detection for linear discrete-time stochastic multi-agent systems[J]. Applied Mathematics and Computation, 2021, 410: Art. no. 126480.

[13] Chen M Y, Xu G B, Yan R Y, et al. Detecting scalar intermittent faults in linear stochastic dynamic systems[J]. International Journal of Systems Science, 2015, 46(8): 1337-1348.

[14] 鄢镕易. 线性随机动态系统间歇故障诊断 [D]. 北京: 清华大学, 2016.

[15] Zhang S, Sheng L, Gao M, et al. Intermittent fault detection for discrete-time linear stochastic systems with time delay[J]. IET Control Theory and Applications, 2020, 14(3): 511-518.

[16] Thomas F, Mija S J. Stability augmentation system for hovering helicopter: A preliminary[C]. IEEE 5th Indian Control Conference, New Delhi, 2019: 154-159.

[17] Gao M, Yang S, Sheng L. et al. Fault diagnosis for time-varying systems with multiplicative noises over sensor networks subject to Round-Robin protocol[J]. Neurocomputing, 2019, 346: 65-72.

第 9 章 传感器网络线性随机时滞系统的间歇故障诊断

9.1 引　　言

传感器网络是由大量分布在空间上的传感器节点在一定区域的密集分布和松散耦合，具有功能强大、适用范围广、造价低廉等优势 [1]。在过去的十年中，传感器网络在军事传感、物理安全、交通管制、分布式机器人、工业和制造业自动化等工程领域中得到了非常成功的应用 [2-4]。在实际的工程应用中，由于传感器网络的节点数量庞大，传感器受外界环境的影响难免会发生故障，考虑到传感器之间的耦合作用，单一传感器的故障极有可能导致传感器网络系统的瘫痪，甚至会引发事故灾难。因此，传感器网络的故障检测问题具有重要的研究意义 [5,6]。

事实上，在过去的几十年里，传感器网络系统的故障检测问题已经得到了广泛的研究，并且提出了大量的传感器故障检测方案。例如，针对医用传感器网络系统，Zhang 等 [7] 提出了一种基于贝叶斯网络模型的传感器故障检测方案，该方案通过优化调整故障检测阈值提高了故障检测精度。针对无线传感器网络频繁发生故障和极易受到恶意攻击等问题，Wang 等 [8] 通过引入一种多因素的综合信任模型，提出一种基于信任评估的无线传感器网络故障检测方法。此外，基于传感器自身和其邻居节点的测量信息，Gao 等 [9] 提出了一种传感器网络分布式滤波法，研究了一类无线传感器网络非线性随机系统的故障检测问题。通过引入一组伯努利分布白序列以控制传感器网络中的多重概率丢包，Wang 等 [10] 研究了一类具有时变时滞的不确定 T-S 模糊系统的 H_∞ 一致性故障检测问题。Ju 等 [11,12] 根据传感器自身和其相邻节点的测量信息，研究了传感器网络系统的分布式故障检测问题。

近几年，针对传感器网络的分布式间歇故障检测问题已经有了一定研究进展 [13-15]。Niu 等 [16] 在假设间歇故障的幅值、发生和消失具有一定的不确定性的前提下，提出一种基于滚动时域估计的分布式间歇故障检测方案，但是文献中并没有考虑到时滞。众所周知，时间延迟是信号传递过程中不可避免的一种系统固有现象，常见于机械、物理、化学等工程领域 [17-20]。但是，传感器网络线性随机时滞系统的间歇故障检测问题还没有得到充足的关注。

本章针对一类带有定常时滞的传感器网络线性离散随机系统的间歇故障检测

问题，提出一种传感器间歇故障检测和定位方案 [21]。考虑系统状态中含有定常时滞，首先利用提升法将时滞系统转化为无时滞系统。然后，利用节点自身和其相邻节点的测量信息对传感器网络中的每个节点设计一组分布式观测器，通过将每个节点对应的故障分量进行抽离、解耦的方法实现故障的定位。为了检测间歇故障的发生时刻和消失时刻，引入滑动时间窗口和标量残差生成向量设计了标量截断式残差，并提出两个假设检验来分别设定检测间歇故障发生时刻和消失时刻的检测阈值。在随机分析的框架下，讨论间歇故障的可检测性问题。最后，通过一个仿真实验，验证所提方法的有效性。

9.2　问题描述

在本章中，假设传感器网络有 N 个按照固定的网络拓扑分布在空间中的传感器节点，该网络拓扑由节点集合 $\mathcal{N} = \{1, 2, \cdots, N\}$ 和边集集合 $\mathcal{B} \subseteq \mathcal{N} \times \mathcal{N}$ 组成的无向图 $\mathcal{G} = \{\mathcal{N}, \mathcal{B}\}$ 来描述。节点 i 的广义邻居节点集合包含节点本身及其邻居节点，定义为 $\phi_i = \{\varphi_{i, j} \in \mathcal{N} : (i, \varphi_{i, j}) \in \mathcal{B}\}$，其中 $\varphi_{i, 1} < \varphi_{i, 2} < \cdots < \varphi_{i, \bar{N}_i}$，$\bar{N}_i$ 表示节点 i 的广义邻居节点数。本章假设无向图 $\mathcal{G}$ 是一个连通图。

考虑如下形式的一类线性随机时滞系统：

$$x(k+1) = Ax(k) + A_d x(k-\tau) + Bu(k) + w(k) \tag{9.1}$$

其输出通过传感器网络中的 N 个分布式传感器节点给出：

$$y_i(k) = C_i x(k) + F_i f_i(k) + v_i(k), \quad i \in \mathcal{N} \tag{9.2}$$

式中，$x(k) \in \mathbb{R}^n$ 表示系统状态向量；τ 为定常时滞；$u(k) \in \mathbb{R}^b$ 为控制输入；$y_i(k) \in \mathbb{R}^{m_i}$ 为第 i 个节点的测量输出；$f_i(k) \in \mathbb{R}$ 表示节点 i 中可能发生的标量间歇故障；$w(k) \in \mathbb{R}^n$ 和 $v_i(k) \in \mathbb{R}^{m_i}$ 为互不相关的零均值高斯白噪声，且其方差分别为 R_w 和 R_{vi}；A、A_d、B、C_i 和 F_i 都是已知的具有适宜维数的常数矩阵。

对于式 (9.1) 和式 (9.2) 所示的传感器网络系统以及式 (9.2) 中所示的标量间歇故障，我们做出如下假设。

假设 9.1　在传感器网络系统中，有且只有一个传感器节点发生间歇故障，且间歇故障的数学模型具有如下形式：

$$f_i(k) = \sum_{q=1}^{\infty} (\Theta(k - k_{qa}) - \Theta(k - k_{qd})) \cdot h(q) \tag{9.3}$$

式中，$\Theta(\cdot)$ 表示阶跃函数；$h(q) \neq 0$ 表示间歇故障第 q 个未知的故障幅值；k_{qa} 和 k_{qd} 分别表示间歇故障的第 q 个发生时刻和消失时刻。定义间歇故障的第 q 个活

跃时间为 $\tau_q^{\mathrm{ac}} = k_{qd} - k_{qa}$,间歇故障的第 q 个间隔时间为 $\tau_q^{\mathrm{in}} = k_{(q+1)a} - k_{qd}$,且间歇故障活跃时间和间隔时间的最小值定义为 $\tau_{\min} = \min\{\tau_q^{\mathrm{in}},\ \tau_q^{\mathrm{ac}}\}$ 且 $\tau_{\min} \gg \tau$。

注释 9.1 在实际应用中,根据一些实验结果和函数仿真,可以得出间歇故障具有不确定的幅值、发生时刻和消失时刻的数字特征。由文献 [22]~[24] 可知,具有较小的幅值和较短的活跃时间的间歇故障对系统的正常运行几乎没有影响。因此,假设间歇故障具有最小幅值、最短活跃时间和间隔时间是十分合理的。此外,在工业过程中,$\tau_{\min}$ 可以根据历史数据和操作经验进行设定。

通过使用文献 [25] 中涉及的提升技术,联立式 (9.1) 和式 (9.2) 可得

$$\begin{cases} \bar{x}(k+1) = \bar{A}\bar{x}(k) + \bar{B}u(k) + \bar{W}w(k) \\ \bar{y}_i(k) = \bar{C}_i\bar{x}(k) + \bar{F}_i\bar{f}_i(k) + \bar{v}_i(k) \end{cases} \tag{9.4}$$

式中

$$\bar{A} = \begin{bmatrix} A & 0 & \cdots & 0 & A_d \\ I & 0 & \cdots & 0 & 0 \\ 0 & I & \cdots & 0 & 0 \\ \vdots & \vdots & & \vdots & \vdots \\ 0 & 0 & \cdots & I & 0 \end{bmatrix}, \quad \bar{B} = \begin{bmatrix} B \\ 0 \\ \vdots \\ 0 \end{bmatrix}, \quad \bar{W} = \begin{bmatrix} I_n \\ 0 \\ \vdots \\ 0 \end{bmatrix}$$

$$\bar{C}_i = \mathrm{diag}_{\tau+1}\{C_i\}, \quad \bar{F}_i = \mathrm{diag}_{\tau+1}\{F_i\}$$

$$\bar{x}(k) = \begin{bmatrix} x^{\mathrm{T}}(k) & x^{\mathrm{T}}(k-1) & \cdots & x^{\mathrm{T}}(k-\tau) \end{bmatrix}^{\mathrm{T}}$$

$$\bar{y}_i(k) = \begin{bmatrix} y_i^{\mathrm{T}}(k) & y_i^{\mathrm{T}}(k-1) & \cdots & y_i^{\mathrm{T}}(k-\tau) \end{bmatrix}^{\mathrm{T}}$$

$$\bar{f}_i(k) = \begin{bmatrix} f_i^{\mathrm{T}}(k) & f_i^{\mathrm{T}}(k-1) & \cdots & f_i^{\mathrm{T}}(k-\tau) \end{bmatrix}^{\mathrm{T}}$$

$$\bar{v}_i(k) = \begin{bmatrix} v_i^{\mathrm{T}}(k) & v_i^{\mathrm{T}}(k-1) & \cdots & v_i^{\mathrm{T}}(k-\tau) \end{bmatrix}^{\mathrm{T}}$$

在传感器网络中,节点 i 的测量能够融合传感器自身和其邻居节点的可用信息,在下面的分析中,定义传感器节点 i 接收到的测量信息为

$$\check{y}_i(k) = \begin{bmatrix} \bar{y}_{\varphi_{i,1}}^{\mathrm{T}}(k) & \bar{y}_{\varphi_{i,2}}^{\mathrm{T}}(k) & \cdots & \bar{y}_{\varphi_{i,\bar{N}_i}}^{\mathrm{T}}(k) \end{bmatrix}^{\mathrm{T}} \tag{9.5}$$

进一步,可得

$$\check{y}_i(k) = \check{C}_i\bar{x}(k) + \check{F}_i\check{f}_i(k) + \check{v}_i(k) \tag{9.6}$$

式中

$$\check{C}_i = \begin{bmatrix} \bar{C}_{\varphi_{i,\,1}}^{\mathrm{T}} & \bar{C}_{\varphi_{i,\,2}}^{\mathrm{T}} & \cdots & \bar{C}_{\varphi_{i,\,\bar{N}_i}}^{\mathrm{T}} \end{bmatrix}^{\mathrm{T}}, \qquad \check{F}_i = \mathrm{diag}\{\bar{F}_{\varphi_{i,\,1}}, \ \bar{F}_{\varphi_{i,\,2}}, \ \cdots, \ \bar{F}_{\varphi_{i,\,\bar{N}_i}}\}$$

$$\check{f}_i(k) = \begin{bmatrix} \bar{f}_{\varphi_{i,\,1}}^{\mathrm{T}}(k) & \bar{f}_{\varphi_{i,\,2}}^{\mathrm{T}}(k) & \cdots & \bar{f}_{\varphi_{i,\,\bar{N}_i}}^{\mathrm{T}}(k) \end{bmatrix}^{\mathrm{T}}$$

$$\check{v}_i(k) = \begin{bmatrix} \bar{v}_{\varphi_{i,\,1}}^{\mathrm{T}}(k) & \bar{v}_{\varphi_{i,\,2}}^{\mathrm{T}}(k) & \cdots & \bar{v}_{\varphi_{i,\,\bar{N}_i}}^{\mathrm{T}}(k) \end{bmatrix}^{\mathrm{T}}$$

除了间歇故障的检测外，本章的另一个研究目标是定位传感器网络时滞系统中的故障节点。为此，可以将第 j 个故障组件从第 i 个传感器的广义邻居节点中抽离出来进行解耦，其中，$j \in \phi_i$。那么，传感器节点 i 的测量输出 (9.6) 可以重写为

$$\check{y}_i(k) = \check{C}_i\bar{x}(k) + \check{F}_{i,\,-j}\check{f}_{i,\,-j}(k) + \check{F}_{i,\,j}\check{f}_{i,\,j}(k) + \check{v}_i(k) \tag{9.7}$$

式中，$\check{F}_{i,\,j}$ 为从矩阵 $\check{F}_i$ 第 $(j-1)\tau+j$ 列到 $j\tau+j$ 列抽出的矩阵；$\check{F}_{i,\,-j}$ 是矩阵 $\check{f}_i(k)$ 去掉 $\check{F}_{i,\,j}$ 后剩余的部分；$\check{f}_{i,\,-j}(k) = [\bar{f}_{\varphi_{i,\,1}}^{\mathrm{T}}(k) \ \cdots \ \bar{f}_{\varphi_{i,\,j-1}}^{\mathrm{T}}(k) \ \bar{f}_{\varphi_{i,\,j+1}}^{\mathrm{T}}(k) \ \cdots \ \bar{f}_{\varphi_{i,\,\bar{N}_i}}^{\mathrm{T}}(k)]^{\mathrm{T}}$ 为故障向量 $\check{f}_i(k)$ 去掉故障组件 $\bar{f}_{\varphi_{i,\,j}}(k)$ 以后剩余的部分。

很显然，$\check{F}_{i,\,j} \in \mathbb{R}^{\sum_{i=1}^{\bar{N}_i} m_i(\tau+1) \times (\tau+1)}$ 和 $\check{F}_{i,\,-j} \in \mathbb{R}^{\sum_{i=1}^{\bar{N}_i} m_i(\tau+1) \times (\bar{N}_i-1)(\tau+1)}$ 均为列满秩矩阵，进而有 $\mathrm{rank}(\check{F}_{i,\,j}) = \tau+1$ 且 $\mathrm{rank}(\check{F}_{i,\,-j}) = (\bar{N}_i-1)(\tau+1)$。在本章中，由于无向图 $\mathscr{G}$ 是连通的，易得 $\mathrm{rank}(\check{F}_{i,\,j}) \leqslant \mathrm{rank}(\check{F}_{i,\,-j})$。因此，易知存在转换矩阵 $T_{i,\,-j} \in \mathbb{R}^{(\bar{N}_i-1)(\tau+1) \times \sum_{i=1}^{\bar{N}_i} m_i(\tau+1)}$ 使得 $T_{i,\,-j}\check{F}_{i,\,j} = 0$ 和 $T_{i,\,-j}\check{F}_{i,\,-j} \neq 0$ 同时成立，其中 $\mathrm{rank}(T_{i,\,-j}) = (\bar{N}_i-1)(\tau+1)$。

通过以上分析，由式 (9.4) 和式 (9.7) 可得到如下的系统：

$$\begin{cases} \bar{x}(k+1) = \bar{A}\bar{x}(k) + \bar{B}u(k) + \bar{W}w(k) \\ T_{i,\,-j}\check{y}_i(k) = T_{i,\,-j}\check{C}_i\bar{x}(k) + T_{i,\,-j}\check{F}_{i,\,-j}\check{f}_{i,\,-j}(k) + T_{i,\,-j}\check{v}_i(k) \end{cases} \tag{9.8}$$

注释 9.2　在系统 (9.8) 中，测量输出只与传感器 i 的广义邻居节点集合中除了节点 j 之外的其余节点有关。在进一步的残差设计中，对传感器 i 设计的残差不包括节点 j 可用的测量信息。换句话说，节点 j 中的间歇故障信息将会被作为冗余组件进行解耦。因此，通过设计合适的参考阈值来比较残差和阈值之间的相对关系，可以实现间歇故障的检测和定位。

9.3 传感器网络间歇故障检测和定位方法

在本节中，基于传感器节点自身和其相邻节点的测量信息，对每个传感器设计一组分布式观测器，通过引入滑动时间窗口和标量残差生成向量，在传统残差的基础上设计标量截断式残差用以检测和定位间歇故障。进一步地，为了分别检测间歇故障的发生时刻和消失时刻，利用假设检验技术分别设定了间歇故障检测和定位的阈值。

9.3.1 分布式观测器设计

在本小节中，根据第 i 个传感器自身的测量信息和其相邻节点的测量信息，构造分布式龙伯格观测器如下：

$$
\begin{aligned}
&\hat{\bar{x}}_{i,\,-j}(k+1)\\
&=\bar{A}\hat{\bar{x}}_{i,\,-j}(k)+\bar{B}u(k)+L_{i,\,-j}\sum_{\xi\in\phi_i,\,\xi\neq j}J_\xi(\bar{y}_\xi(k)-\bar{C}_\xi\hat{\bar{x}}_{i,\,-j}(k))
\end{aligned}
\tag{9.9}
$$

式中，$\hat{\bar{x}}_{i,\,-j}(k)\in\mathbb{R}^{n(\tau+1)}$ 为基于传感器节点 ξ 的测量输出 $\bar{y}_\xi(k)$ 对状态 $\bar{x}(k)$ 的估计；$L_{i,\,-j}$ 和 J_ξ 分别为待设计的观测器参数矩阵和权重矩阵。

定义估计误差为

$$
e_{i,\,-j}(k)=\bar{x}(k)-\hat{\bar{x}}_{i,\,-j}(k)
\tag{9.10}
$$

进一步地，下面的定理为保证估计误差的稳定性提供了充分条件。

定理 9.1 如果 $\bar{A}-L_{i,\,-j}\sum\limits_{\xi\in\phi_i,\,\xi\neq j}J_\xi\bar{C}_\xi$ 是一个 Hurwitz 矩阵，那么在均值意义下，估计值 $\hat{\bar{x}}_{i,\,-j}(k)$ 将会渐近地趋于真实的状态 $\bar{x}(k)$，并且估计误差 $e_{i,\,-j}(k)$ 的动态特性对 $\check{f}_{i,\,j}(k)$ 解耦，对 $\check{f}_{i,\,-j}(k)$ 敏感。

证明 联立式 (9.8) 和式 (9.10)，可得估计误差的动态方程为

$$
e_{i,\,-j}(k+1)=\bar{A}e_{i,\,-j}(k)-L_{i,\,-j}\sum_{\xi\in\phi_i,\,\xi\neq j}J_\xi(\bar{y}_\xi(k)-\bar{C}_\xi\hat{\bar{x}}_{i,\,-j}(k))+\bar{W}w(k)
\tag{9.11}
$$

将式 (9.4) 代入式 (9.11)，易得

$$
\begin{aligned}
e_{i,\,-j}(k+1)=&\Big(\bar{A}-L_{i,\,-j}\sum_{\xi\in\phi_i,\,\xi\neq j}J_\xi\bar{C}_\xi\Big)e_{i,\,-j}(k)\\
&-L_{i,\,-j}\sum_{\xi\in\phi_i,\,\xi\neq j}J_\xi\bar{F}_\xi\bar{f}_\xi(k)+\bar{W}w(k)
\end{aligned}
$$

$$- L_{i, -j} \sum_{\xi \in \phi_i, \ \xi \neq j} J_\xi \bar{v}_\xi(k) \tag{9.12}$$

注意到误差动态系统 (9.12) 的稳定性只与 $\bar{A} - L_{i, -j} \sum_{\xi \in \phi_i, \ \xi \neq j} J_\xi \bar{C}_\xi$ 的特征值有关。由于 $\bar{A} - L_{i, -j} \sum_{\xi \in \phi_i, \ \xi \neq j} J_\xi \bar{C}_\xi$ 是一个 Hurwitz 矩阵，那么，我们有 $\lim_{k \to \infty} E(e_{i, -j}(k)) = 0$。从式 (9.10) 中可以看出，在均值意义下，状态估计 $\hat{x}_{i, -j}(k)$ 渐近地接近真实的状态 $\bar{x}(k)$。根据式 (9.12)，很显然估计误差 $e_{i, -j}(k)$ 的动态特性对 $\check{f}_{i, j}(k)$ 解耦，且对 $\check{f}_{i, -j}(k)$ 敏感。

证毕。

为了检测和定位传感器网络中的间歇故障，定义传感器节点 $i \in \mathcal{N}$ 对其邻居节点 $j \in \phi_i$ 的故障组件解耦后的残差为 $r_{i, -j}(k)$，其表达式如下所示：

$$r_{i, -j}(k) = T_{i, -j} \check{y}_i(k) - T_{i, -j} \check{C}_i \hat{x}_{i, -j}(k) \tag{9.13}$$

联立式 (9.8) 和式 (9.13)，有

$$r_{i, -j}(k) = T_{i, -j} \check{C}_i e_{i, -j}(k) + T_{i, -j} \check{F}_{i, -j} \check{f}_{i, -j}(k) + T_{i, -j} \check{v}_i(k) \tag{9.14}$$

9.3.2　截断式残差设计

受文献 [26] 的启发，带有滑动时间窗口的截断式残差对于间歇故障的检测更为有效，在进一步分析之前，对于系统 (9.14)，我们提出如下假设。

假设 9.2　在残差系统 (9.14) 中，我们假设 $T_{i, -j} \check{C}_i \in \mathbb{R}^{(\bar{N}_i - 1)(\tau+1) \times n(\tau+1)}$ 是一个列满秩的矩阵，其中 $\bar{N}_i \geqslant n+1$，$\mathrm{rank}(T_{i, -j} \check{C}_i) = n(\tau+1)$。

注释 9.3　在本章所提的方法中，为了得到误差 $e_{i, -j}(k)$ 关于残差 $r_{i, -j}(k)$ 的表达式，需要假设矩阵 $T_{i, -j} \check{C}_i$ 的左逆 $(T_{i, -j} \check{C}_i)^\dagger$ 存在。注意到 $\check{C}_i$ 是传感器节点 i 和其广义邻居节点的组合，并且本章所涉及的传感器网络的无向图 $\mathscr{G}$ 是连通的。因此，很容易得到 $\bar{N}_i \geqslant n+1$ 且 $\mathrm{rank}(T_{i, -j} \check{C}_i) = n(\tau+1)$。

基于假设 9.2，有

$$e_{i, -j}(k) = (T_{i, -j} \check{C}_i)^\dagger r_{i, -j}(k) - (T_{i, -j} \check{C}_i)^\dagger T_{i, -j} \check{F}_{i, -j} \check{f}_{i, -j}(k)$$
$$- (T_{i, -j} \check{C}_i)^\dagger T_{i, -j} \check{v}_i(k) \tag{9.15}$$

考虑到式 (9.8) 和式 (9.13)，联立式 (9.14) 和式 (9.15) 可得

$$r_{i, -j}(k+1)$$
$$= (T_{i, -j} \check{C}_i)(\bar{A} - L_{i, -j} \sum_{\xi \in \phi_i, \ \xi \neq j} J_\xi \bar{C}_\xi)(T_{i, -j} \check{C}_i)^\dagger r_{i, -j}(k)$$

$$- (T_{i,\ -j}\check{C}_i)(\bar{A} - L_{i,\ -j}\sum_{\xi \in \phi_i,\ \xi \neq j} J_\xi \bar{C}_\xi)(T_{i,\ -j}\check{C}_i)^\dagger T_{i,\ -j}\check{F}_{i,\ -j}\check{f}_{i,\ -j}(k)$$

$$- T_{i,\ -j}\check{C}_i L_{i,\ -j}\sum_{\xi \in \phi_i,\ \xi \neq j} J_\xi \bar{F}_\xi \bar{f}_\xi(k) + T_{i,\ -j}\check{F}_{i,\ -j}\check{f}_{i,\ -j}(k+1)$$

$$+ T_{i,\ -j}\check{C}_i \bar{W} w(k) - (T_{i,\ -j}\check{C}_i)(\bar{A} - L_{i,\ -j}\sum_{\xi \in \phi_i,\ \xi \neq j} J_\xi \bar{C}_\xi)(T_{i,\ -j}\check{C}_i)^\dagger T_{i,\ -j}\check{v}_i(k)$$

$$- T_{i,\ -j}\check{C}_i L_{i,\ -j}\sum_{\xi \in \phi_i,\ \xi \neq j} J_\xi \bar{v}_\xi(k) + T_{i,\ -j}\check{v}_i(k+1) \tag{9.16}$$

为简化表示，定义 $\varepsilon_{i,\ -j}(k) = \sum_{\xi \in \phi_i,\ \xi \neq j} J_\xi \bar{v}_\xi(k)$，则残差系统 (9.16) 可以被重写为

$$r_{i,\ -j}(k+1)$$
$$= \tilde{C}_{i,\ -j} r_{i,\ -j}(k) + \tilde{F}_{i,\ -j,\ 1}\check{f}_{i,\ -j}(k) + \tilde{F}_{i,\ -j,\ 2}\bar{f}_\xi(k) + \tilde{F}_{i,\ -j,\ 3}\check{f}_{i,\ -j}(k+1)$$
$$+ \tilde{W}_{i,\ -j} w(k) + \tilde{V}_{i,\ -j,\ 1}\check{v}_i(k) + \tilde{V}_{i,\ -j,\ 2}\check{v}_i(k+1) + \tilde{E}_{i,\ -j}\varepsilon_{i,\ -j}(k) \tag{9.17}$$

式中

$$\tilde{C}_{i,\ -j} = (T_{i,\ -j}\check{C}_i)(\bar{A} - L_{i,\ -j}\sum_{\xi \in \phi_i,\ \xi \neq j} J_\xi \bar{C}_\xi)(T_{i,\ -j}\check{C}_i)^\dagger$$

$$\tilde{F}_{i,\ -j,\ 1} = -(T_{i,\ -j}\check{C}_i)(\bar{A} - L_{i,\ -j}\sum_{\xi \in \phi_i,\ \xi \neq j} J_\xi \bar{C}_\xi)(T_{i,\ -j}\check{C}_i)^\dagger T_{i,\ -j}\check{F}_{i,\ -j}$$

$$\tilde{F}_{i,\ -j,\ 2} = -T_{i,\ -j}\check{C}_i L_{i,\ -j}\sum_{\xi \in \phi_i,\ \xi \neq j} J_\xi \bar{F}_\xi$$

$$\tilde{F}_{i,\ -j,\ 3} = T_{i,\ -j}\check{F}_{i,\ -j}, \qquad \tilde{W}_{i,\ -j} = T_{i,\ -j}\check{C}_i \bar{W}$$

$$\tilde{V}_{i,\ -j,\ 1} = -(T_{i,\ -j}\check{C}_i)(\bar{A} - L_{i,\ -j}\sum_{\xi \in \phi_i,\ \xi \neq j} J_\xi \bar{C}_\xi)(T_{i,\ -j}\check{C}_i)^\dagger T_{i,\ -j}$$

$$\tilde{V}_{i,\ -j,\ 2} = T_{i,\ -j}, \qquad \tilde{E}_{i,\ -j} = -T_{i,\ -j}\check{C}_i L_{i,\ -j}$$

通过引入滑动时间窗口 $(0 < \Delta k < \tau_{\min})$，由式 (9.17) 可得

$$r_{i,\ -j}(k) = \tilde{C}_{i,\ -j} r_{i,\ -j}(k - \Delta k) + \sum_{\lambda=0}^{\Delta k-1} \tilde{C}_{i,\ -j}^{\Delta k-\lambda-1}(\tilde{F}_{i,\ -j,\ 1}\check{f}_{i,\ -j}(k - \Delta k + \lambda)$$

$$+ \tilde{F}_{i,\ -j,\ 2}\bar{f}_\xi(k - \Delta k + \lambda) + \tilde{F}_{i,\ -j,\ 3}\check{f}_{i,\ -j}(k - \Delta k + \lambda + 1)$$

$$
\begin{aligned}
&+ \tilde{W}_{i,\,-j}w(k - \Delta k + \lambda) + \tilde{V}_{i,\,-j,\,1}\breve{v}_i(k - \Delta k + \lambda) \\
&+ \tilde{V}_{i,\,-j,\,2}\breve{v}_i(k - \Delta k + \lambda + 1) + \tilde{E}_{i,\,-j}\varepsilon_{i,\,-j}(k - \Delta k + \lambda)) \quad (9.18)
\end{aligned}
$$

在进一步分析之前，我们给出如下定义。

定义 9.1　对于一个给定的时间参数 Δk，定义集合 $\Psi(k - \Delta k,\ k)$ 为在时刻 k 的滑动时间窗口，其中 Δk 为滑动时间窗口的长度。进一步地，定义一个带有滑动时间窗口的截断式残差 $r_{i,\,-j}(k,\ \Delta k) = r_{i,\,-j}(k) - \tilde{C}_{i,\,-j}r_{i,\,-j}(k - \Delta k)$。

基于定义 9.1和式 (9.18)，截断式残差 $r_{i,\,-j}(k,\ \Delta k)$ 可以写为

$$
\begin{aligned}
&r_{i,\,-j}(k,\ \Delta k) \\
&= \sum_{\lambda=0}^{\Delta k-1} \tilde{C}_{i,\,-j}^{\Delta k-\lambda-1}(\tilde{F}_{i,\,-j,\,1}\breve{f}_{i,\,-j}(k - \Delta k + \lambda) + \tilde{F}_{i,\,-j,\,2}\bar{f}_{\xi}(k - \Delta k + \lambda) \\
&\quad + \tilde{F}_{i,\,-j,\,3}\breve{f}_{i,\,-j}(k - \Delta k + \lambda + 1) + \tilde{W}_{i,\,-j}w(k - \Delta k + \lambda) \\
&\quad + \tilde{V}_{i,\,-j,\,1}\breve{v}_i(k - \Delta k + \lambda) + \tilde{V}_{i,\,-j,\,2}\breve{v}_i(k - \Delta k + \lambda + 1) \\
&\quad + \tilde{E}_{i,\,-j}\varepsilon_{i,\,-j}(k - \Delta k + \lambda)) \quad (9.19)
\end{aligned}
$$

为了便于分析截断残差的统计特征，对于式 (9.19)，我们引入一个标量残差生成向量 $\Lambda_{i,\,-j} \in \mathbb{R}^{(\bar{N}_i-1)(\tau+1)\times 1}$，则有

$$
\begin{aligned}
&\Lambda_{i,\,-j}r_{i,\,-j}(k,\ \Delta k) \\
&= \Lambda_{i,\,-j} \sum_{\lambda=0}^{\Delta k-1} \tilde{C}_{i,\,-j}^{\Delta k-\lambda-1}(\tilde{F}_{i,\,-j,\,1}\breve{f}_{i,\,-j}(k - \Delta k + \lambda) + \tilde{F}_{i,\,-j,\,2}\bar{f}_{\xi}(k - \Delta k + \lambda) \\
&\quad + \tilde{F}_{i,\,-j,\,3}\breve{f}_{i,\,-j}(k - \Delta k + \lambda + 1) + \tilde{W}_{i,\,-j}w(k - \Delta k + \lambda) \\
&\quad + \tilde{V}_{i,\,-j,\,1}\breve{v}_i(k - \Delta k + \lambda) + \tilde{V}_{i,\,-j,\,2}\breve{v}_i(k - \Delta k + \lambda + 1) \\
&\quad + \tilde{E}_{i,\,-j}\varepsilon_{i,\,-j}(k - \Delta k + \lambda)) \quad (9.20)
\end{aligned}
$$

9.3.3　间歇故障发生时刻和消失时刻的检测

在式 (9.20) 中，注意到标量截断式残差的期望只与故障分量有关，为了直观地分析残差的统计特性，我们将标量截断式残差写为如下四部分：

$$
\left\{
\begin{aligned}
P_{i,\,-j,\,f}(k,\ \Delta k) &= \Lambda_{i,\,-j} \sum_{\lambda=0}^{\Delta k-1} \tilde{C}_{i,\,-j}^{\Delta k-\lambda-1} (\tilde{F}_{i,\,-j,\,1} \check{f}_{i,\,-j}(k-\Delta k+\lambda) \\
&\quad + \tilde{F}_{i,\,-j,\,2} \bar{f}_{\xi}(k-\Delta k+\lambda) + \tilde{F}_{i,\,-j,\,3} \check{f}_{i,\,-j}(k-\Delta k+\lambda+1)) \\
P_{i,\,-j,\,w}(k,\ \Delta k) &= \Lambda_{i,\,-j} \sum_{\lambda=0}^{\Delta k-1} \tilde{C}_{i,\,-j}^{\Delta k-\lambda-1} \tilde{W}_{i,\,-j} w(k-\Delta k+\lambda) \\
P_{i,\,-j,\,v}(k,\ \Delta k) &= \Lambda_{i,\,-j} \sum_{\lambda=0}^{\Delta k-1} \tilde{C}_{i,\,-j}^{\Delta k-\lambda-1} (\tilde{V}_{i,\,-j,\,1} \check{v}_i(k-\Delta k+\lambda) \\
&\quad + \tilde{V}_{i,\,-j,\,2} \check{v}_i(k-\Delta k+\lambda+1)) \\
P_{i,\,-j,\,\varepsilon}(k,\ \Delta k) &= \Lambda_{i,\,-j} \sum_{\lambda=0}^{\Delta k-1} \tilde{C}_{i,\,-j}^{\Delta k-\lambda-1} \tilde{E}_{i,\,-j} \varepsilon_{i,\,-j}(k-\Delta k+\lambda)
\end{aligned}
\right.
\tag{9.21}
$$

注意到 $w(k)$、$v(k)$ 和 $\varepsilon_{i,\,-j}(k)$ 都是零均值的高斯白噪声，根据均方黎曼积分的定义[27]，$P_{i,\,-j,\,w}(k,\ \Delta k)$、$P_{i,\,-j,\,v}(k,\ \Delta k)$ 和 $P_{i,\,-j,\,\varepsilon}(k,\ \Delta k)$ 都服从均值为零的正态分布，因而三者的方差可写成如下形式：

$$
\left\{
\begin{aligned}
\mathrm{Var}[P_{i,\,-j,\,w}(k,\ \Delta k)] &= \sum_{\lambda=0}^{\Delta k-1} \Lambda_{i,\,-j} \tilde{C}_{i,\,-j}^{\lambda} \tilde{W}_{i,\,-j} R_w \tilde{W}_{i,\,-j}^{\mathrm{T}} (\tilde{C}_{i,\,-j}^{\lambda})^{\mathrm{T}} \Lambda_{i,\,-j}^{\mathrm{T}} \\
\mathrm{Var}[P_{i,\,-j,\,v}(k,\ \Delta k)] &= \Lambda_{i,\,-j} \tilde{C}_{i,\,-j}^{\Delta k-1} \tilde{V}_{i,\,-j,\,1} R_{\check{v}_i} \tilde{V}_{i,\,-j,\,1}^{\mathrm{T}} (\tilde{C}_{i,\,-j}^{\Delta k-1})^{\mathrm{T}} \Lambda_{i,\,-j}^{\mathrm{T}} \\
&\quad + \sum_{\lambda=0}^{\Delta k-2} \Lambda_{i,\,-j} \tilde{C}_{i,\,-j}^{\lambda} (\tilde{C}_{i,\,-j} \tilde{V}_{i,\,-j,\,2} + \tilde{V}_{i,\,-j,\,1}) \\
&\quad R_{\check{v}_i} (\tilde{C}_{i,\,-j} \tilde{V}_{i,\,-j,\,2} + \tilde{V}_{i,\,-j,\,1})^{\mathrm{T}} + \Lambda_{i,\,-j} \tilde{V}_{i,\,-j,\,2} R_{\check{v}_i} \\
&\quad \tilde{V}_{i,\,-j,\,2}^{\mathrm{T}} \Lambda_{i,\,-j}^{\mathrm{T}} \\
\mathrm{Var}[P_{i,\,-j,\,\varepsilon}(k,\ \Delta k)] &= \sum_{\lambda=0}^{\Delta k-1} \Lambda_{i,\,-j} \tilde{C}_{i,\,-j}^{\lambda} \tilde{E}_{i,\,-j} R_\varepsilon \tilde{E}_{i,\,-j}^{\mathrm{T}} (\tilde{C}_{i,\,-j}^{\lambda})^{\mathrm{T}} \Lambda_{i,\,-j}^{\mathrm{T}}
\end{aligned}
\right.
\tag{9.22}
$$

令

$$
\begin{aligned}
\sigma_{i,\,-j}^2(k,\ \Delta k) &= \mathrm{Var}[P_{i,\,-j,\,w}(k,\ \Delta k)] + \mathrm{Var}[P_{i,\,-j,\,v}(k,\ \Delta k)] \\
&\quad + \mathrm{Var}[P_{i,\,-j,\,\varepsilon}(k,\ \Delta k)]
\end{aligned}
\tag{9.23}
$$

我们有

$$\Lambda_{i,\,-j} r_{i,\,-j}(k,\,\Delta k) \sim \Phi(P_{i,\,-j,\,f}(k,\,\Delta k),\,\sigma_{i,\,-j}^2(k,\,\Delta k)) \tag{9.24}$$

式中，$\Phi(x,\,\sigma^2)$ 表示均值为 x，方差为 σ^2 的正态分布。

由相关文献分析可知，在故障检测领域，假设检验技术对于阈值设定是一种十分有效的方法。基于对残差的统计特性分析，根据间歇故障和滑动时间窗口的相对位置关系设计间歇故障检测和定位方法，即当间歇故障和滑动时间窗口没有交集时，标量截断式残差的均值为零，而当滑动时间窗口与间歇故障有交集时，标量截断式残差的均值立刻变为非零，由此可以提出以下的假设检验来检测间歇故障的发生时刻：

$$\begin{cases} H_0^a:\ |\mathbb{E}[\Lambda_{i,\,-j} r_{i,\,-j}(k,\,\Delta k)]| = 0 \\ H_1^a:\ |\mathbb{E}[\Lambda_{i,\,-j} r_{i,\,-j}(k,\,\Delta k)]| \neq 0 \end{cases} \tag{9.25}$$

式中，H_0^a 是检测间歇故障发生时刻 k_{qa} 的原假设，也就是说，对于所有的 $q \in \mathbb{N}^+$，都有 $\Psi(k - \Delta k,\,k) \cap \tau_q^{\mathrm{ac}} = \varnothing$；$H_1^a$ 是检测间歇故障发生时刻 k_{qa} 的备择假设，即对于所有的 $q \in \mathbb{N}^+$，都有 $\Psi(k - \Delta k,\,k) \cap \tau_q^{\mathrm{ac}} \neq \varnothing$。

对于一个给定的显著性水平 $\alpha_{i,\,-j}$，假设检验 (9.25) 的接受域为

$$\Omega_{i,\,-j}(k,\,\Delta k) = (-\eta_{\frac{\alpha_{i,\,-j}}{2}} \sigma_{i,\,-j}(k,\,\Delta k),\,+\eta_{\frac{\alpha_{i,\,-j}}{2}} \sigma_{i,\,-j}(k,\,\Delta k)) \tag{9.26}$$

式中，$\eta_{\frac{\alpha_{i,\,-j}}{2}}$ 表示标准正态分布变量有 $\dfrac{\alpha_{i,\,-j}}{2}$ 的概率落到区间 $(+\eta_{\frac{\alpha_{i,\,-j}}{2}} \sigma_{i,\,-j}(k,\,\Delta k),\,+\infty)$ 内。

注意到滑动时间窗口 Δk 小于间歇故障活跃时间和间隔时间的最小值 $\tau_{\min}$，随着时间的推移，滑动时间窗口将会完全滑出间歇故障，由此可以提出以下的假设检验来检测间歇故障的消失时刻：

$$\begin{cases} H_0^d:\ |\mathbb{E}(\Lambda_{i,\,-j} r_{i,\,-j}(k,\,\Delta k))| \neq 0 \\ H_1^d:\ |\mathbb{E}(\Lambda_{i,\,-j} r_{i,\,-j}(k,\,\Delta k))| = 0 \end{cases} \tag{9.27}$$

式中，H_0^d 是检测间歇故障消失时刻 k_{qd} 的原假设，也就是说，对于所有的 $q \in \mathbb{N}^+$，都有 $\Psi(k - \Delta k,\,k) \cap \tau_q^{\mathrm{ac}} \neq \varnothing$；$H_1^d$ 是检测间歇故障消失时刻 k_{qd} 的备择假设，即对于所有的 $q \in \mathbb{N}^+$，都有 $\Psi(k - \Delta k,\,k) \cap \tau_q^{\mathrm{ac}} = \varnothing$。

对于一个相同的显著性水平 $\alpha_{i,\,-j}$，假设检验 (9.27) 的接受域为

$$\bar{\Omega}_{i,\,-j}(k,\,\Delta k) = (-\infty,\,-\eta_{\frac{\alpha_{i,\,-j}}{2}} \sigma_{i,\,-j}(k,\,\Delta k)]$$

$$\cup\,[+\eta_{\frac{\alpha_{i,\,-j}}{2}} \sigma_{i,\,-j}(k,\,\Delta k),\,+\infty) \tag{9.28}$$

注释 9.4　注意到 $\Omega_{i,\,-j}(k,\,\Delta k) \cap \bar{\Omega}_{i,\,-j}(k,\,\Delta k) = \varnothing$ 且 $\Omega_{i,\,-j}(k,\,\Delta k) \cup \bar{\Omega}_{i,\,-j}(k,\,\Delta k) = \mathbb{R}$，利用假设检验 (9.25) 和假设检验 (9.27)，间歇故障的发生时刻和消失时刻可以被分别检测得到。实际上，如果这两个假设检验的显著性水平不同，那么这两个假设检验相对应的接受域就会出现有交集的情况，这样会导致无法分别检测出间歇故障的发生时刻和消失时刻。因此，我们选择相同的显著性水平以确保可以分别检测到间歇故障的发生时刻和消失时刻。

根据假设检验 (9.25) 和假设检验 (9.27) 可以得到检测间歇故障发生时刻和消失时刻的检测阈值为

$$J_{\mathrm{thi},\,-j}(k,\,\Delta k) = \eta_{\frac{\alpha_{i,\,-j}}{2}} \sigma_{i,\,-j}(k,\,\Delta k) \tag{9.29}$$

在传感器网络系统只有一个故障节点的前提下，如果传感器节点 $i \in \mathscr{N}$ 对应的所有残差 $\Lambda_{i,\,-j} r_{i,\,-j}(k,\,\Delta k)$ 在整个采样周期内都没有超出检测阈值，则认为该节点为正常节点，这是因为传感器 i 不是故障节点的广义邻居节点。如果传感器节点 $i \in \mathscr{N}$ 对应的残差组 $\Lambda_{i,\,-j} r_{i,\,-j}(k,\,\Delta k)$ 中只有一个在采样周期内没有超出阈值，且对应的残差正好对节点 $j \in \phi_i$ 的故障分量解耦，则节点 $j \in \phi_i$ 为故障节点，其余节点为正常节点。根据以上的分析，为了更好地说明间歇故障检测和定位的逻辑，我们提出以下算法。

算法 9.1　(1) 根据式 (9.4) 得到新的增广系统，并根据式 (9.5) 得到传感器节点 i 可用的测量输出 $\breve{y}_i(k)$。

(2) 将式 (9.5) 中的故障组件分成 $\breve{F}_{i,\,-j}$ 和 $\breve{F}_{i,\,j}$ 两部分。

(3) 选择合适的转换矩阵 $T_{i,\,-j}$，检验 $T_{i,\,-j} \breve{F}_{i,\,j} = 0$ 和 $T_{i,\,-j} \breve{F}_{i,\,-j} \neq 0$ 是否成立。若成立，继续下一步，否则，停止或者重新选择矩阵 $T_{i,\,-j}$。

(4) 根据式 (9.9) 设计传感器节点 i 和其邻居节点的分布式解耦观测器。

(5) 通过引入滑动时间窗口 Δk 和标量残差生成向量 $\Lambda_{i,\,-j}$，根据式 (9.20) 设计标量截断式残差 $\Lambda_{i,\,-j} r_{i,\,-j}(k,\,\Delta k)$。

(6) 基于假设检验技术和一个合适的显著性水平 $\alpha_{i,\,-j}$，根据式 (9.29) 计算间歇故障检测和定位的阈值 $J_{\mathrm{thi},\,-j}(k,\,\Delta k)$。

(7) 若传感器节点 i 对应的所有残差 $\Lambda_{i,\,-j} r_{i,\,-j}(k,\,\Delta k)$ 在整个采样周期内都没有超出检测阈值 $J_{\mathrm{thi},\,-j}(k,\,\Delta k)$，则认为节点 i 为正常节点，否则，转到下一步。

(8) 根据以下的定位逻辑定位传感器网络系统中的故障节点：

$$\begin{cases} \Lambda_{i,\,-j} r_{i,\,-j}(k,\,\Delta k) \leqslant J_{\mathrm{thi},\,-j}(k,\,\Delta k), & \text{对所有 } k \in \mathbb{N}^+, \quad \text{故障节点} \\ \Lambda_{i,\,-j} r_{i,\,-j}(k,\,\Delta k) > J_{\mathrm{thi},\,-j}(k,\,\Delta k), & \text{对所有 } k \in \mathbb{N}^+, \quad \text{正常节点} \end{cases} \tag{9.30}$$

(9) 选择故障节点对应的残差来检测间歇故障的发生时刻和消失时刻。

(10) 停止。

9.4　间歇故障可检测性分析

本小节在概率的角度给出了间歇故障可检测性的定义，并在随机分析的框架下分析了间歇故障的可检测性。受文献 [25] 启发，定义间歇故障的可检测性如下。

定义 9.2　对于给定的参数 τ、$\tau_{\min}$、Δk 和 α，如果下面的两个条件同时成立，则称间歇故障 $f_i(k)$ 在均值意义下是可检测的 (IFSP-可检测)。

(1) 对于给定的显著性水平 $\alpha_{i,\,-j}(0 \leqslant \alpha_{i,\,-j} \leqslant 1)$，存在一个常数 $\varpi_{qa}(k_{qa} < \varpi_{qa} \leqslant k)$，使得对于所有 $q \in \mathbb{N}^+$ 和 $k \in [\varpi_{qa},\,k)$，都有

$$\Pr(\Lambda_{i,\,-j}r_{i,\,-j}(k,\,\Delta k) > J_{\mathrm{thi},\,j}(k,\,\Delta k)) \geqslant (1 - \alpha_{i,\,-j}) \tag{9.31}$$

式中，$\Pr(x)$ 表示随机事件 x 发生的概率；$J_{\mathrm{thi},\,j}(k,\,\Delta k)$ 为间歇故障发生时刻的检测阈值；ϖ_{qa} 为残差 $\Lambda_{i,\,-j}r_{i,\,-j}(k,\,\Delta k)$ 检测得到的第 q 个间歇故障的发生时刻。

(2) 对于给定的显著性水平 $\alpha_{i,\,-j}(0 \leqslant \alpha_{i,\,-j} \leqslant 1)$，存在一个常数 $\varpi_{qd}(k_{qd} < \varpi_{qd} \leqslant k)$，使得对于所有 $q \in \mathbb{N}^+$ 和 $k \in [\varpi_{qd},\,k)$，都有

$$\Pr(\Lambda_{i,\,-j}r_{i,\,-j}(k,\,\Delta k) < J_{\mathrm{thi},\,j}(k,\,\Delta k)) \geqslant (1 - \alpha_{i,\,-j}) \tag{9.32}$$

式中，$\Pr(x)$ 表示随机事件 x 发生的概率；$J_{\mathrm{thi},\,j}(k,\,\Delta k)$ 为间歇故障消失时刻的检测阈值；ϖ_{qd} 为残差 $\Lambda_{i,\,-j}r_{i,\,-j}(k,\,\Delta k)$ 检测得到的第 q 个间歇故障的消失时刻。

基于上述定义，我们提出以下定理以确保间歇故障是 IFSP-可检测的。

定理 9.2　根据假设 9.1 和给定的参数 τ、$\tau_{\min}$、Δk 和 $\alpha_{i,\,-j}$，如果 $0 < \Delta k < \tau_{\min}$，式 (9.31) 和式 (9.32) 同时成立，那么间歇故障 $f_i(k)$ 是 IFSP- 可检测的。

证明　间歇故障的发生时刻和消失时刻需要分别检测得到，并且间歇故障的发生时刻需要在故障消失之前检测得到，间歇故障的消失时刻需要在下一个故障发生之前检测得到。在所提方法中，一旦滑动时间窗口 Δk 给定，那么检测间歇故障发生时刻和消失时刻的最大时延也就确定了。

根据 (9.21)，有

$$P_{i,\,-j,\,f}(k,\,\Delta k)$$
$$= \Lambda_{i,\,-j}(\tilde{C}_{i,\,-j}^{\Delta k-1}(\tilde{F}_{i,\,-j,\,1}\check{f}_{i,\,-j}(k - \Delta k) + \tilde{F}_{i,\,-j,\,2}\bar{f}_\xi(k - \Delta k)$$

$$+ \tilde{F}_{i,\,-j,\,3}\check{f}_{i,\,-j}(k - \Delta k + 1)) + \tilde{C}_{i,\,-j}^{\Delta k - 2}(\tilde{F}_{i,\,-j,\,1}\check{f}_{i,\,-j}(k - \Delta k + 1)$$

$$+ \tilde{F}_{i,\,-j,\,2}\bar{f}_{\xi}(k - \Delta k + 1) + \tilde{F}_{i,\,-j,\,3}\check{f}_{i,\,-j}(k - \Delta k + 2))$$

$$+ \cdots + \tilde{C}_{i,\,-j}^{0}(\tilde{F}_{i,\,-j,\,1}\check{f}_{i,\,-j}(k - 1) + \tilde{F}_{i,\,-j,\,2}\bar{f}_{\xi}(k - 1) + \tilde{F}_{i,\,-j,\,3}\check{f}_{i,\,-j}(k)))$$

$$\tag{9.33}$$

当对于所有的 $q \in \mathbb{N}^+$，都有 $\Psi(k - \Delta k,\, k) \cap \tau_q^{\mathrm{ac}} = \varnothing$ 成立时，则有

$$\check{f}_{i,\,-j}(k - \Delta k) = \bar{f}_{\xi}(k - \Delta k) = \check{f}_{i,\,-j}(k - \Delta k + 1) = \cdots = \check{f}_{i,\,-j}(k) = 0 \tag{9.34}$$

进一步，可得

$$P_{i,\,-j,\,f}(k,\, \Delta k) = 0 \tag{9.35}$$

如果 $\exists q \in \mathbb{N}^+$，使得 $\Delta k > \tau_q^{\mathrm{in}}$ 成立，那么式 (9.33) 中的某些故障组件仍会受到前一个故障的影响，易得

$$P_{i,\,-j,\,f}(k,\, \Delta k) \neq 0 \tag{9.36}$$

根据上述分析结果，间歇故障的第 q 个发生时刻将会发生漏报。因此，对于所有的 $q \in \mathbb{N}^+$，有 $0 < \Delta k < \tau_q^{\mathrm{in}}$。基于相似的分析过程，对于间歇故障第 q 个消失时刻的检测，可以得到对于所有的 $q \in \mathbb{N}^+$，都有 $0 < \Delta k < \tau_q^{\mathrm{ac}}$。

总结上述分析过程，可得

$$0 < \Delta k < \tau_{\min} \tag{9.37}$$

根据 $0 < \Delta k < \tau_{\min}$ 和式 (9.31)，一定存在一个常数 $\varpi_{qa}(k_{qa} < \varpi_{qa} < k)$，使得 $\forall q \in \mathbb{N}^+$，都有 $\Lambda_{i,\,-j}r_{i,\,-j}(k,\, \Delta k) \in \Omega_{i,\,-j}(k,\, \Delta k)$。那么，可以通过假设检验 (9.25) 来检测间歇故障的第 q 个发生时刻，且实际检测值为 ϖ_{qa}。

同样的道理，考虑到式 (9.37) 和式 (9.32)，一定存在一个常数 $\varpi_{qd}(k_{qd} < \varpi_{qd} < k)$，使得对于 $\forall q \in \mathbb{N}^+$，都有 $\Lambda_{i,\,-j}r_{i,\,-j}(k,\, \Delta k) \in \bar{\Omega}_{i,\,-j}(k,\, \Delta k)$。那么，可以通过假设检验 (9.27) 来检测间歇故障的第 q 个消失时刻，且实际检测值为 ϖ_{qd}。

证毕。

注释 9.5   注意到间歇故障发生时刻和消失时刻的检测是基于两个假设检验的，为了降低系统的误报率，在实际应用中，通常选择较小的显著性水平。另外，根据滑动时间窗口需要满足的条件 $0 < \Delta k < \tau_{\min}$，可以选择一个合适的滑动时间窗口来构造标量截断式残差。除此之外，间歇故障的可检测性还受到标量残差生成向量 $\Lambda_{i,\,-j}$ 的影响。因此，在实际的应用中，需要利用历史数据和操作经验谨慎选择合适的参数以确保间歇故障是可检测的。

9.5　实 验 仿 真

本节将通过一个仿真实例来说明所提间歇故障检测和定位方法的有效性。考虑垂直起降飞机的线性离散动力学模型 (9.1) 和模型 (9.2)，其状态 $x(k)$ 分别由水平速度、垂直速度、俯仰率和俯仰角构成。传感器网络由一个无向图 $\mathscr{G} = \{\mathscr{N}, \mathscr{B}\}$ 来描述，如图 9.1所示。从图中可以看出，此传感器网络的边集为 $\mathscr{N} = \{1, 2, 3, 4\}$，每个传感器节点对应的广义邻居节点集合分别为：$\phi_1 = \{\varphi_{1,1} = 1, \varphi_{1,2} = 2, \varphi_{1,4} = 4\}$，$\phi_2 = \{\varphi_{2,1} - 1, \varphi_{2,2} = 2, \varphi_{2,3} = 3, \varphi_{2,4} = 4\}$，$\phi_3 = \{\varphi_{3,2} = 2, \varphi_{3,3} = 3, \varphi_{3,4} = 4\}$，$\phi_4 = \{\varphi_{4,1} = 1, \varphi_{4,2} = 2, \varphi_{4,3} = 3, \varphi_{4,4} = 4\}$。

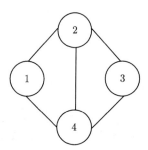

图 9.1　传感器网络信息交互拓扑图

在本节仿真中，定常时滞设为 $\tau = 1$，传感器网络线性随机时滞系统 (9.1) 和 (9.2) 中其他相对应的参数如下所示：

$$A = \begin{bmatrix} 0.2792 & -0.0502 & 0.0158 & 0.3534 \\ 4.1993 & 1.2016 & 0.4645 & -2.0554 \\ 1.6791 & 0.1698 & 0.6617 & -1.3274 \\ 0.0977 & 0.0099 & 0.0819 & 0.9247 \end{bmatrix}$$

$$A_d = \begin{bmatrix} 0.1231 & 0.0102 & 0.0214 & 0 \\ 0 & 0.0101 & 0 & 0 \\ 0 & 0 & 0.3654 & 0 \\ 0 & 0 & 0 & 0.0124 \end{bmatrix}$$

$$B = \begin{bmatrix} 0.0111 & 0.0366 \\ 0.3577 & -0.0936 \\ -0.3736 & 0.3097 \\ -0.0213 & 0.0176 \end{bmatrix}, \quad C_1 = C_3 = \begin{bmatrix} 1 & 0 & 0 & 0 \\ 0 & 1 & 0 & 0 \\ 0 & 0 & 1 & 0 \end{bmatrix}$$

$$C_2 = C_4 = I_4, \qquad F_1 = F_3 = \begin{bmatrix} 0.3111 \\ 0.3577 \\ 0.3736 \end{bmatrix}$$

$$F_2 = F_4 = \begin{bmatrix} 0.3661 \\ 0.3936 \\ 0.3097 \\ 0.3176 \end{bmatrix}, \qquad R_w = 0.0001 I_4$$

$$R_{v1} = R_{v3} = 0.0002 I_3, \qquad R_{v2} = R_{v4} = 0.0002 I_4$$

假设间歇故障在时刻 $k = 150$ 时在第三个传感器上发生，间歇故障的模型如图 9.2所示。从图中可以看出，间歇故障被建模为具有不确定幅值、发生时刻和消失时刻的多个方波的组合，其中，间歇故障活跃时间和间隔时间的最小值为 $\tau_{\min} = 30$。为了精确地检测间歇故障的发生时刻和消失时刻，引入滑动时间窗口 $\Delta k = 5$ 构造截断式残差。进一步，在系统 (9.1) 中考虑状态反馈控制器 $u(k) = Kx(k)$，控制增益 K 设为

$$K = \begin{bmatrix} -10.8660 & -2.1641 & -0.2137 & 17.8447 \\ -18.5818 & -3.1598 & -3.5041 & -0.0938 \end{bmatrix}$$

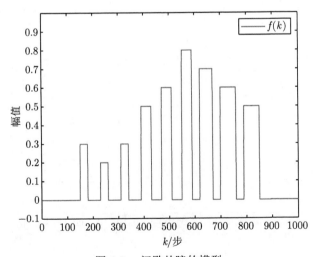

图 9.2 间歇故障的模型

根据传感器自身和其相邻节点的测量信息，根据式 (9.9)，本节构造了四组 Luenberger 观测器来检测和定位间歇故障。为了简化计算过程，两个假设检验的

显著性水平均设为 $\alpha_{i,\,j} = 0.05$。根据 9.3 节所提出的间歇故障检测和定位方法，选择第一个传感器节点的阈值 $J_{\text{th}1,\,-1} = 0.0892$ 来检测和定位间歇故障。

通过引入滑动时间窗口 Δk 和标量残差生成向量 $\Lambda_{i,\,-j}$，所构造的标量截断式残差如图 9.3 所示。在图 9.3(a) 中，残差 $\Lambda_{1,\,-1}r_{1,\,-1}(k,\,\Delta k)$、$\Lambda_{1,\,-2}r_{1,\,-2}(k,\,\Delta k)$ 和 $\Lambda_{1,\,-4}r_{1,\,-4}(k,\,\Delta k)$ 从未超出检测阈值 $J_{\text{th}1,\,-1}$，这是因为第三个传感器节点不是第一个传感器节点的广义邻居节点。也就是说，在构造第一个节点的残差时没有用到第三个传感器中的间歇故障信息。然而，节点 3 是其余几个节点的广义邻居节点，分别包含于节点集合 ϕ_2、ϕ_3 和 ϕ_4。因此在图 9.3(b) 中，只有一个残差 $\Lambda_{2,\,-3}r_{2,\,-3}(k,\,\Delta k)$ 在零附近很小的范围内波动且从未超出检测阈值，这是由于相应的故障信息被所提方法进行了解耦。进一步地，基于对图 9.3(c) 和图 9.3(d) 同样的分析，可以确定传感器节点 3 发生间歇故障。

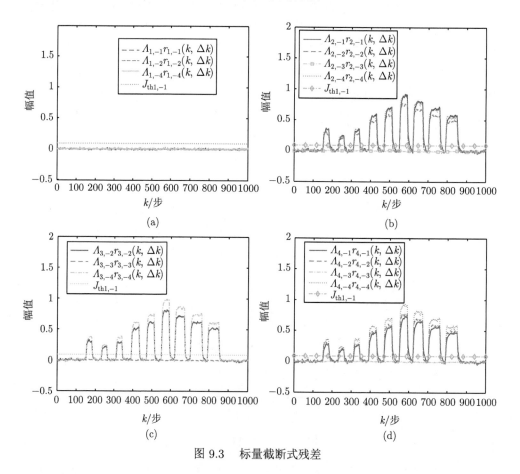

图 9.3   标量截断式残差

根据间歇故障检测和定位的结果,我们选择故障节点对应的残差 $\Lambda_{3,-2} r_{3,-2}(k, \Delta k)$ 和残差 $\Lambda_{3,-4} r_{3,-4}(k, \Delta k)$ 来检测间歇故障的发生时刻和消失时刻,检测示意图如图 9.4所示。通过比较这两个残差对应的间歇故障检测结果,选择较小值作为最终的检测结果,如图 9.5和表 9.1所示。从间歇故障的检测结果可以看出,本章所提方法能够检测间歇故障的所有发生时刻和消失时刻,进一步地,本章所提方法能够满足传感器网络线性随机时滞系统的间歇故障检测要求。

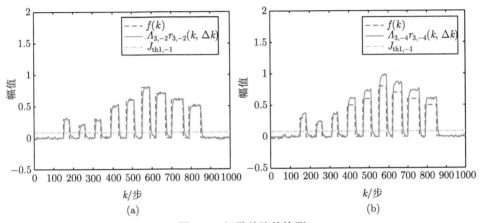

图 9.4 间歇故障的检测

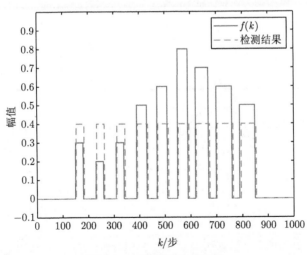

图 9.5 间歇故障检测结果

为了进一步说明所提方法的有效性,利用未引入滑动时间窗口的传统残差 $\Lambda_{3,-2} r_{3,-2}(k)$ 和 $\Lambda_{3,-4} r_{3,-4}(k)$ 同本章所提方法对间歇故障的检测进行了仿真对比。传统残差检测间歇故障的示意图如图 9.6所示。当间歇故障在时刻 $k = 150$

发生后，传统残差 $\Lambda_{3,-2}r_{3,-2}(k)$ 和 $\Lambda_{3,-4}r_{3,-4}(k)$ 都能够迅速超出检测阈值，说明间歇故障可以通过传统残差进行定位。但是，当间歇故障消失后，由于传统残差受到时滞误差的影响，残差的回落速度较慢，无法及时地检测到间歇故障的消失时刻。在图 9.6 中，间歇故障的第六个消失时刻产生漏报，从而影响下一个故障发生时刻和消失时刻的检测，随着时间的推移，传统残差对间歇故障的检测失效，由此更加说明本章所提方法的优越性。

表 9.1　间歇故障检测时刻列表

故障序号	故障状态	实际值	检测值
1	发生	150	153
	消失	180	184
2	发生	230	233
	消失	260	264
3	发生	310	313
	消失	340	344
4	发生	390	393
	消失	430	434
5	发生	470	473
	消失	510	516
6	发生	550	553
	消失	590	595
7	发生	620	623
	消失	670	675
8	发生	700	703
	消失	760	765
9	发生	790	796
	消失	850	855

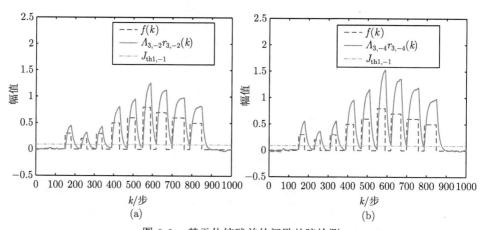

图 9.6　基于传统残差的间歇故障检测

注释 9.6 与传统传感器网络故障检测方法相比较,本章所提间歇故障检测方法具有以下几点显著特征:①间歇故障具有不确定的发生时刻和消失时刻;②基于传感器节点自身和其邻居节点的测量信息设计了带有滑动时间窗口的截断式残差;③通过比较截断式残差和检测阈值的相对位置关系,实现了故障节点的准确定位;④提出两个假设检验分别检测间歇故障的发生时刻和消失时刻。

9.6 本 章 小 结

本章针对一类传感器网络线性离散随机时滞系统,研究了其间歇故障检测和定位问题。首先,利用提升方法,将具有定常时滞的线性离散随机系统转化为一个新的无时滞系统,并将传感器网络对应节点的故障分量进行抽离、解耦,以此来实现间歇故障的定位。为了准确检测传感器网络中的间歇故障,利用传感器相邻节点和节点自身的测量信息,设计了具有滑动时间窗口的标量截断式残差。此外,提出两个假设检验分别检测间歇故障的发生时刻和消失时刻,并在随机分析框架下分析了间歇故障的可检测性。最后,通过一个仿真例子验证了所提方法的有效性。

参 考 文 献

[1] Dong H, Wang Z D, Ding S X, et al. A survey on distributed filtering and fault detection for sensor networks[J]. Mathematical Problems in Engineering, 2014: 1-7.

[2] Nandi M, Dewanji A, Roy B, et al. Model selection approach for distributed fault detection in wireless sensor networks[J]. International Journal of Distributed Sensor Networks, 2014, 10(1): 444-447.

[3] Zhang W B, Han G J, Feng Y X, et al. A novel method for node fault detection based on clustering in industrial wireless sensor networks[J]. International Journal of Distributed Sensor Networks, 2015, 11(7): 1-9.

[4] Li W, Wang Z, Wei G, et al. A survey on multisensor fusion and consensus filtering for sensor networks[J]. Discrete Dynamics in Nature and Society, 2015, doi:10.1155/2015/683701.

[5] Zhang Z Y, Mehmood A, Shu L, et al. A survey on fault diagnosis in wireless sensor networks[J]. IEEE Access, 2018, 6: 10349-10364.

[6] Mehmood A, Alrajeh N, Mukherjee M, et al. A survey on proactive, active and passive fault diagnosis protocols for WSNs: Network operation perspective[J]. Sensors, 2018, 18(6): Art.no.1787.

[7] Zhang H, Liu J, Kato N. Threshold tuning-based wearable sensor fault detection for reliable medical monitoring using Bayesian network model[J]. IEEE Systems Journal, 2018, 12 (2): 1886-1896.

[8]　Wang N, Wang J, Xu X. A trust-based formal model for fault detection in wireless sensor networks[J]. Sensors, 2019, 19(8): Art.no.1916.

[9]　Gao Y, Xiao F, Liu J, et al. Distributed soft fault detection for interval type-2 fuzzy-model-based stochastic systems with wireless sensor networks[J]. IEEE Transactions on Industrial Informatics, 2019, 15(1): 334-347.

[10]　Wang S, Jiang Y, Li Y. Distributed H_∞ consensus fault detection for uncertain T-S fuzzy systems with time-varying delays over lossy sensor networks[J]. Asian Journal of Control, 2018, 20(6): 2171-2184.

[11]　Ju Y, Wei G, Ding D, et al. Event-triggered distributed fault detection over sensor networks in finite-frequency domain[J]. IET Control Theory and Applications, 2020, 13(14): 2261-2269.

[12]　Ju Y, Wei G, Ding D, et al. A novel fault detection method under weighted try-once-discard scheduling over sensor networks[J]. IEEE Transactions on Control of Network Systems, 2020, 7(3): 1489-1499.

[13]　Sun Y Q, Feng H L. Intermittent faults diagnosis in wireless sensor networks[C]. 2nd International Conference on Intelligent Structure and Vibration Control, Chongqing, 2012: 318-322.

[14]　华昕佳, 张帅, 李凤荣, 等. 带状无线传感器网络间歇性故障检测 [J]. 计算机工程, 2015, 41(12): 119-124,129.

[15]　Mahapatro A, Panda A K. Choice of detection parameters on fault Detection in wireless sensor networks: A multiobjective optimization approach[J]. Wireless Personal Communications, 2014, 78(1): 649-669.

[16]　Niu Y, Sheng L, Gao M, et al. Distributed intermittent fault detection for linear stochastic systems over sensor networks[J]. IEEE Transactions on Cybernetics, 2022, 52(9):9208-9218.

[17]　Richard J P. Time-delay systems: An overview of some recent advances and open problems[J]. Automatica, 2003, 39(10): 1667-1694.

[18]　顾洲, 张建华, 杜黎龙. 一类具有间歇性执行器故障的时滞系统的容错控制 [J]. 控制与决策, 2011, 26(12): 1829-1834.

[19]　Patel H R, Shah V A. Passive fault-tolerant tracking for nonlinear system with intermittent fault and time delay[J]. IFAC-Papers on Line, 2019, 52(11): 200-205.

[20]　Sun S, Dai J, Cai Y, et al. Fault estimation and tolerant control for discrete-time nonlinear stochastic multiple-delayed systems with intermittent sensor and actuator faults[J]. International Journal of Robust and Nonlinear Control, 2020, 30(16): 6761-6781.

[21]　Zhang S, Sheng L, Gao M. Intermittent fault detection for delayed stochastic systems over sensor networks[J]. Journal of the Franklin Institute, 2021, 358(13): 6878-6896.

[22]　Zhang S, Sheng L, Gao M, et al. Intermittent fault detection for discrete-time linear stochastic systems with time delay[J]. IET Control Theory and Applications, 2020, 14(3): 511-518.

[23] Chen M, Xu G, Yan R, et al. Detecting scalar intermittent faults in linear stochastic dynamic systems[J]. International Journal of Systems Science, 2015, 46(8): 1-12.

[24] Yan R, He X, Wang Z, et al. Detection, isolation and diagnosability analysis of intermittent faults in stochastic systems[J]. International Journal of Control, 2018, 91(2): 480-494.

[25] 张森, 盛立, 高明. 具有时变时滞的线性离散随机系统的间歇故障检测 [J]. 控制理论与应用, 2021, 38(6): 806-814.

[26] Yan R Y, He X, Zhou D H, et al. Detection of intermittent faults for linear stochastic systems subject to time-varying parametric perturbations[J]. IET Control Theory and Applications, 2016, 10(8): 903-910.

[27] Chen J, Patton R J. Robust Model-based Fault Diagnosis for Dynamic Systems[M]. Berlin: Springer, 1999.

第 10 章　线性时变随机系统的间歇故障检测

10.1　引　　言

现实中人多数系统的本质可以划分为线性时变系统和非线性系统，如化学反应过程和冶炼工程。线性时变模型和轨迹线性化技术可以有效近似非线性系统，因此线性时变系统是一种更适用于实际工程的模型。由于时变系统的系数矩阵可以实时更新，而现有的针对定常系统的诊断结果不能直接应用于时变系统，因此本章主要针对线性时变系统进行分析。

自滚动时域估计方法被提出以来，由于其具有处理约束条件、滚动优化以及在线实时应用等特点，在各个领域得到广泛应用。滚动时域估计 (MHE) 算法是基于优化的估计算法，其特点为通过最小化包含过去输出信息和先验信息的代价函数，得到递推的估计状态。早期 Thomas[1] 将 MHE 算法应用于无约束型线性系统进行讨论。Zou 等 [2-4] 利用 MHE 算法对具有网络化现象 (丢包、量化、通信协议等) 的系统进行状态估计，并分析动态估计误差的有界性。在 MHE 算法中，其成本函数的设计对估计误差系统的稳定性十分重要，其相关设计方法引起了众多学者的普遍关注。Ling 等 [5] 和 Rao 等 [6] 对其估计误差稳定的初步条件进行了讨论，Rao 等 [7] 给出了非线性滚动时域估计和约束线性滚动时域估计误差的稳定性条件。

由于数字处理技术的日益普及，大量的状态估计算法被广泛应用于实际工艺过程。而故障会对实际过程酿成极其严重的后果，因此故障检测尤为重要，故 MHE 算法逐渐被考虑用于故障检测。文献 [8] 中，Niu 等首次对传感器网络系统进行间歇故障检测，利用 MHE 算法对线性系统进行状态估计，其次设计残差实现检测与分离功能。

基于模型的故障检测技术包括基于观测器的方法、等价空间法和参数估计法。等价空间法最早在 1980 年提出后，大量的等价空间故障检测方法相继出现 [9,10]，它的核心是利用有限时间窗口内的系统输入和输出数据的等价关系来生成残差。由于其残差存在能完全从初始状态解耦的优势，基于等价空间方法的故障检测的研究在过去几十年得到了广泛的发展 [11-13]。文献 [14] 针对线性定常系统利用等价空间关系进行故障检测。Zhong 等 [15] 基于等价空间方法对线性离散时变系统进行故障估计。另外有文献在未知输入完全解耦的条件下，将基于等价空间的线性时变系统故障检测技术推广到线性周期系统，得到了周期变化的等价向量。

基于上述讨论，本章分别基于 MHE 算法和等价空间方法对线性离散时变系统进行间歇故障检测。在第一个方法中，通过修改 MHE 成本函数的权值矩阵来避免间歇故障的拖尾效应，继而基于统计理论设计残差以分析可检测性；在第二个方法中，利用一段时间内输入输出的等价关系构造一组残差，进而基于假设检验方法检测间歇故障的发生时刻和消失时刻，最后分别通过数值仿真，验证两种方法的可行性。

10.2 基于 MHE 的间歇故障检测

10.2.1 问题描述

考虑以下线性离散时变系统：

$$\begin{cases} x(k+1) = A(k)x(k) + B(k)w(k) \\ y(k) = C(k)x(k) + D(k)v(k) + F(k)f(k) \end{cases} \tag{10.1}$$

式中，$x(k) \in \mathbb{R}^{n_x}$ 表示状态变量；$y(k) \in \mathbb{R}^{n_v}$ 表示测量输出；$w(k) \in \mathbb{R}^{n_w}$、$v(k) \in \mathbb{R}^{n_v}$ 表示互不相关的零均值高斯白噪声，其协方差矩阵为 R_w、R_v；$f(k) \in \mathbb{R}$ 表示间歇故障；$A(k)$、$B(k)$、$C(k)$、$D(k)$、$F(k)$ 分别表示已知的具有适当维数的时变矩阵。

间歇故障 $f(k)$ 满足以下形式：

$$f(k) = \sum_{p=1}^{\infty} (\Gamma(k - k_{p,\,1}) - \Gamma(k - k_{p,\,2})) m_p(k) \tag{10.2}$$

式中，$\Gamma(\cdot)$ 为离散阶跃函数；$k_{p,\,1}$、$k_{p,\,2}$ 分别表示间歇故障的发生时刻和消失时刻；m_p 表示第 p 次间歇故障的幅值。另外，定义 $d_{p,\,1} = k_{p,\,2} - k_{p,\,1}$ 为第 p 次间歇故障的持续时间；$d_{p,\,2} = k_{p,\,1} - k_{p-1,\,2}$ 为第 p 次间歇故障的间隔时间。

假设 10.1 间歇故障的幅值存在一个最小值，且持续时间和间隔时间存在一个下界 $d_{\min}$，即 $d_{\min} = \min\{d_{p,\,1},\, d_{p,\,2}\}$。

注释 10.1 故障幅值较低时不会影响系统性能，进而无法检测故障。同时根据历史数据可知间歇故障一般具有有限的活跃时间和间隔时间，因此假设合理。

10.2.2 滚动时域估计

基于上述时变系统，利用 MHE 算法进行状态估计。定义滚动时域窗口长度为 τ，在 $k \geqslant \tau$ 时刻，利用窗口内的测量输出估计系统的状态。

构造二次代价函数如下：

$$J(k) = \left\|\hat{\hat{x}}(k-\tau|k) - \hat{x}(k-\tau|k)\right\|^2_{P(k)}$$

$$+ \sum_{t=0}^{\tau} \|y(k-t) - \hat{y}(k-t|k)\|^2_{Q(k)} \tag{10.3}$$

式中，权重矩阵 $P(k) \geqslant 0$、$Q(k) \geqslant 0$ 为半正定矩阵；$\hat{\hat{x}}(k-\tau|k)$ 为 $k-\tau$ 时刻状态的先验估计值，其计算公式为 $\hat{\hat{x}}(k-\tau|k) = A(k-\tau-1)\hat{x}(k-\tau-1)$；$\hat{x}(k-\tau|k)$ 为待求的估计值；$\hat{y}(k-t|k)$ 为输出的估计值，计算公式为 $\hat{y}(k-t|k) = C(k-t)\hat{x}(k-t|k)$。并定义构造窗口内的测量输出和估计输出，将二次代价函数转换为式 (10.4)：

$$J(k) = \left\|\hat{\hat{x}}(k-\tau|k) - \hat{x}(k-\tau|k)\right\|^2_{P(k)} + \|\tilde{y}(k) - S(k)\hat{x}(k-\tau|k)\|^2_{\tilde{Q}(k)} \tag{10.4}$$

式中，$\tilde{Q}(k) = \text{diag}\{Q(k-\tau), Q(k-\tau+1), \cdots, Q(k)\}$。通过求解如下优化问题：

$$\hat{x}(k-\tau) = \arg\min_{\hat{x}(k-\tau|k)} J(k) \tag{10.5}$$

最终得状态估计值如式 (10.6) 所示：

$$\hat{x}(k-\tau) = (P(k) + S^{\mathrm{T}}(k)\tilde{Q}(k)S(k))^{-1}(P(k)\hat{\hat{x}}(k-\tau|k)$$

$$+ S^{\mathrm{T}}(k)\tilde{Q}(k)\tilde{y}(k)) \tag{10.6}$$

推导过程如下。

定义窗口内的真实测量输出值和估计输出值如式 (10.7) 和式 (10.8) 所示：

$$\tilde{y}(k) = S(k)x(k-\tau) + L_W(k)\bar{w}(k) + L_V(k)\bar{v}(k) + L_F(k)\bar{f}(k) \tag{10.7}$$

$$\hat{\tilde{y}}(k) = S(k)\hat{x}(k-\tau|k) \tag{10.8}$$

式中

$$L_F(k) = \text{diag}\{F(k-\tau), F(k-\tau+1), \cdots, F(k)\}$$

$$L_W(k) = \begin{bmatrix} 0 & \cdots & 0 & 0 \\ C(k-\tau+1)B(k-\tau) & \cdots & 0 & 0 \\ \vdots & & \vdots & \vdots \\ C(k)A(k-1)\cdots A(k-\tau+1)B(k-\tau) & \cdots & C(k)B(k-1) & 0 \end{bmatrix}$$

$$L_V(k) = \text{diag}\{D(k-\tau), D(k-\tau+1), \cdots, D(k)\}$$

$$
\bar{w}(k) = \begin{bmatrix} w(k-\tau) \\ w(k-\tau+1) \\ \vdots \\ w(k) \end{bmatrix}, \quad \bar{v}(k) = \begin{bmatrix} v(k-\tau) \\ v(k-\tau+1) \\ \vdots \\ v(k) \end{bmatrix}
$$

$$
\bar{f}(k) = \begin{bmatrix} f(k-\tau) \\ f(k-\tau+1) \\ \vdots \\ f(k) \end{bmatrix}
$$

利用二次代价函数求解状态估计最优值, 如式 (10.9) 所示:

$$
\frac{\partial J(k)}{\partial \hat{x}(k-\tau|k)} \, |\hat{x}(k-\tau) = 0 \tag{10.9}
$$

联立式 (10.4) 与式 (10.9), 得状态估计值如式 (10.10) 所示:

$$
\hat{x}(k-\tau)
$$
$$
= (P(k) + S^{\mathrm{T}}(k)\tilde{Q}(k)S(k))^{-1}(P(k)\hat{\bar{x}}(k-\tau|k) + S^{\mathrm{T}}(k)\tilde{Q}(k)\tilde{y}(k)) \tag{10.10}
$$

推导完毕。

为解决间歇故障的拖尾效应, 需要合理设计 $P(k)$ 和 $Q(k)$。首先定义先验估计状态 $\hat{\bar{x}}(k-\tau|k)$ 的不可靠指数 $\rho(k)$:

$$
\rho(k) = \|\sigma(k)\|^2 = \|\tilde{y}(k) - \tilde{\bar{y}}(k|k)\|^2 \tag{10.11}
$$

定义 $\hat{\bar{y}}(k-\tau|k) = C(k-\tau)\hat{\bar{x}}(k-\tau|k)(0 \leqslant t \leqslant \tau)$ 为测量输出的先验估计值, 进一步可写出窗口内的先验估计输出值, 如下所示:

$$
\tilde{\bar{y}}(k) = S(k)\hat{\bar{x}}(k-\tau|k) \tag{10.12}
$$

式中, $\tilde{\bar{y}}(k) = \begin{bmatrix} \hat{\bar{y}}^{\mathrm{T}}(k-\tau) & \hat{\bar{y}}^{\mathrm{T}}(k-\tau+1) & \cdots & \hat{\bar{y}}^{\mathrm{T}}(k) \end{bmatrix}^{\mathrm{T}}$。

定义 $\sigma(k)$ 如式 (10.13) 所示:

$$
\sigma(k) = \tilde{y}(k) - \tilde{\bar{y}}(k|k)
$$
$$
= S(k)x(k-\tau) + L_W(k)\bar{w}(k) + L_V(k)\bar{v}(k) + L_F(k)\bar{f}(k) - S(k)\hat{\bar{x}}(k-\tau|k)
$$
$$
= S(k)\bar{e}(k-\tau) + L_W(k)\bar{w}(k) + L_V(k)\bar{v}(k) + L_F(k)\bar{f}(k) \tag{10.13}
$$

由于 MHE 算法是利用 $k-1$ 时刻的最优估计得到 k 时刻的先验估计，继而得到 k 时刻的最优估计，故 k 时刻的状态会受到 $k-1$ 时刻的故障的影响，即具有拖尾效应。为了抑制拖尾效应，需要适当地丢弃不可靠的先验估计值。在实际应用中难以直接得到先验估计误差，因此选择 $\rho(k)$ 来反映先验估计误差，进而反映先验估计值的不可靠程度。当 $\rho(k)$ 很大时，先验估计误差也很大，此时需要丢弃对应的先验估计状态。

建立以下规则设计 $P(k)$、$Q(k)$ 矩阵：

$$\begin{cases} (1)\, \rho(k) \geqslant \bar{\rho}, \ P(k) = 0, \ Q(k) = I \\ (2)\, \rho(k) < \bar{\rho}, \ P(k) = \beta(k)I, \ Q(k) = (1 - \beta_i(k))I \end{cases} \tag{10.14}$$

式中，$\beta(k) = (\bar{\rho} - \rho(k))/\bar{\rho}$。

对于第 (1) 种情况，即为先验估计状态完全不可靠的情况，选择 $P(k)$ 为 0，使得后验估计与先验估计状态无关。

对于第 (2) 种情况，此时先验估计误差在合理范围内，即先验估计状态 $\hat{x}(k - \tau | k)$ 接近真实状态 $x(k - \tau)$，故 $P(k)$ 不为 0，不等式中的 $\bar{\rho}$ 与过程噪声 $w(k)$ 和测量噪声 $v(k)$ 相关。此时 $P(k)$、$Q(k)$ 的取值依据 $\rho(k)$ 动态调节。

10.2.3　残差设计

定义

$$\varphi(k) = (P(k) + S^{\mathrm{T}}(k)\tilde{Q}(k)S(k))^{-1} \tag{10.15}$$

系统估计误差如式 (10.16) 所示：

$$e(k - \tau) = x(k - \tau) - \hat{x}(k - \tau) \tag{10.16}$$

估计误差与先验估计误差的关系如式 (10.17) 所示：

$$\begin{aligned} e(k - \tau) =& x(k - \tau) - \hat{x}(k - \tau) \\ =& x(k - \tau) - \varphi(k) \times (P(k)\hat{\bar{x}}(k - \tau|k) + S^{\mathrm{T}}(k)\tilde{Q}(k) \times (S(k)x(k - \tau) \\ & + L_W(k)\bar{w}(k) + L_V(k)\bar{v}(k) + L_F(k)\bar{f}(k))) \\ =& \varphi(k)P(k)\bar{e}(k - \tau) - \varphi(k)S^{\mathrm{T}}(k)\tilde{Q}(k) \times (L_W(k)\bar{w}(k) \\ & + L_V(k)\bar{v}(k) + L_F(k)\bar{f}(k)) \end{aligned} \tag{10.17}$$

相邻时刻估计误差的关系如式 (10.18) 所示：

$$\begin{aligned} e(k - \tau) =& \varphi(k)P(k)A(k - \tau - 1)e(k - \tau - 1) \\ & + \varphi(k)P(k)B(k - \tau - 1)w(k - \tau - 1) \end{aligned}$$

$$- \varphi(k)S^{\mathrm{T}}(k)\tilde{Q}(k)(L_W(k)\bar{w}(k) + L_V(k)\bar{v}(k) + L_F(k)\bar{f}(k)) \quad (10.18)$$

定义

$$\zeta(k) = \hat{x}(k - \tau) - A(k - \tau - 1)\hat{x}(k - \tau - 1) \quad\quad (10.19)$$

联立式 (10.18) 与式 (10.19)，得

$$\zeta(k) = x(k - \tau) - e(k - \tau) - A(k - \tau - 1)\left(x(k - \tau - 1) - e(k - \tau - 1)\right)$$

$$= H_E(k)e(k - \tau - 1) + H_W(k)\tilde{w}(k) + H_V(k)\bar{v}(k) + H_F(k)\bar{f}(k) \quad (10.20)$$

式中

$$H_E(k) = (I - \varphi(k)P(k))A(k - \tau - 1)$$

$$H_W(k) = [B(k - \tau - 1) - \varphi(k)P(k)B(k - \tau - 1) \quad \varphi(k)S^{\mathrm{T}}(k)\tilde{Q}(k)L_W(k)]$$

$$H_V(k) = \varphi(k)S^{\mathrm{T}}(k)\tilde{Q}(k)L_V(k), \quad\quad H_F(k) = \varphi(k)S^{\mathrm{T}}(k)\tilde{Q}(k)L_F(k)$$

$$\tilde{w}(k) = \begin{bmatrix} w(k - \tau - 1) \\ \bar{w}(k) \end{bmatrix}$$

进而得到

$$\zeta(k) = \Pi_E(k)\bar{e}(k - \tau - 1) + \Pi_W(k)\tilde{w}(k) + \Pi_V(k)\tilde{v}(k) + \Pi_F(k)\tilde{f}(k) \quad (10.21)$$

式中

$$\Pi_E(k) = H_E(k)\varphi(k - 1)P(k - 1)$$

$$\Pi_W(k) = H_W(k) - H_E(k)\varphi(k - 1)S^{\mathrm{T}}(k - 1)\tilde{Q}(k - 1)L_W(k - 1)[I_{n_w}, \ 0_{n_w \times n_w}]$$

$$\Pi_V(k) = H_V(k)[0_{n_v \times n_v}, I_{n_v}] - H_E(k)\varphi(k - 1)S^{\mathrm{T}}(k - 1)$$

$$\tilde{Q}(k - 1)L_V(k - 1)[I_{n_v}, \ 0_{n_v \times n_v}]$$

$$\Pi_F(k) = H_F(k)[0_{n_f} \times 0_{n_f}, \ I_{n_f}] - H_E(k)\varphi(k - 1)S^{\mathrm{T}}(k - 1)$$

$$\times \tilde{Q}(k - 1)L_F(k - 1)[I_{n_f}, \ 0_{n_f \times n_f}]$$

$$\tilde{v}(k) = \begin{bmatrix} v(k - \tau - 1) \\ \bar{v}(k) \end{bmatrix}, \quad\quad \tilde{f}(k) = \begin{bmatrix} f(k - \tau - 1) \\ \bar{f}(k) \end{bmatrix}$$

最终得 $\zeta(k)$ 如式 (10.22) 所示：

$$\zeta(k) = \Lambda_\sigma(k)\sigma(k - 1) + \Lambda_W(k)\tilde{w}(k) + \Lambda_V(k)\tilde{v}(k) + \Lambda_F(k)\tilde{f}(k) \quad (10.22)$$

式中

$$\Lambda_\sigma(k) = \Pi_E(k)S^\dagger(k-1)$$

$$\Lambda_W(k) = \Pi_W(k) - \Pi_E(k)S^\dagger(k-1)L_W(k-1)[I_{n_w}, \ 0_{n_w \times n_w}]$$

$$\Lambda_V(k) = \Pi_V(k) - \Pi_E(k)S^\dagger(k-1)L_V(k-1)[I_{n_v}, \ 0_{n_v \times n_v}]$$

$$\Lambda_F(k) = \Pi_F(k) - \Pi_E(k)S^\dagger(k-1)L_F(k-1)[I_{n_f}, \ 0_{n_f \times n_f}]$$

需在此说明，$\Lambda_\sigma(k)$、$\Lambda_W(k)$、$\Lambda_V(k)$、$\Lambda_F(k)$ 在每个时刻都已知。

在故障检测中，一般通过判断残差的变化来检测故障是否发生，因此，残差生成是故障检测的核心步骤。系统无故障时残差为零或接近于零，而有故障时会明显偏离零。

基于上述分析，设计残差生成器如式 (10.23) 所示：

$$\begin{aligned} r_1(k) &= \zeta(k) - \Lambda_\sigma(k)\sigma(k-1) \\ &= \Lambda_W(k)\tilde{w}(k) + \Lambda_V(k)\tilde{v}(k) + \Lambda_F(k)\tilde{f}(k) \end{aligned} \tag{10.23}$$

基于统计理论设计残差评价函数 $r(k)$ 如式 (10.24) 所示：

$$r(k) = \|r_1(k)\|^2_{R^{-1}(k)} \tag{10.24}$$

下面给出残差评价函数 $r(k)$ 具有的统计特性。

定理 10.1　当系统无故障时，残差评价函数 $r(k)$ 服从 $\chi^2(n_x)$ 分布。

证明　联立式 (10.23) 与式 (10.24)，得

$$\begin{aligned} r(k) &= \|r_1(k)\|^2_{R^{-1}(k)} \\ &= \left\| \Lambda_W(k)\tilde{w}(k) + \Lambda_V(k)\tilde{v}(k) + \Lambda_F(k)\tilde{f}(k) \right\|^2_{R^{-1}(k)} \end{aligned} \tag{10.25}$$

当间歇故障为 0 时，有

$$r_1(k) = \Lambda_W(k)\tilde{w}(k) + \Lambda_V(k)\tilde{v}(k) \tag{10.26}$$

$r_1(k)$ 均值为

$$\mathbb{E}\{r_1(k)\} = 0 \tag{10.27}$$

$r_1(k)$ 协方差为

$$\mathbb{E}\left\{r_1(k)r_1(k)^{\mathrm{T}}\right\} = R(k)$$

$$= \mathbb{E}\left\{\Lambda_W(k)\tilde{w}(k)\tilde{w}^{\mathrm{T}}(k)\Lambda_W{}^{\mathrm{T}}(k)\right\} + \mathbb{E}\left\{\Lambda_V(k)\tilde{v}(k)\tilde{v}^{\mathrm{T}}(k)\Lambda_V{}^{\mathrm{T}}(k)\right\}$$

$$= \Lambda_W(k)R_{\tilde{w}}\Lambda_W{}^{\mathrm{T}}(k) + \Lambda_V(k)R_{\tilde{v}}\Lambda_V{}^{\mathrm{T}}(k) \tag{10.28}$$

由于 $R(k)$ 为正定矩阵，则 $R^{-1}(k)$ 也为正定矩阵，可分解为两个非奇异矩阵的乘积：

$$R^{-1}(k) = L^{\mathrm{T}}(k)L(k) \tag{10.29}$$

进而 $r(k)$ 可表示为

$$
\begin{aligned}
r(k) &= \|r_1(k)\|_{R^{-1}(k)}^2 \\
&= r_1(k)^{\mathrm{T}}R^{-1}(k)r_1(k) \\
&= r_1(k)^{\mathrm{T}}L^{\mathrm{T}}(k)L(k)r_1(k) \\
&= (L(k)r_1(k))^{\mathrm{T}}L(k)r_1(k) \tag{10.30} \\
&= \alpha^{\mathrm{T}}(k)\alpha(k) = \sum_{i=1}^{n_x}\alpha_i^2 \tag{10.31}
\end{aligned}
$$

$\alpha(k)$ 均值为

$$\mathbb{E}\{\alpha(k)\} = 0 \tag{10.32}$$

$\alpha(k)$ 协方差为

$$
\begin{aligned}
\mathbb{E}\left\{\alpha(k)\alpha(k)^{\mathrm{T}}\right\} &= \mathbb{E}\left\{L(k)r_1(k)(L(k)r_1(k))^{\mathrm{T}}\right\} \\
&= L(k)\mathbb{E}\left\{r_1(k)r_1(k)^{\mathrm{T}}\right\}L^{\mathrm{T}}(k) \\
&= L(k)R(k)L^{\mathrm{T}}(k) \\
&= L(k)(L^{-1}(k)(L^{\mathrm{T}}(k))^{-1})L^{\mathrm{T}}(k) \\
&= I_{n_x \times n_x} \tag{10.33}
\end{aligned}
$$

证毕。

因此残差评价函数 $r(k)$ 服从 $\chi^2(n_x)$ 分布，即对于给定故障误报率 p，可利用卡方分布表设置阈值来检测间歇故障。

10.2.4　可检测性分析

与永久故障检测不同的是，间歇故障检测需要同时对故障的发生和消失进行有效检测，故其可检测性分为对故障发生时间和消失时间的检测两部分。

定义 10.1　　(1) 对发生时间的检测。

当时间 $k \in [k_{p,1} + \tau, \ k_{p,2}]$ 时，存在 $\Pr(r(k) \geqslant J_{\text{th1}}) \geqslant p_1$，称间歇故障的发生是概率意义下可检测的，其中，$1 - p_1$ 为漏报率。

(2) 对消失时间的检测。

当时间 $k \in [k_{p-1,2} + \tau, \ k_{p,1}]$ 时，存在 $\Pr(r(k) < J_{\text{th2}}) \geqslant p_2$，称间歇故障的消失是概率意义下可检测的，其中，$1 - p_2$ 为误报率。

当以上两个条件同时满足时，则称间歇故障是概率意义下可检测的。

定理 10.2　　对于给定的 p，间歇故障若满足概率意义下可检测，其自身还需满足以下三个充分条件：

$$\tau + 1 < d_{\min} \tag{10.34}$$

$$m_l(k) \geqslant \sqrt{\frac{4J(p, \ n_x)}{(\tau + 2) \left\| \Lambda_F^{\mathrm{T}}(k) R^{-1}(k) \Lambda_F(k) \right\|}} \tag{10.35}$$

$$\bar{m}_l \leqslant \min\{m_l(k)\} \tag{10.36}$$

证明　　在无故障发生时刻，即 $k \in [k_{p-1,2}, \ k_{p,1}]$，故障为 0。在有故障发生时刻，即 $k \in [k_{p,1}, \ k_{p,2}]$，间歇故障幅值满足 $\|f(k)\| \geqslant m_l(k)$，则存在一段时间 $k \in [k_{p,1} + \tau, k_{p,2}]$ 使得 $\left\| \tilde{f}(k) \right\|^2 \geqslant (\tau + 2)(\bar{m}_l)^2$，$\left\| \tilde{f}(k) \right\| \geqslant \sqrt{(\tau + 2)} \bar{m}_l$。

令 $\eta(k) = \sqrt{\|\Lambda_W(k)\tilde{w}(k) + \Lambda_V(k)\tilde{v}(k)\|_{R^{-1}(k)}^2}$，得

$$r(k) = \|r_1(k)\|_{R^{-1}(k)}^2$$

$$= \left\| \Lambda_W(k)\tilde{w}(k) + \Lambda_V(k)\tilde{v}(k) + \Lambda_F(k)\tilde{f}(k) \right\|_{R^{-1}(k)}^2$$

$$\geqslant \left(\left\| \Lambda_F(k)\tilde{f}(k) \right\|_{R^{-1}(k)} - \sqrt{\eta(k)} \right)^2$$

根据故障的幅值有下界，可以得到

$$\left\| \Lambda_F(k)\tilde{f}(k) \right\|_{R^{-1}(k)} \geqslant \sqrt{(\tau + 2)(\bar{m}_l)^2 \left\| \Lambda_F^{\mathrm{T}}(k) R^{-1}(k) \Lambda_F(k) \right\|}$$

$$\geqslant \sqrt{(\tau + 2) \left\| \Lambda_F^{\mathrm{T}}(k) R^{-1}(k) \Lambda_F(k) \right\|}$$

$$\cdot \sqrt{\frac{4J(p, \ n_x)}{(\tau + 2) \left\| \Lambda_F^{\mathrm{T}}(k) R^{-1}(k) \Lambda_F(k) \right\|}}$$

$$= 2\sqrt{J(p, \ n_x)}$$

根据卡方分布，有

$$\Pr\left(\eta(k) < J(p, \ n_x)\right) = p$$

所以

$$\Pr\left(\left\| \Lambda_F(k)\tilde{f}(k) \right\|_{R^{-1}(k)} - \sqrt{\eta(k)} > \left\| \Lambda_F(k)\tilde{f}(k) \right\|_{R^{-1}(k)} - \sqrt{J(p, \ n_x)} \right) = p$$

进而可得

$$\Pr\left(\left\| \Lambda_F(k)\tilde{f}(k) \right\|_{R^{-1}(k)} - \sqrt{\eta(k)} > \sqrt{J(p, \ n_x)} \right) \geqslant p$$

最终得到

$$\Pr\left\{ r(k) > \sqrt{J(p, \ n_x)} \right\} \geqslant p$$

证毕。

滚动时域窗口的长度小于故障持续时间和间隔时间的最小值，是为了确保可以在间歇故障消失之前检测到其发生时间，并且可以在下一个故障发生之前检测到上一个故障的消失时间。

故障的幅值存在一个最小界。因为有故障时的残差是由故障和噪声同时决定的，需确保发生故障时刻的残差大于设定的阈值，才可有效检测到每一个故障的发生时间。而对于故障的幅值，无上界的要求，因为故障消失时，残差会迅速减小到阈值以下，故可及时检测到消失时间。

10.2.5 仿真分析

为验证给定方法的有效性，本节给出了一个数值仿真，考虑的线性离散时变系统如下所示：

$$\begin{cases} x(k+1) = A(k)x(k) + B(k)w(k) \\ y(k) = C(k)x(k) + D(k)v(k) + F(k)f(k) \end{cases} \tag{10.37}$$

式中，状态向量 $x(k)$ 为四维向量；输出变量 $y(k)$ 为四维向量；$w(k)$ 为过程噪声；$v(k)$ 为测量噪声。假设 $w(k)$、$v(k)$ 都是已知的零均值的高斯白噪声，其方差为

R_w、R_v。系统中其他参数矩阵分别为

$$A(k) = \begin{bmatrix} 0.9605 & 0.0197 & 0.0985 & 0.007\sin(k) \\ 0.0491 & 0.9507 & 0.0016\cos(k) & 0.0979 \\ -0.7812 & 0.3873 & 0.9565 & 0.0196 \\ 0.9654 & -0.9720 & 0.0490 & 0.9410 \end{bmatrix}$$

$$D(k) = \begin{bmatrix} 1 & 0 & 0 & 0 \\ 0 & 1 & 0 & 0 \\ 0 & 0 & 1 & 0 \\ 0 & 0 & 0 & 1 \end{bmatrix}, \quad B(k) = \begin{bmatrix} 0.0198 & 0.0002 \\ 0.0002 & 0.0494 \\ 0.3939 & 0.0066 \\ 0.0066 & 0.9786 \end{bmatrix}$$

$$C(k) = \begin{bmatrix} 1 & 0 & 0 & 0 \\ 0 & 1 & -0.1+\cos(k) & 0 \\ 0 & 0 & 1 & 0 \\ 0 & 0 & 0 & 1 \end{bmatrix}, \quad F(k) = \begin{bmatrix} 0.9 \\ 0.3 \\ 0.6 \\ 1 \end{bmatrix}$$

间歇故障选择（图 10.1）如下所示：

$$f(k) = \begin{cases} 8, & k \in [20,\ 80] \\ 9, & k \in [110,\ 200] \\ 10, & k \in [240,\ 310] \\ 9.5, & k \in [350,\ 410] \\ 9, & k \in [430,\ 470] \end{cases} \tag{10.38}$$

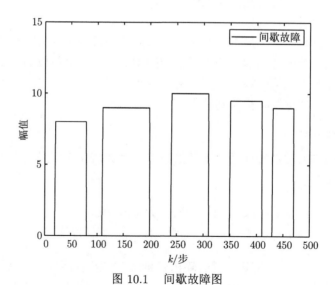

图 10.1　间歇故障图

选定滚动时域长度 τ 为 3，根据对故障可检测性的分析，查阅卡方分布表，可以得到故障检测阈值为 0.711，则本节设计的残差对间歇故障进行实时检测的效果如图 10.2所示，该方法可以有效检测到间歇故障。由图中基于 MHE 的残差评价函数和阈值的比较可以得到，当间歇故障发生时，残差评价函数可以快速地超出阈值；当间歇故障消失时，残差评价函数也可以快速下降到阈值以下。这表明残差可以在间歇故障消失之前检测到其发生，并且可以在下一个故障发生之前检测到上一个故障的消失。

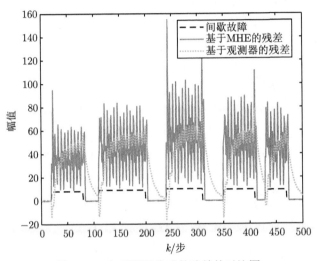

图 10.2 与观测器生成的残差的对比图

为了更好地说明本节方法，对该系统基于龙伯格观测器设计残差检测间歇故障，由图 10.2可以看出该方法检测的拖尾现象严重，当故障消失的时候，残差下降极为缓慢，无法快速下降到阈值以下，即无法有效检测到间歇故障的消失，进而也会影响下一个间歇故障发生时刻的检测。

综上所述，该方案可以更有效地检测出间歇故障。

10.3 基于等价空间法的间歇故障检测

10.3.1 问题描述

考虑如下线性离散时变系统：

$$\begin{cases} x(k+1) = A(k)x(k) + B(k)u(k) + w(k) \\ y(k) = C(k)x(k) + v(k) + F(k)f(k) \end{cases} \tag{10.39}$$

式中，$x(k) \in \mathbb{R}^{n_x}$ 表示状态变量；$y(k) \in \mathbb{R}^m$ 表示测量输出；$f(k) \in \mathbb{R}$ 表示标量间歇故障；$w(k) \in \mathbb{R}^{n_x}$、$v(k) \in \mathbb{R}^m$ 为互不相关的均值为 0 的高斯白噪声，其协方差矩阵为 R_w、R_v；$A(k)$、$B(k)$、$C(k)$、$F(k)$ 分别为具有适当维数的已知的时变矩阵。不失一般性，假设 $C(k)$ 行满秩。间歇故障的形式如 10.2 节所述，其发生具有重复性，且发生时刻和消失时刻是不确定的。

假设 10.2　间歇故障幅值的最小值定为 $|f(k)| \geqslant \bar{m}_l$，间歇故障的持续时间 $d_{p,1}$ 和 $d_{p,2}$ 存在一个下界 $d_{\min}$，即 $d_{\min} = \min\{d_{p,1}, d_{p,2}\}$。

对系统 (10.39)，采用等价空间法，滑动时间窗口为 $s(0 < s < d_{\min})$，在该窗口内滚动数据，继而实现递归式处理。

对任意给定 $s > 0$，定义

$$y_s(k) = \begin{bmatrix} y(k-s) \\ \vdots \\ y(k-1) \\ y(k) \end{bmatrix}, \quad w_s(k) = \begin{bmatrix} w(k-s) \\ \vdots \\ w(k-1) \\ w(k) \end{bmatrix}, \quad v_s(k) = \begin{bmatrix} v(k-s) \\ \vdots \\ v(k-1) \\ v(k) \end{bmatrix}$$

$$f_s(k) = \begin{bmatrix} f(k-s) \\ \vdots \\ f(k-1) \\ f(k) \end{bmatrix}, \quad u_s(k) = \begin{bmatrix} u(k-s) \\ \vdots \\ u(k-1) \\ u(k) \end{bmatrix}$$

窗口内的测量输出如式 (10.40) 所示：

$$\begin{aligned} y_s(k) = &H_s(k)x(k-s) + H_u(k)u_s(k) \\ &+ H_w(k)w_s(k) + H_v(k)v_s(k) + H_f(k)f_s(k) \end{aligned} \tag{10.40}$$

式中

$$H_s(k) = \begin{bmatrix} C(k-s) \\ \vdots \\ C(k-1)A(k-2)\cdots A(k-s) \\ C(k)A(k-1)\cdots A(k-s) \end{bmatrix}$$

$$H_f(k) = \text{diag}\{F(k-s), F(k-s+1), \cdots, F(k)\}$$

$$H_w(k) = \begin{bmatrix} 0 & \cdots & 0 & 0 \\ C(k-s+1) & \cdots & 0 & 0 \\ \vdots & & \vdots & \vdots \\ C(k)A(k-1)\cdots A(k-s+1) & \cdots & C(k) & 0 \end{bmatrix}$$

$$H_v(k) = \begin{bmatrix} I & 0 & 0 & 0 \\ 0 & I & 0 & 0 \\ 0 & 0 & \ddots & 0 \\ 0 & 0 & 0 & I \end{bmatrix}$$

$$H_u(k) = \begin{bmatrix} 0 & \cdots & 0 & 0 \\ C(k-s+1)B(k-s) & \cdots & 0 & 0 \\ \vdots & & \vdots & \vdots \\ C(k)A(k-1)\cdots A(k-s+1)B(k-s) & \cdots & C(k)B(k-1) & 0 \end{bmatrix}$$

10.3.2 残差设计

在时间窗口 $[k-s, \ k]$ 中，$y_s(k)$、$u_s(k)$ 是已知的，构建变量如式 (10.41) 所示：

$$
\begin{aligned}
r_0(k) &= y_s(k) - H_u(k)u_s(k) \\
&= H_s(k)x(k-s) + H_w(k)w_s(k) + H_v(k)v_s(k) + H_f(k)f_s(k)
\end{aligned}
\tag{10.41}
$$

假设 10.3

$$n_x < (s+1)m \tag{10.42}$$

注释 10.2 根据线性系统理论，当 $s \geqslant n_x$ 时，存在 $\mathrm{rank}(H_s(k)) \leqslant n_x < (s+1)m$，此即为基于等价关系的残差生成的基本思想。此时至少存在一个向量 $M(k)(\neq 0)$，使式 (10.43) 成立：

$$M^{\mathrm{T}}(k)H_s(k) = 0 \tag{10.43}$$

满足式 (10.43) 的向量 $M(k)$ 即为等价向量，而等价向量的选取对残差生成器的性能表现有决定性影响，接下来定义 $P_s(k) = \{ M(k) | \, M(k)H_s(k) = 0 \}$ 为 s 阶的等价空间。

由此，基于等价空间法设计的残差如下所示：

$$r_1(k) = M^{\mathrm{T}}(k)(H_w(k)w_s(k) + H_v(k)v_s(k) + H_f(k)f_s(k)) \tag{10.44}$$

该残差仅受高斯白噪声、间歇故障的影响。接下来基于统计理论分析残差特性，引入具有适当维数的行向量 $\varepsilon(k)$，建立标量化残差如下所示：

$$r(k) = \varepsilon(k)r_1(k)$$

$$= \varepsilon(k)M^{\mathrm{T}}(k)(H_w(k)w_s(k) + H_v(k)v_s(k) + H_f(k)f_s(k)) \tag{10.45}$$

基于该标量残差的统计特性变化，提出假设检验来分别检测间歇故障的发生时刻和消失时刻。

10.3.3　间歇故障的检测

由于间歇故障的发生时间、消失时间与持续时间均不确定，故其检测要求更高。当间歇故障为 0，即滑动时间窗口不截断间歇故障时，残差只与噪声有关，又因噪声均值为 0，方差确定，故此时 $r(k)$ 服从高斯分布。

$r(k)$ 均值为

$$\mathbb{E}\{r(k)\} = 0 \tag{10.46}$$

$r(k)$ 方差为

$$\sigma^2(k) = \varepsilon(k)M^{\mathrm{T}}(k)H_w(k)R_{w_s}H_w^{\mathrm{T}}(k)M^{\mathrm{T}}(k)\varepsilon^{\mathrm{T}}(k)$$

$$+ \varepsilon(k)M^{\mathrm{T}}(k)H_v(k)R_{v_s}H_v^{\mathrm{T}}(k)M^{\mathrm{T}}(k)\varepsilon^{\mathrm{T}}(k) \tag{10.47}$$

因此故障为 0 时，残差服从的分布为

$$r(k) \sim N(0,\ \sigma^2(k)) \tag{10.48}$$

此时方差 $\sigma^2(k)$ 为已知的情况，故利用置信区间进行假设检验，若假设值在置信区间内，则接受原假设；若假设值在置信区间外，则拒绝原假设。对于间歇故障的发生时刻 $\hat{k}_{q,\,1}$，$\hat{k}_{q,\,1} = k_{q,\,1} + \inf\varphi$，其中 φ 为满足间歇故障可检测条件的 s 取值的集合，已知 s 后，就可知间歇故障实际检测时间的延迟，则发生时刻可利用以下假设检验来检测：

$$\begin{cases} H_0^a: & |\mathbb{E}\{r(k)\}| = 0 \\ H_1^a: & |\mathbb{E}\{r(k)\}| \neq 0 \end{cases} \tag{10.49}$$

对于给定的显著性水平 γ，可得发生时刻的检测接受域为

$$V_1(k) = (-H_{\frac{\gamma}{2}}\sigma(k),\ H_{\frac{\gamma}{2}}\sigma(k)) \tag{10.50}$$

即在此接受域内，接受原假设，系统无故障发生。此时间歇故障发生时刻的检测阈值为 $\pm H_{\frac{\gamma}{2}}\sigma(k)$。

当间歇故障不为 0 时，$r(k)$ 均值会发生变化，根据间歇故障幅值最小值定义 $|f(k)| \geqslant \bar{m}_l$。定义一个元素全为 1 的列向量 $\alpha \in \mathbb{R}^{(s+1) \times 1}$，则 $\omega(k) = |\varepsilon(k)M(k) H_f(k)\alpha\bar{m}_l|$，$\omega(k)$ 即为发生故障时对应残差的均值的最小值。

对于间歇故障的消失时刻 $\hat{k}_{q,\,2} = k_{q,\,2} + \inf \varphi$，可由以下的假设检验来检测：

$$\begin{cases} H_0^d: & |\mathbb{E}\{r(k)\}| \geqslant \omega(k) \\ H_1^d: & |\mathbb{E}\{r(k)\}| < \omega(k) \end{cases} \tag{10.51}$$

给定显著性水平 ϑ，得消失时刻的检测接受域为

$$V_2(k) = (-\infty, \ -\omega(k) + H_\vartheta \sigma(k)) \cup (\omega(k) - H_\vartheta \sigma(k), \ +\infty) \tag{10.52}$$

在此接受域内，接受原假设，系统有故障发生。此时间歇故障消失时刻的检测阈值为 $\pm(\omega(k) - H_\vartheta \sigma(k))$。

两个接受域不存在交集，即

$$V_1(k) \cap V_2(k) = \varnothing \tag{10.53}$$

注释 10.3　　上述检测采用了两个假设检验，故导致两个接受域可能存在交集的情况，继而影响间歇故障检测。故应令两个接受域不存在交集。

定义 10.2　　对于给定条件，若 $V_1(k) \cap V_2(k) = \varnothing$，且对任意 $q \in N$，$\hat{k}_{q,\,1}$ 和 $\hat{k}_{q,\,2}$ 都存在，则称间歇故障的发生时刻和消失时刻均是可检测的。

由 $V_1(k) \cap V_2(k) = \varnothing$，得 $H_{\frac{\gamma}{2}} \sigma(k) < \omega(k) - H_\vartheta \sigma(k)$，即

$$\left(H_{\frac{\gamma}{2}} + H_\vartheta\right)\sigma(k) < \omega(k) \tag{10.54}$$

令 $\theta(k) = H_w(k)R_{w_s}H_w^{\mathrm{T}}(k) + H_v(k)R_{v_s}H_v^{\mathrm{T}}(k)$，得间歇故障可检测的条件，即故障的幅值满足的条件为

$$H_{\frac{\gamma}{2}} + H_\vartheta < \left| \frac{\varepsilon(k)M^{\mathrm{T}}(k)H_f(k)\alpha\bar{m}_l}{\sqrt{\varepsilon(k)M^{\mathrm{T}}(k)\theta(k)M(k)\varepsilon^{\mathrm{T}}(k)}} \right|_{\min}$$

10.3.4　仿真分析

为验证给定方法的有效性，本节给出了一个数值案例，考虑的线性离散时变系统如下所示：

$$\begin{cases} x(k+1) = A(k)x(k) + B(k)u(k) + w(k) \\ y(k) = C(k)x(k) + v(k) + F(k)f(k) \end{cases} \tag{10.55}$$

式中，状态向量 $x(k)$ 为四维向量；输出变量 $y(k)$ 为四维向量；$w(k)$ 为过程噪声；$v(k)$ 为测量噪声，假设 $w(k)$、$v(k)$ 都是已知的零均值的高斯白噪声，其方差为

R_w、R_v。系统中其他参数矩阵分别为

$$A(k) = \begin{bmatrix} -0.075 & -2.05 & 0 & -12.16 \\ 0.0009 & -0.196\cos(k) & 0.9896 & 0 \\ 0.0002 & -0.1454 & 0.1677+\dfrac{0.2k}{k+1} & 0 \\ 0 & 0 & 1 & 0 \end{bmatrix}, \quad F(k) = \begin{bmatrix} 1.2 \\ 0.8 \\ 1 \\ 0.2 \end{bmatrix}$$

$$B(k) = \begin{bmatrix} -1.15 & 0 & -2.466+\sin(k) & 4.32 \\ -0.01 & -0.005 & -0.018 & -0.008 \\ 0.335 & -0.042 & -0.042 & 0.0135 \\ 0 & 0 & 0 & 0 \end{bmatrix}, \quad C(k) = \begin{bmatrix} 1 & 0 & 0 & 0 \\ 0 & 1 & 0 & 0 \\ 0 & 0 & 1 & 0 \\ 0 & 0 & 0 & 1 \end{bmatrix}$$

间歇故障选择 (图 10.3) 如下所示：

$$f(k) = \begin{cases} 3.5, & k \in [20,\ 80] \\ 3, & k \in [110,\ 200] \\ 2.5, & k \in [240,\ 310] \\ 3, & k \in [350,\ 410] \\ 2, & k \in [430,\ 470] \end{cases} \tag{10.56}$$

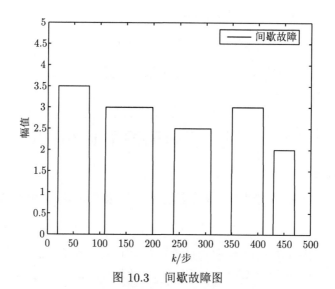

图 10.3　间歇故障图

滑动窗口长度 s 为 3，建立残差对间歇故障检测，选取假设检验的显著性水平 γ、ϑ 均为 0.05，得到间歇故障发生时间和消失时间的检测阈值如图 10.4中虚

线所示。由仿真结果可知，该方法可以有效检测到间歇故障。由图 10.4 中基于等价空间法的残差评价函数和阈值的比较可以看出，当间歇故障出现时，残差评价函数可以快速地超出阈值；当间歇故障消失时，残差评价函数也可以快速下降到阈值以下。这表明残差可以在间歇故障消失之前检测到其发生，并且可以在下一个故障发生之前检测到上一个故障的消失。

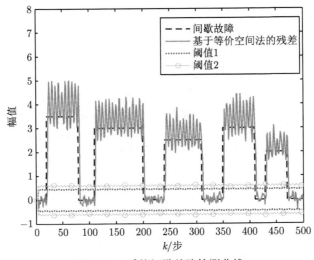

图 10.4　　系统间歇故障检测曲线

再对该时变系统基于普通龙伯格观测器设计残差，检测间歇故障，结果如图 10.5 所示，可以看出该检测方法的拖尾现象严重，虽然间歇故障发生时，残差会

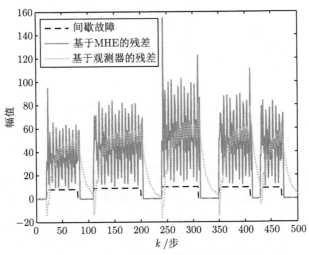

图 10.5　　与观测器生成的残差的对比图

快速超出阈值，但当故障消失的时候，残差下降极为缓慢，无法快速下降到阈值以下，即无法有效检测到间歇故障的消失，进而也会影响下一个间歇故障发生时刻的检测。经过对比，可以看出本节设计方法能够更有效地检测间歇故障。

10.4　本 章 小 结

本章主要针对线性离散时变系统进行间歇故障检测。在 10.2 节中，为了抑制拖尾效应，利用滚动时域状态估计方法的估计结果，生成了一种新的残差，然后基于卡方检测设置残差评价函数检测间歇故障，其中阈值根据统计理论中的 χ^2 分布表设置。最后通过与龙伯格观测器的检测效果进行比较，验证了该方法可以有效检测间歇故障。在 10.3 节中，采用等价空间方法，设计了等价向量，并给出了可将状态变量解耦的秩条件，基于假设检验的方法对间歇故障的发生时刻和消失时刻分别进行检测和分析，最后通过与龙伯格观测器的检测效果进行比较，验证了该方法的有效性。

参 考 文 献

[1] Thomas Y A. Linear quadratic optimal estimation and control with receding horizon[J]. Electronics Letters, 1975, 11(1): 19-21.

[2] Zou L, Wang Z, Han Q L, et al. Moving horizon estimation for networked time-delay systems under round-robin protocol[J]. IEEE Transactions on Automatic Control, 2019, 64(12): 5191-5198.

[3] Zou L, Wang Z, Han Q L, et al. Moving horizon estimation of networked nonlinear systems with random access protocol[J]. IEEE Transactions on Systems, Man, and Cybernetics: Systems, 2021, 51(5): 2937-2948.

[4] Zou L, Wang Z, Hu J, et al. Moving horizon estimation with unknown inputs under dynamic quantization effects[J]. IEEE Transactions on Automatic Control, 2020, 65(12): 5368-5375.

[5] Ling K V, Lim K W. Receding horizon recursive state estimation[J]. IEEE Transactions on Automatic Control, 1999, 44(9): 1750-1753.

[6] Rao C V, Rawlings J B. Nonlinear moving horizon state estimation[J]. Birkhuser Basel, 2000: 45-69.

[7] Rao C V, Rawlings J B, Lee J H. Stability of constrained linear moving horizon estimation[C]. American Control Conference, San Diego, 1999: 3387-3391.

[8] Niu Y, Sheng L, Gao M, et al. Distributed intermittent fault detection for linear stochastic systems over sensor network[J]. IEEE Transactions on Cybernetics, 2022, 52(9): 9208-9218.

[9] Frank P M, Ding X. Survey of robust residual generation and evaluation methods in observer-based fault detection systems[J]. Journal of Process Control, 1997, 7(6): 403-424.

[10] Mangoubi S R, Edelmayer M A. Model based fault detection: The optimal past, the robust present and a few thoughts on the future[C]. IFAC Proceedings Volumes, 2000, 33(11): 65-76.

[11] Wang Y, Gao B, Chen H. Data-driven design of parity space-based FDI system for AMT vehicles[J]. IEEE/ASME Transactions on Mechatronics, 2014, 20(1): 405-415.

[12] Odendaal H M, Jones T. Actuator fault detection and isolation: An optimised parity space approach[J]. Control Engineering Practice, 2014, 26(5): 222-232.

[13] Varrier S, Koenig D, Martinez J J. A parity space-based fault detection on LPV systems: Approach for vehicle lateral dynamics control system[C]. IFAC Proceedings Volumes, 2012, 45(20): 1191-1196.

[14] Gertler J J. Fault detection and diagnosis in engineering systems[J]. Control Engineering Practice, 2002, 10(9): 1037-1038.

[15] Zhong M, Ding S X, Han Q L, et al. Parity space-based fault estimation for linear discrete time-varying systems[J]. IEEE Transactions on Automatic Control, 2010, 55(7): 1726-1731.

第 11 章　非线性随机系统的间歇故障检测

11.1　引　　言

为了增强系统可靠性和安全性，在过去几十年中，已经有大量的文献研究了故障诊断技术，这些研究结果已经应用到许多行业，包括化工行业、航空航天、电力行业等 [1-3]。不同于永久故障，间歇故障的发生和消失具有随机性 [4]。在检测间歇故障消失的时刻时，残差往往受先前时刻故障和估计误差的影响，在间歇故障消失一段时间后才稳定到阈值水平以下，即具有拖尾效应。前面章节已经从不同方面介绍了线性系统的间歇故障检测方法，无论传感器间歇故障还是执行器间歇故障，都可以通过构造合适的残差实现间歇故障检测，避免出现拖尾效应。此外，含未知扰动系统、含时滞系统、分布式系统的间歇故障检测问题也得到了研究，通过对系统进行合适的处理，并从残差中提取故障信息，间歇故障的拖尾效应问题可以得到有效解决。目前，利用定性或定量分析方法，已经得到了一些间歇故障检测的研究结果 [5-9]。

然而，非线性普遍存在于动态系统中，如传感器饱和导致的非线性、三角函数形式的非线性以及状态相乘形式的非线性等。尽管在非线性随机系统的状态估计方面，扩展卡尔曼滤波 (Extended Kalman Filtering, EKF)[10]、粒子滤波 (Particle Filtering, PF)[11,12] 和强跟踪滤波 (Strong Tracking Filtering, STF)[13] 等方法能够应对大多数情况下的状态估计问题，但是基于估计器难以构造合适的残差生成器，使得残差对间歇故障的消失时刻敏感，导致非线性系统的间歇故障检测变得异常困难。线性系统的间歇故障检测主要用到截断残差法和等价空间法，然而，这两种残差生成方法对于非线性系统不再适用，主要表现为：① 应用 EKF、UKF 等滤波器，容易构造截断残差，将估计误差的低阶项与间歇故障解耦，但实际上故障发生后，EKF、UKF 等线性化算法的估计误差引起的高阶项误差变得不可忽略，而高阶项误差难以解耦，所以当系统非线性较强时，截断残差法具有理论缺陷；②等价空间法直接利用线性变换构造解耦了状态信息的残差，避免了滤波器的设计，对于非线性方程，不存在合适的线性变换来构造这样的残差，因此也不适用。

通过分析拖尾效应的产生机理可知，故障引起估计误差变大，若不将残差中的估计误差解耦，当故障消失时估计误差需要一段时间才能收敛到稳定值，最终引起拖尾效应。因此若可以使得估计误差始终稳定在某个界限以下，也可以实现消失时刻的快速检测, 本章基于此思想引出了一种新的间歇故障检测机制, 并实现了非线性随机系统的间歇故障检测。本章主要内容包括: 介绍了一种基于滚动时域估计理论的间歇故障检测方法, 通过设计滚动时域估计器, 实现了非线性随机系统的状态估计, 进而通过构造的残差实现间歇故障的检测[14]。

11.2 基于 MHE 的非线性随机系统间歇故障检测

11.2.1 问题描述

考虑如下含间歇故障的非线性随机系统

$$
\begin{cases}
x(k+1) = g(x(k)) + w(k) + Ff(k) \\
y(k) = h(x(k)) + v(k) + Gf(k)
\end{cases}
\tag{11.1}
$$

式中, $x(k) \in \mathbb{R}^{n_x}$, $y(k) \in \mathbb{R}^{n_v}$ 和 $f(k) \in \mathbb{R}^{n_f}$ 分别是状态向量、测量输出和故障信号; $w(k) \in \mathbb{R}^{n_v}$ 和 $v(k) \in \mathbb{R}^{n_f}$ 是不相关的零均值高斯白噪声, 协方差分别为 R_w 和 R_v; F 和 G 是已知的常值矩阵; $g(\cdot)$ 和 $h(\cdot)$ 是已知的非线性函数。并假设间歇故障满足如下形式:

$$
f(k) = \sum_{s=1}^{\infty} (\Theta(k - k_{s,\,1}) - \Theta(k - k_{s,\,2})) m_s(k)
\tag{11.2}
$$

式中, $k_{s,\,1}$ 和 $k_{s,\,2}$ 是未知的间歇故障发生时刻和消失时刻; $\Theta(\cdot)$ 是阶跃函数。令 $d_{s,\,1} = k_{s,\,2} - k_{s,\,1}$, $d_{s,\,2} = k_{s+1,\,1} - k_{s,\,2}$, 并假设存在常数 $\bar{d}_1 \geqslant 0$ 和 $\bar{d}_2 \geqslant 0$, 满足 $\bar{d}_1 \leqslant d_{s,\,1}$ 和 $\bar{d}_2 \leqslant d_{s,\,2}$, 则称这两个常数分别为间歇故障的最小活跃时间和非活跃时间。

定义如下间歇故障的可检测性。

定义 11.1 若存在残差 $r(k)$ 满足如下两个条件:

(1) 存在常数 $0 \leqslant \tau_1 \leqslant \bar{d}_1$ 使得对于所有的 $k \in [k_{s,\,1} + \tau_1,\ k_{s,\,2})$, $(s \in \mathbb{N}^+)$ 满足 $r(k) \geqslant J_{\text{th},\,1}$, 其中, $J_{\text{th},\,1}$ 是故障发生时刻的检测阈值, $k_{s,\,1} + \tau_1$ 是 $r(k)$ 检测到的第 s 个发生时刻;

(2) 存在常数 $0 \leqslant \tau_2 \leqslant \bar{d}_2$ 使得对于所有的 $k \in [k_{s,\,2} + \tau_2,\ k_{s+1,\,1})$, $(s \in \mathbb{N}^+)$ 满足 $r(k) < J_{\text{th},\,2}$, 其中, $J_{\text{th},\,2}$ 是故障消失时刻的检测阈值, $k_{s,\,2} + \tau_2$ 是 $r(k)$ 检测到的第 s 个消失时刻。那么, 称间歇故障是可检测的。

根据前面内容分析可知, 尽管可以依据 EKF 和 UKF 等算法构造残差, 但是对于非线性较强的系统, 难以抑制拖尾效应的发生。下面通过一个例子对此进行说明。定义 $x(k) = [x_1(k) \quad x_2(k)]^T$, $g(x(k)) = [g(x_1(k)) \quad g(x_2(k))]^T$, 有如下非线性系统:

$$g_1(x(k)) = 0.89x_1(k) + 0.1x_2(k) - 0.11\sin(x_1(k)x_2(k))$$

$$g_2(x(k)) = 0.9x_2(k) - 0.2x_1(k) + 0.01\cos(x_2(k)^2)$$

$$h(x(k)) = 0.5x_1(k) + x_2(k)$$

另外, 定义 $F = [2 \quad 0]^{\mathrm{T}}$; $G = 0$; $R_w = 0.05^2 I$; $R_v = 0.05^2$。间歇故障给定如下:

$$f(k) = \begin{cases} f_a, & k \in [50 \quad 70] \cup [85 \quad 105] \cup [120 \quad 150] \cup [165 \quad 203] \\ & \quad\quad \cup [215 \quad 203] \cup [255 \quad 270] \\ 0, & \text{其他} \end{cases}$$

基于 UKF 构造的残差定义为 $r(k) = y(k) - h(\hat{x}(k))$, 并定义残差统计量 $J(k) = r(k)^{\mathrm{T}}r(k)$。其对间歇故障的检测结果有明显拖尾效应, 如图 11.1(a) 和图 11.1(b) 所示。

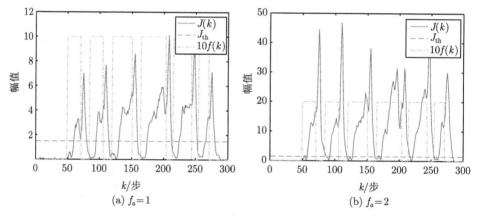

图 11.1　间歇故障检测结果

11.2.2　间歇故障检测算法

下面介绍一种具有动态权值的滚动时域状态估计 (Moving Horizon Estimation with Dynamic Weight Matrices, MHEDWM) 算法。通过选取一段时间窗口 N $(N < \min(\bar{d}_1, \bar{d}_2))$, 使得当 $k \geqslant N$ 时, 系统状态 $x(k-N)$ 通过过去一段时刻的测量值 $y(k-i)(1 \leqslant i \leqslant N)$ 来估计出来, 这就是滚动时域估计的思想。为了设计滚动时域估计器, 定义 $\hat{x}(k-N)$ 和 $\bar{x}(k-N|k) = g(\hat{x}(k-N-1))$ 分别是系统状态 $x(k-N)$ 的后验估计和先验估计, 并构建如下二次型代价函数 (QCF):

$$\mathcal{F}(k, \hat{x}(k-N|k)) = \|\hat{x}(k-N|k) - \bar{x}(k-N|k)\|^2_{P(k)}$$

$$+ \sum_{i=0}^{N} \|y(k-i) - \hat{y}(k-i|k)\|^2_{Q(k)} \tag{11.3}$$

式中, $P(k)$ 和 $Q(k)$ 是待设计的加权矩阵; $\hat{y}(k-i|k) = h(\hat{x}(k-i|k))(0 \leqslant i \leqslant N)$。上述代价函数反映了后验估计的准确程度, 受随机噪声的影响, 后验估计准确性大体与代价函数正相关。因此, 求解后验估计转化为求解如下最优问题:

$$\hat{x}(k-N) = \arg \min_{\hat{x}(k-N|k)} \mathcal{F}(k, \hat{x}(k-N|k)) \tag{11.4}$$

为了动态调节权重, 定义如下不可靠指数:

$$\rho(k) = \|\sigma(k)\|^2 \tag{11.5}$$

式中

$$\sigma(k) = Y(k) - \bar{Y}(k|k)$$

$$Y(k) = [y^{\mathrm{T}}(k-N) \quad y^{\mathrm{T}}(k-N+1) \quad \cdots \quad y^{\mathrm{T}}(k)]^{\mathrm{T}}$$

$$\bar{Y}(k|k) = [\bar{y}^{\mathrm{T}}(k-N|k) \quad \bar{y}^{\mathrm{T}}(k-N+1|k) \quad \cdots \quad \bar{y}^{\mathrm{T}}(k|k)]^{\mathrm{T}}$$

$$\bar{y}(k-i|k) = h(\bar{x}(k-i|k)), \qquad 0 \leqslant i \leqslant N$$

为了避免间歇故障的拖尾效应, 需要适当地丢弃不可靠的先验信息 $\bar{x}(k-N|k)$, 这里通过调节权重 $P(k)$ 和 $Q(k)$ 来达到这个目的。建立如下动态权重调节机制。

(1) 若 $\rho(k) \leqslant \underline{\rho}$, 则 $P(k) = I$, $Q(k) = 0$。

(2) 若 $\rho(k) \geqslant \bar{\rho}$, 则 $P(k) = 0$, $Q(k) = I$。

(3) 若 $\underline{\rho} \leqslant \rho(k) \leqslant \bar{\rho}$, 则 $P(k) = \beta(k)I$, $Q(k) = (1-\beta(k))I$, 其中 $\beta(k) = (\bar{\rho} - \rho(k))/(\bar{\rho} - \underline{\rho})$。

式中, $\bar{\rho} > \underline{\rho} > 0$ 是给定的常数, 其大小与随机噪声有关。

注释 11.1 由于先验估计结果在传统的状态估计方法中 (如卡尔曼滤波、扩展卡尔曼滤波等) 具有重要意义, 传统估计方法在间歇故障消失时, 先验估计仍然对估计结果有影响, 因此检测间歇故障消失时刻的关键在于合理丢弃先验估计, 此处通过 $\rho(k)$ 作为检验先验估计可靠性的指标, 通过 $\rho(k)$ 动态调节 $P(k)$ 和 $Q(k)$, 达到调节先验估计对后验估计影响的目的。

定义 $g^{(i)}(x) = g(g^{(i-1)}(x))(i \in \mathbb{N}^+)$ 和 $g^{(0)}(x) = x$, 有

$$\hat{x}(k-N+i|k) = g^{(i)}(\hat{x}(k-N|k) \tag{11.6}$$

进而 QCF 有如下形式:

$$\mathcal{F}(k, \hat{x}(k-N|k)) = \|\hat{x}(k-N|k) - \bar{x}(k-N|k)\|^2_{P(k)} + \|Y(k) - \hat{Y}(k|k)\|^2_{\hat{Q}(k)} \tag{11.7}$$

式中

$$\tilde{Q}(k) = \mathrm{diag}\{\underbrace{Q(k), \quad \cdots, \quad Q(k)}_{N+1}\}$$

$$\hat{Y}(k|k) = [y^{\mathrm{T}}(k-N) \quad \cdots \quad y^{\mathrm{T}}(k)]^{\mathrm{T}}$$

可以发现，最优问题 (11.4) 的解和非线性函数 $g(\cdot)$、$h(\cdot)$ 有关，对此问题难以求得解析解，这里应用粒子群优化算法来求解此问题的近似解 $\hat{x}^o(k-N)$，并定义如下残差：

$$r(k) = \hat{x}^o(k-N) - g(\hat{x}^o(k-N-1)) \tag{11.8}$$

以及评价函数和间歇故障检测阈值为

$$J(k) = \sum_{l=0}^{L-1} \|r(k-l)\|^2 \tag{11.9}$$

$$J_{\mathrm{th}} = \sup \quad J(k) \tag{11.10}$$

式中，L 是给定的一段时间，满足 $N + L < \max\{\bar{d}_1 + 1, \ \bar{d}_2 + 1\}$。则间歇故障 $f(k)$ 通过以下方式检验：

(1) 若 $J(k) \geqslant J_{\mathrm{th}}$，则间歇故障发生，报警；

(2) 若 $J(k) < J_{\mathrm{th}}$，则无间歇故障发生。

整理 IF 检测算法如下。

算法 11.1　(1) 给定 $\bar{\rho}$ 和 $\underline{\rho}$，根据 $\bar{d}_1$ 和 $\bar{d}_2$ 选择 N 和 L，给定 IF 检测阈值 J_{th}。

(2) 若 $k > N + L$，计算 $\rho(k)$，权值矩阵 $P(k)$ 和 $Q(k)$，否则，执行步骤 (6)。

(3) 根据 $P(k)$，$Q(k)$，$\bar{x}(k-N|k)$ 和 $y(k-i)(i = 0, 1, \cdots, N)$ 计算式 (11.3) 所示 QCF。

(4) 通过粒子群优化算法求解最优问题 (11.4) 的次优解 $\hat{x}^o(k-N)$。

(5) 计算残差 $r(k)$ 和残差评价函数 $J(k)$，判断间歇故障是否发生。

(6) 令 $k = k + 1$，返回步骤 (2)。

11.2.3　仿真分析

仿真采用 11.2.1节中所给系统。此外，给定 $\bar{\rho} = 0.1$，$\underline{\rho} = 0.001$，$N = 4$，$L = 3$，$x(0) = [-1 \ \ 1]^{\mathrm{T}}$。通过多次仿真测试，将间歇故障的检测阈值设定为 $J_{\mathrm{th}} = 0.016$。仍然按照 11.2.1节加入间歇故障，MHE 估计的结果如图 11.2(a) 和图 11.2(b) 所示，间歇故障的检测结果如图 11.3(a) 和图 11.3(b) 所示。具有动态权值的 MHE 根据

可靠性指标合理地丢弃先验信息，所得状态估计结果更接近系统的真实状态，另外，通过选取合适的窗口长度，也可以提高估计精度，如图 11.4(a) 和图 11.4(b) 所示。

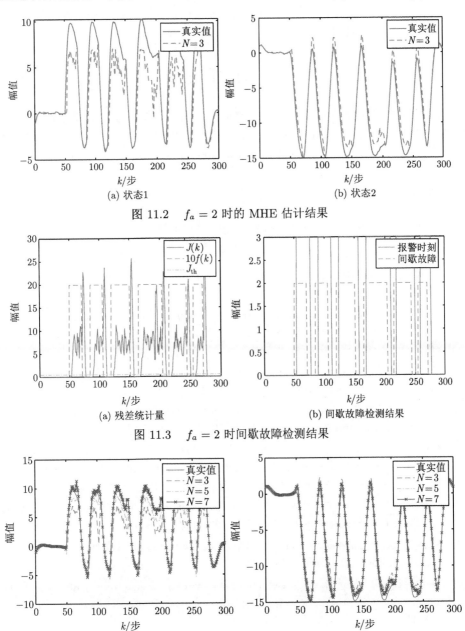

(a) 状态1

(b) 状态2

图 11.2　$f_a = 2$ 时的 MHE 估计结果

(a) 残差统计量

(b) 间歇故障检测结果

图 11.3　$f_a = 2$ 时间歇故障检测结果

(a) 状态1

(b) 状态2

图 11.4　$N = 3，5，7$ 时的 MHE 估计结果

当估计准确时，即 $\hat{x}^o(k-N) \approx x(k-N)$，有残差 $r(k-N) = \hat{x}^o(k-N) - g(\hat{x}^o(k-N-1)) \approx g(x(k-N-1)) + f(k) - g(\hat{x}^o(k-N-1)) \approx f(k)$，可以使得残差对间歇故障更敏感。因此，所提方法的间歇故障检测结果优于 11.2.1 节所示基于 UKF 的检测结果。

11.3　本 章 小 结

本章针对非线性随机系统的间歇故障检测问题，给出了一种基于滚动时域估计的间歇故障检测方法。通过计算先验估计的可靠性指标，动态调节滚动时域估计成本函数的权值矩阵，有效抑制了间歇故障的拖尾效应。通过数值仿真，验证了此方法的有效性。

参 考 文 献

[1] Fazai R, Mansouri M, Abodayeh K, et al. Online reduced kernel PLS combined with GLRT for fault detection in chemical systems[J]. Process Safety and Environmental Protection, 2019, 128: 228-243.

[2] Mandal S, Santhi B, Sridhar S, et al. Sensor fault detection in nuclear power plants using symbolic dynamic filter[J]. Annals of Nuclear Energy, 2019, 134: 390-400.

[3] Shen Q, Yue C, Goh C H, et al. Active fault-tolerant control system design for spacecraft attitude maneuvers with actuator saturation and faults[J]. IEEE Transactions on Industrial Electronics, 2019, 66(5): 3763-3772.

[4] Rashid L, Pattabiraman K, Gopalakrishnan S. Characterizing the impact of intermittent hardware faults on programs[J]. IEEE Transactions on Reliability, 2015, 64(1): 297-310.

[5] Constantinescu C. Intermittent faults and effects on reliability of integrated circuits[C]. 2008 Annual Reliability and Maintainability Symposium, Las Vegas, 2008: 370-374.

[6] Correcher A, Garcia E, Morant F, et al. Intermittent failure dynamics characterization[J]. IEEE Transactions on Reliability, 2012, 61(3): 649-658.

[7] Kim C. Electromagnetic radiation behavior of low-voltage arcing fault[J]. IEEE Transactions on Power Delivery, 2009, 24(1): 416-423.

[8] Yan R, He X, Wang Z, et al. Detection, isolation and diagnosability analysis of intermittent faults in stochastic systems[J]. International Journal of Control, 2018, 91(2): 480-494.

[9] Yan R, He X, Zhou D. Detecting intermittent sensor faults for linear stochastic systems subject to unknown disturbance[J]. Journal of the Franklin Institute, 2016, 353(17): 4734-4753.

[10] Wang T, Liu L, Zhang J, et al. A M-EKF fault detection strategy of insulation system for marine current turbine[J]. Mechanical Systems and Signal Processing, 2019, 115: 269-280.

[11] Yin S, Zhu X. Intelligent particle filter and its application to fault detection of nonlinear system[J]. IEEE Transactions on Industrial Electronics, 2015, 62(6): 3852-3861.

[12] Daroogheh N, Meskin N, Khorasani K. A dual particle filter-based fault diagnosis scheme for nonlinear systems[J]. IEEE Transactions on Control Systems Technology, 2018, 26(4): 1317-1334.

[13] Xuan Q, Fang H, Liu X. Strong tracking filter-based fault diagnosis of networked control system with multiple packet dropouts and parameter perturbations[J]. Circuits Systems & Signal Processing, 2015, 35(7): 1-20.

[14] Niu Y C, Sheng L, Gao M, et al. Intermittent fault detection for nonlinear stochastic systems[J]. IFAC Papers OnLine, 2020, 53(2): 694-698.

第 12 章 实 验 验 证

12.1 三容水箱系统的间歇泄漏故障检测实验

12.1.1 引言

　　三容水箱系统是典型的闭环控制实验设备之一，被广泛应用于大学实验室和研究所。三容水箱不仅可以作为液位控制实验平台，而且可以用来研究故障检测问题。三容水箱由于设计简单，操作方便，在自动化专业课程中得到了广泛的应用。但是，目前针对三容水箱的故障检测问题涉及的大部分都是永久故障，研究间歇故障的较少。此外，如前面内容所述，闭环系统的间歇故障诊断问题还没有得到足够的关注，目前针对实际闭环控制系统的间歇故障实验结果鲜有报道。为了缩短前面内容所提间歇故障诊断理论与实际应用之间的差距，本章基于真实的三容水箱实验平台研究间歇故障诊断问题。

　　TTS20 三容水箱液位控制系统由三容水箱、信号控制箱和上位机三部分组成，其水箱实物图如图 12.1 所示。三个水箱上均连接有泄漏控制阀和阻塞控制阀，且阀门均可手动操作，通过调节阀门的开度可以模拟不同幅值的泄漏故障和管道阻塞故障。本章基于 TTS20 三容水箱实验平台，设计了一种在闭环控制策略下检测三容水箱间歇泄漏故障的方法，并给出了基于仿真数据和真实测量数据的间歇故障检测结果。

图 12.1　TTS20 三容水箱实物图

12.1.2 三容水箱建模及故障分析

本实验所研究的实验对象是由德国 IGS 公司研发的 TTS20 三容水箱液位控制系统，该系统的结构如图 12.2 所示。该装置由三个有机玻璃柱 T_1、T_2 和 T_3 组成，分别称为水箱 1、水箱 2 和水箱 3。它们底部由横截面面积为 S_n 的圆柱管两两串联连接。水箱 2 装有一个流出阀，其横截面面积也为 S_n。从水箱 2 中流出的水汇集到三个有机玻璃柱下面的储水槽中，再通过两个直流调速隔膜式水泵分别输送到水箱 1 和水箱 2 中，由此形成一个闭环的回路。每个水箱底部都安装了一个用来测量液位的压力传感器，通过调节水泵 1(Pump 1) 和水泵 2(Pump 2) 可分别控制水箱 1 和水箱 2 的液位，水箱 3 的液位不予控制。

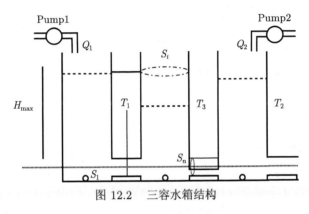

图 12.2　三容水箱结构

对该水箱进行建模之前，首先定义以下变量和参数：玻璃圆柱截面积为 $S_t = 154\mathrm{cm}^2$；液位最大高度为 $H_{\max} = (62 \pm 1)\mathrm{cm}$；阀门横截面面积为 $S_n = 0.5\mathrm{cm}^2$；水泵最大流速为 $Q_{i\max} = 100\mathrm{mL/s}$；$az_i$ 为流出系数，其数值可以由实验测得，结果为 $az_1 = 0.4470$，$az_2 = 0.6459$，$az_3 = 0.4645$；h_1、h_2 和 h_3 分别为三个水箱的液位，水箱 1 的入水量为 Q_1，出水量为 Q_{13}；水箱 3 的入水量为 Q_{13}，出水量为 Q_{32}；水箱 2 的入水量为 Q_2 和 Q_{32}，出水量为 Q_{20}。对三个水箱建立平衡方程，可得

$$\begin{cases} S_t \dfrac{\mathrm{d}h_1}{\mathrm{d}t} = Q_1 - Q_{13} \\[2mm] S_t \dfrac{\mathrm{d}h_3}{\mathrm{d}t} = Q_{13} - Q_{32} \\[2mm] S_t \dfrac{\mathrm{d}h_2}{\mathrm{d}t} = Q_2 + Q_{32} - Q_{20} \end{cases} \tag{12.1}$$

式中，未知量 Q_{13}、Q_{32} 和 Q_{20} 可以利用广义的 Torricelli 规则来确定：

$$q = azS_n\mathrm{sgn}(\Delta h)(2g\,|\Delta h|)^{\frac{1}{2}} \tag{12.2}$$

式中，g 为重力加速度；sgn 为符号函数；Δh 为相互连接两水箱之间的液位差；q 为连接管中的流量。

进一步地，可得

$$\begin{cases} Q_{13} = az_1 S_n \mathrm{sgn}(h_1 - h_3)(2g\,|h_1 - h_3|)^{\frac{1}{2}} \\ Q_{32} = az_3 S_n \mathrm{sgn}(h_3 - h_2)(2g\,|h_3 - h_2|)^{\frac{1}{2}} \\ Q_{20} = az_2 S_n (2gh_2)^{\frac{1}{2}} \end{cases} \tag{12.3}$$

定义以下变量：

$$h = \begin{bmatrix} h_1 \\ h_2 \\ h_3 \end{bmatrix}, \quad \alpha(h) = \frac{1}{S_t}\begin{bmatrix} -Q_{13} \\ Q_{32} - Q_{20} \\ Q_{13} - Q_{32} \end{bmatrix}, \quad G = \frac{1}{S_t}\begin{bmatrix} 1 & 0 \\ 0 & 1 \\ 0 & 0 \end{bmatrix}$$

$$Q = \begin{bmatrix} Q_1 \\ Q_2 \end{bmatrix}, \quad y = \begin{bmatrix} y_1 \\ y_2 \\ y_3 \end{bmatrix}$$

三容水箱系统可模型化为

$$\begin{cases} \dfrac{\mathrm{d}h}{\mathrm{d}t} = \alpha(h) + GQ \\ y = \begin{bmatrix} h_1 & h_2 & h_3 \end{bmatrix}^{\mathrm{T}} \end{cases} \tag{12.4}$$

针对三容水箱系统选取稳态工作点为 $h_\infty = [0.31825\ 0.23145\ 0.15175]^{\mathrm{T}}\mathrm{(m)}$，此时可以将式 (12.4) 在工作点附近线性化，并在此基础上以 $T = 1\mathrm{s}$ 进行离散化，得到

$$\begin{cases} h(k+1) = Ah(k) + BQ(k) \\ y(k) = Ch(k) \end{cases} \tag{12.5}$$

式中，对应的系数矩阵分别为

$$A = \begin{bmatrix} 0.9889 & 0.0001 & 0.0110 \\ 0.0001 & 0.9774 & 0.0119 \\ 0.0110 & 0.0119 & 0.9770 \end{bmatrix}, \quad C = \begin{bmatrix} 1 & 0 & 0 \\ 0 & 1 & 0 \\ 0 & 0 & 1 \end{bmatrix}$$

$$B = \begin{bmatrix} 64.5993 & 0.0015 \\ 0.0015 & 64.2236 \\ 0.3604 & 0.3910 \end{bmatrix}$$

本实验所涉及的三容水箱系统具有以下几种故障模式：三个水箱手动开关阀泄漏故障、三个水箱连接管堵塞故障、三个液位传感器故障和两个水泵故障。为了研究三容水箱的间歇故障检测问题，本章针对三容水箱间歇泄漏故障进行研究。为了模拟三容水箱的间歇泄漏故障，在本实验中，选取某些特定时刻迅速打开泄漏控制阀，持续一段时间后，迅速关闭控制阀，按照类似的过程，可以在水箱系统中模拟出多组间歇故障，其中，阀门的不同开度可模拟间歇泄漏故障的幅值变化。进一步地，建立三容水箱间歇泄漏故障的数学模型如下：

$$f(k) = \sum_{\lambda=1}^{\infty} \left(\varGamma(k - k_{\lambda a}) - \varGamma(k - k_{\lambda d}) \right) \cdot \rho(\lambda) \tag{12.6}$$

式中，$\varGamma(\cdot)$ 为阶跃函数；$k_{\lambda a}$ 和 $k_{\lambda d}$ 分别为第 λ 个故障的发生时刻和消失时刻；$\rho(\lambda)$ 代表第 λ 个故障的幅值。

由前面几章的分析可知，在对实际系统进行建模时，想要得到其精确模型是不可能的，系统在运行的过程中难免会受到环境的影响，而在三容水箱系统中，水泵打水导致的水位上下波动就可看作噪声干扰。因此在本模型中，对模型 (12.5) 人为地加入过程噪声和测量噪声，进一步模拟真实的三容水箱系统。考虑到三容水箱系统发生间歇泄漏故障，则式 (12.5) 可以写为

$$\begin{cases} h(k+1) = Ah(k) + BQ(k) + Ff(k) + w(k) \\ y(k) = Ch(k) + v(k) \end{cases} \tag{12.7}$$

式中，F 为具有适宜维数的列向量。

12.1.3　闭环控制系统的间歇故障检测原理

首先考虑如式 (12.7) 所示的线性离散系统，建立龙伯格观测器如下：

$$\hat{h}(k+1) = A\hat{h}(k) + BQ(k) + L(y(k) - C\hat{h}(k)) \tag{12.8}$$

式中，L 为观测器的增益矩阵。

定义估计误差 $e(k)$ 和残差 $r(k)$ 分别为

$$\begin{cases} e(k) = h(k) - \hat{h}(k) \\ r(k) = y(k) - C\hat{h}(k) \end{cases} \tag{12.9}$$

联立式 (12.7)～ 式 (12.9)，则有

$$\begin{cases} e(k+1) = (A - LC)e(k) + Ff(k) + w(k) - Lv(k) \\ r(k) = Ce(k) + v(k) \end{cases} \tag{12.10}$$

针对三容水箱系统 (12.7)，考虑如下离散比例-积分控制器：

$$Q(k) = p_1 y(k) + p_2 \sum_{j=1}^{l} y_{k-j} \tag{12.11}$$

式中，l 为积分器的步数。那么，式 (12.7) 可写为

$$\begin{cases} \bar{h}(k+1) = \bar{A}\bar{h}(k) + \bar{F}f(k) + Ww(k) + V\bar{v}(k) \\ y(k) = \bar{C}\bar{h}(k) + v(k) \end{cases} \tag{12.12}$$

式中

$$\bar{A} = \begin{bmatrix} A + Bp_1C & Bp_2C & \cdots & Bp_2C \\ I & \cdots & 0 & 0 \\ \vdots & & \vdots & \vdots \\ 0 & \cdots & I & 0 \end{bmatrix}, \quad V = \begin{bmatrix} Bp_1 & Bp_2 & \cdots & Bp_2 \\ 0 & 0 & \cdots & 0 \\ \vdots & \vdots & & \vdots \\ 0 & 0 & \cdots & 0 \end{bmatrix}$$

$$\bar{F} = \begin{bmatrix} F \\ 0 \\ \vdots \\ 0 \end{bmatrix}, \quad W = \begin{bmatrix} I & 0 & \cdots & 0 \end{bmatrix}^{\mathrm{T}}, \quad \bar{C} = \begin{bmatrix} C & 0 & \cdots & 0 \end{bmatrix}$$

$$\bar{h}(k) = \begin{bmatrix} \bar{h}^{\mathrm{T}}(k) & \bar{h}^{\mathrm{T}}(k-1) & \cdots & \bar{h}^{\mathrm{T}}(k-l) \end{bmatrix}^{\mathrm{T}}$$

$$\bar{v}(k) = \begin{bmatrix} v^{\mathrm{T}}(k) & v^{\mathrm{T}}(k-1) & \cdots & v^{\mathrm{T}}(k-l) \end{bmatrix}^{\mathrm{T}}$$

由前面分析可知，闭环积分环节会引入时滞误差，影响故障检测结果。为了解耦时滞误差，定义增广输出向量 $\bar{y}(k) = \begin{bmatrix} \bar{y}^{\mathrm{T}}(k) & \bar{y}^{\mathrm{T}}(k-1) & \cdots & \bar{y}^{\mathrm{T}}(k-l) \end{bmatrix}^{\mathrm{T}}$，则有

$$\bar{y}(k) = \tilde{C}\bar{h}(k) + \bar{V}\bar{v}(k) \tag{12.13}$$

式中

$$\tilde{C} = \begin{bmatrix} C & \cdots & 0 \\ \vdots & & \vdots \\ 0 & \cdots & C \end{bmatrix}, \quad \bar{V} = \begin{bmatrix} I & \cdots & 0 \\ \vdots & & \vdots \\ 0 & \cdots & I \end{bmatrix}$$

针对系统 (12.12)，考虑如下形式的修正龙伯格观测器：

$$\hat{\bar{h}}(k+1) = \bar{A}\hat{\bar{h}}(k) + \bar{L}(\bar{y}(k) - \tilde{C}\hat{\bar{h}}(k)) \tag{12.14}$$

式中

$$\bar{L} = \begin{bmatrix} L + Bp_1 & Bp_2 & \cdots & Bp_2 \\ 0 & 0 & \cdots & 0 \\ \vdots & \vdots & & \vdots \\ 0 & 0 & \cdots & 0 \end{bmatrix}$$

根据式 (12.9)，重新定义误差系统 $\bar{e}(k)$ 和残差系统 $r(k)$ 为

$$\begin{cases} \bar{e}(k) = \bar{h}(k) - \hat{\bar{h}}(k) \\ r(k) = y(k) - \bar{C}\hat{\bar{h}}(k) \end{cases} \tag{12.15}$$

若初始估计误差满足 $\bar{e}_0 = \begin{bmatrix} e_0^{\mathrm{T}} & 0 & \cdots & 0 \end{bmatrix}^{\mathrm{T}}$，根据式 (12.15)，则有

$$\begin{cases} e(k+1) = (A - LC)e(k) + Ff(k) + w(k) - Lv(k) \\ r(k) = y(k) - \bar{C}\hat{\bar{h}}(k) = Ce(k) + v(k) \end{cases} \tag{12.16}$$

显然，式 (12.16) 和式 (12.10) 的动态特性完全一致。由式 (12.10) 可知

$$e(k) = C^{-1}r(k) - C^{-1}v(k) \tag{12.17}$$

则残差的动态特性可以写为

$$r(k+1) = Nr(k) + CFf(k) + Cw(k) - Dv(k) + v(k+1) \tag{12.18}$$

式中，$N = C(A - LC)C^{-1}$；$D = C(A - LC)C^{-1} - CL$。

引入滑动时间窗口 Δk，式 (12.18) 可以被写为

$$r(k) = N^{\Delta k}r(k - \Delta k) + \sum_{i=0}^{\Delta k-1} N^{\Delta k-i-1}CFf(k - \Delta k + i)$$

$$+ \sum_{i=0}^{\Delta k-1} N^{\Delta k-i-1}Cw(k - \Delta k + i) - \sum_{i=0}^{\Delta k-1} N^{\Delta k-i-1}Dv(k - \Delta k + i)$$

$$+ \sum_{i=0}^{\Delta k-1} N^{\Delta k-i-1}v(k - \Delta k + i + 1) \tag{12.19}$$

定义标量截断式残差：

$$\Xi r(k, \ \Delta k) = \Xi(r(k) - N^{\Delta k}r(k - \Delta k)) \tag{12.20}$$

式中，Ξ 为适宜维数的行向量。进一步地，则有

$$R(k) = \Xi r(k, \ \Delta k) = \Xi \sum_{i=0}^{\Delta k-1} N^{\Delta k-i-1} C F f(k - \Delta k + i)$$

$$+ \Xi \sum_{i=0}^{\Delta k-1} N^{\Delta k-i-1} C w(k - \Delta k + i) - \Xi \sum_{i=0}^{\Delta k-1} N^{\Delta k-i-1} D v(k - \Delta k + i)$$

$$+ \Xi \sum_{i=0}^{\Delta k-1} N^{\Delta k-i-1} v(k - \Delta k + i + 1) \tag{12.21}$$

在式 (12.21) 中，注意到标量截断式残差只与故障分量有关。通过对比残差和阈值的相对关系，可以确定间歇故障的发生时刻和消失时刻。本实验采用经验法选择间歇故障的检测阈值为 J_{th}，其中三容水箱系统的间歇泄漏故障检测逻辑如下：

$$\begin{cases} R(k) > J_{\text{th}}, & \text{有故障} \\ R(k) \leqslant J_{\text{th}}, & \text{无故障} \end{cases} \tag{12.22}$$

12.1.4 仿真验证

在利用真实三容水箱数据之前，首先利用 MATLAB 的仿真数据对所提闭环间歇泄漏故障检测方法进行仿真验证。仿真验证的目的是设计能够使三容水箱系统保持稳定的闭环比例积分控制器的参数，同时得到修正龙伯格观测器的参数，以便于后续的实验验证。

在式 (12.11) 中，假设闭环比例积分环节的积分步长为 $l = 1$，为了检测系统 (12.7) 中的间歇泄漏故障，在本仿真中，闭环比例积分控制器 (12.11) 和龙伯格观测器 (12.14) 所设计得到的参数分别为

$$p_1 = \begin{bmatrix} -5.1667 \times 10^{-5} & -7.3593 \times 10^{-5} & -2.3796 \times 10^{-4} \\ -9.1687 \times 10^{-5} & -2.6316 \times 10^{-4} & -2.7742 \times 10^{-4} \end{bmatrix}$$

$$p_2 = \begin{bmatrix} 1.6000 \times 10^{-3} & -9.0501 \times 10^{-8} & 8.8080 \times 10^{-6} \\ -9.0815 \times 10^{-8} & 1.6000 \times 10^{-3} & 9.6681 \times 10^{-6} \end{bmatrix}$$

$$\bar{L} = \begin{bmatrix} 0.0046 & -0.0047 & 0.0264 & 0.1020 & -3.4641 \times 10^{-6} & 5.6901 \times 10^{-4} \\ -0.0058 & -0.0215 & 0.0297 & -3.4641 \times 10^{-6} & 0.1020 & 6.2093 \times 10^{-4} \\ 0.0109 & 0.0118 & -0.0057 & 5.6901 \times 10^{-4} & 6.2093 \times 10^{-4} & 6.9546 \times 10^{-6} \\ 0 & 0 & 0 & 0 & 0 & 0 \\ 0 & 0 & 0 & 0 & 0 & 0 \\ 0 & 0 & 0 & 0 & 0 & 0 \end{bmatrix}$$

考虑三容水箱系统受过程噪声、测量噪声的影响，且两者均为零均值方差已知的高斯白噪声，其噪声如图 12.3所示。在本仿真实验中，假设仅有水箱 1 和水

箱 2 发生间歇泄漏故障，并且在同一时刻有且仅有一个水箱发生间歇泄漏故障，其间歇故障模型如图 12.4所示。通过引入滑动时间窗口，分别对水箱 1 和水箱 2 的泄漏故障设计残差来检测间歇故障的发生时刻和消失时刻，其残差如图 12.5所示。从图中可以看出，无论水箱 1 还是水箱 2 发生间歇泄漏故障，利用所提的方法都能准确检测到间歇故障的发生时刻和消失时刻。

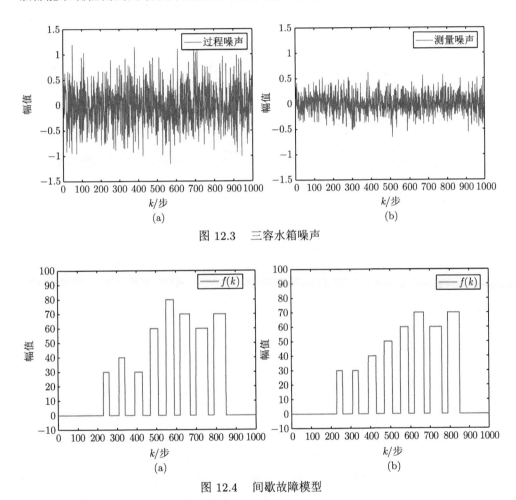

图 12.3   三容水箱噪声

图 12.4   间歇故障模型

12.1.5 实验验证

本节基于真实的三容水箱系统发生间歇泄漏故障所采集到的数据，利用前面内容所述方法对间歇泄漏故障的发生时刻和消失时刻进行检测。如图 12.1所示，三容水箱系统的每个水箱上分别带有一个水箱泄漏手动控制阀，通过调节阀门的开度可以模拟不同幅值的泄漏故障。

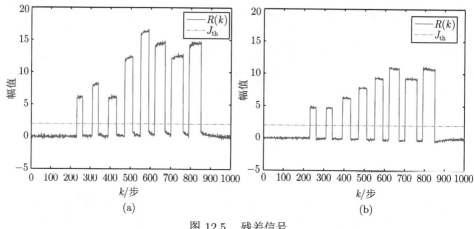

图 12.5   残差信号

为研究三容水箱的间歇泄漏故障,在本实验中,选取某些特定时刻迅速打开控制阀,控制阀不同的开度模拟间歇泄漏故障的不同幅值,持续一段时间后,迅速关闭阀门。按照类似的过程,可以在水箱系统中模拟出多组间歇泄漏故障。本实验中,模拟两个水箱间歇泄漏故障的阀门开闭时刻及阀门开度如表 12.1 和表 12.2 所示。

表 12.1   水箱 1 的间歇泄漏故障

泄漏故障	阀门状态	阀门开度	时刻/k
1	开	80°	200
	闭	0°/180°	250
2	开	90°	320
	闭	0°/180°	370
3	开	75°	450
	闭	0°/180°	490
4	开	90°	550
	闭	0°/180°	600
5	开	90°	660
	闭	0°/180°	710
6	开	90°	785
	闭	0°/180°	835

为了比较说明本实验所提方法的有效性,本实验采用传统残差设计方法和截断式残差设计方法分别对水箱 1 和水箱 2 的间歇泄漏故障进行检测。检测间歇泄漏故障的残差信号如图 12.6 和图 12.7 所示。从图中可以看出,基于传统方法的残差无法及时地穿过检测阈值,无法准确地检测出所有的发生时刻和消失时刻。基于本章所提方法的残差信号能够及时地检测出所有间歇故障的发生时刻和消失时刻,其中间歇泄漏故障的检测结果如表 12.3 和表 12.4 所示。

表 12.2 水箱 2 的间歇泄漏故障

泄漏故障	阀门状态	阀门开度	时刻/k
1	开	80°	200
	闭	0°/180°	245
2	开	80°	305
	闭	0°/180°	350
3	开	90°	415
	闭	0°/180°	460
4	开	90°	525
	闭	0°/180°	575
5	开	90°	645
	闭	0°/180°	690
6	开	70°	760
	闭	0°/180°	815

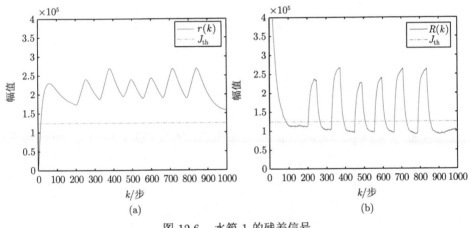

(a) (b)

图 12.6 水箱 1 的残差信号

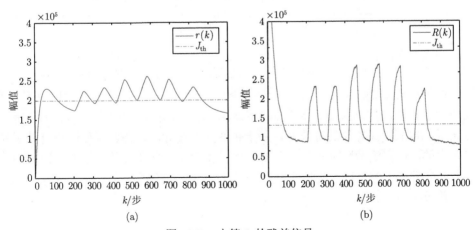

(a) (b)

图 12.7 水箱 2 的残差信号

表 12.3   水箱 1 间歇泄漏故障检测结果

泄漏故障	故障状态	实际值	检测值
1	发生	200	203
	消失	250	266
2	发生	320	327
	消失	370	392
3	发生	450	452
	消失	490	506
4	发生	550	555
	消失	600	612
5	发生	660	663
	消失	710	726
6	发生	785	788
	消失	835	854

表 12.4   水箱 2 间歇泄漏故障检测结果

泄漏故障	故障状态	实际值	检测值
1	发生	200	205
	消失	245	261
2	发生	305	311
	消失	350	368
3	发生	415	419
	消失	460	480
4	发生	525	530
	消失	575	594
5	发生	645	649
	消失	690	707
6	发生	760	765
	消失	815	828

12.1.6   小结

本节基于 TTS20 三容水箱系统发生间歇泄漏故障的仿真数据和实验数据,验证了在闭环比例-积分控制下的间歇泄漏故障检测问题。在给定的数学模型下,通过控制水箱泄漏控制阀的开关分别模拟水箱 1 和水箱 2 的间歇泄漏故障。为了对比说明本节所提方法的有效性,基于传统残差设计法和截断式残差设计法分别对发生的间歇泄漏故障进行检测。对比实验说明,本节所提的基于滑动时间窗口的截断式残差能够准确、及时地检测出间歇泄漏故障的所有发生时刻和消失时刻,且检测效果更好。

12.2　三轴加速度计的传感器间歇故障检测实验

12.2.1　引言

间歇故障是电子电路中广泛存在的故障形式，其发生原因非常复杂，包括虚焊引起的连接不良、导线绝缘层失效引起的短路、电磁干扰引起的电压电流突变、导体内阻随温度变化引起的电阻间歇性变化等，因此，研究电子电路的间歇故障检测技术具有重要的实际价值。同时，得益于传感器技术的发展，现代电子电路集成度高，往往在一块电路板上集成大量的传感器，以完成更复杂的功能，因此，有必要研究传感器间歇故障的检测技术。传感器间歇故障的主要存在形式有传感器失效故障、传感器漂移故障和固定偏差故障，对于以上间歇故障，由于其发生的时间短且具有间歇性，一般可以将其建模为幅值随机、发生和消失时刻随机的脉动序列，如图 12.8 所示。本实验基于旋转导向钻井工具实验平台，对其三轴加速度计和陀螺仪组成的工具面角测量系统建立了数学模型，通过实验采集的测量数据，在不同时刻施加传感器故障，并基于前面所提基于 MHE 的间歇故障检测方法实现了间歇故障检测。

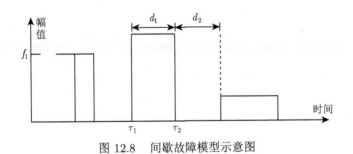

图 12.8　间歇故障模型示意图

12.2.2　实验平台简介

本实验所用三轴加速度计安装于旋转导向钻井工具原理样机上，与陀螺仪共同负责测量钻井工具的工具面角度值。原理样机如图 12.9 所示，旋转导向钻井工具原理样机的各部分构成和主要功能如下所述。

(1) 钻铤驱动电机：驱动钻铤旋转。

(2) 导电滑环：连接钻铤内部电路和钻铤外部电路。

(3) 钻铤：连接钻头，给钻头施压，使钻头工作平稳。

(4) 稳定平台驱动电机：驱动稳定平台工作。

(5) 稳定平台：仪器仓所在位置，安放数据处理器、传感器等，抵消陀螺仪的外部干扰力矩，保证陀螺仪工作精度。

　　旋转导向钻井工具原理样机的数据获取主要流程如下所述。

　　主控制板 DSP 通过 AD 高速采集电流传感器数据,通过 AD2S1210 芯片实时获取电机转轴位置和电机转速,通过 CAN 总线与稳定平台仪器仓中的数据处理器通信,获取稳定平台传感器数据,经过工具面角测控系统处理后产生 SVPWM 波形,通过稳定平台电机驱动板功率放大后控制稳定平台电机转动。CAN 总线上外挂了 USBCAN 分析仪节点,通过计算机实现实时数据采集,后期通过 MATLAB 软件进行数据处理。

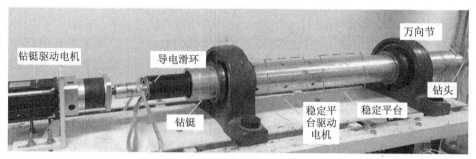

图 12.9　　旋转导向钻井工具原理样机

　　工具面角是旋转导向钻井工具工作过程中测量的重要变量, 图 12.10是旋转导向钻井工具的结构模型, 平面 P 是井底圆平面, 当井眼不垂直于水平面时, 井底圆存在一个最高点, 其与圆心的连线构成高边 OA, 钻头轴线与井眼轴线构成一平面, 其在井底圆上的投影为 OB, 则 OA 与 OB 的夹角 φ 为工具面角。由于实际工况存在大量的强振动干扰, 工具面角主要通过加速度计和陀螺仪的测量数据来共同获取。

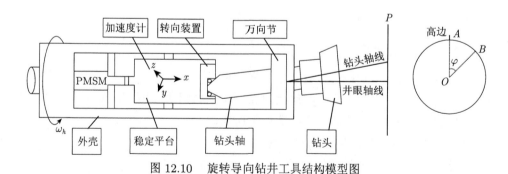

图 12.10　　旋转导向钻井工具结构模型图

12.2.3　三轴加速度计测量模型

　　加速度计位于稳定平台仪器仓中,可以测量 x、y、z 轴的加速度,其中, x 轴方向与井眼轴线平行放置,则 yz 平面与井底圆平行,三轴方向如图 12.11所示。

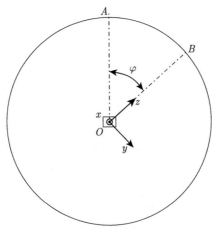

图 12.11　三轴加速度计对工具面角的测量原理示意图

重力加速度可分解为平行于井眼轴线方向和垂直于井眼轴线方向，垂直于井眼轴线方向即为高边方向。记重力加速度为 g，高边方向的重力加速度分量为 g_0，y、z 轴的测量输出为 r_z、r_y，有

$$r_z = g_0 \sin \varphi \tag{12.23}$$

$$r_y = -g_0 \cos \varphi \tag{12.24}$$

利用 y、z 轴测量的加速度值可解算出工具面角 $\varphi = \arctan -\dfrac{r_z}{r_y}$。但是上述测量值没有考虑系统噪声的影响，为了得到精确的加速度测量值，可建立加速度计解析模型，定义 $x = [x_1 \ \ x_2]^{\mathrm{T}} = [g_0 \sin \varphi \ \ g_0 \cos \varphi]^{\mathrm{T}}$，注意到

$$\dot{x}_1 = g_0 \cos(\varphi)\dot{\varphi} = x_2 \dot{\varphi} \tag{12.25}$$

$$\dot{x}_2 = -g_0 \sin(\varphi)\dot{\varphi} = -x_1 \dot{\varphi} \tag{12.26}$$

式中，$\dot{\varphi}$ 是工具面角的导数，代表工具面转动的角速度，可由陀螺仪进行测量，实验中将其设定为常值。陀螺仪测量值会影响系统模型的精度，因此系统模型噪声是存在的。进而，取离散步长 h，利用欧拉法将系统离散化，可建立系统离散解析模型：

$$\begin{cases} x_{k+1} = Ax_k + w_k \\ y_k = Cx_k + v_k \end{cases} \tag{12.27}$$

式中，$y_k = [y_{1,\,k} \ \ y_{2,\,k}]^{\mathrm{T}}$ 代表加速度计 z 轴和 y 轴的测量值；w_k 和 v_k 是系统

模型噪声和测量噪声，并且

$$
A = \begin{bmatrix} 1 & h\dot{\varphi} \\ -h\dot{\varphi} & 1 \end{bmatrix}, \quad C = \begin{bmatrix} 1 & 0 \\ 0 & -1 \end{bmatrix}
$$

因此，三轴加速度计建立为一个线性定常系统，系统噪声可以认为是未知有界的。

　　加速度计故障是一种常见传感器故障，例如，悬丝摆式线加速度计通过悬丝感应加速度变化，并输出正比于加速度值的电流信号，其中，悬丝是加速度计的敏感元件且最为脆弱，受低频振动影响易发生共振导致传感器失效。目前的三轴加速度计大多采用压阻式、压电式和电容式工作原理，即输出加速度信号正比于电阻、电压和电容变化，同时，通过相应的滤波和放大电路采集输出信号。虚焊是电子电路中的常见故障，且极易表现为间歇故障，如当滤波电容电路发生虚焊时，加速度计输出值可能因接触不良导致输出叠加有较大的交流纹波电压，而接触正常时又输出正常。在钻探过程中，受强振动影响，电路出现接触不良或者信号干扰导致间歇故障发生的概率更是显著增加。基于以上分析，考虑传感器可能发生的间歇故障，系统模型 (12.27) 重新写为

$$
\begin{cases} x_{k+1} = Ax_k + w_k \\ y_k = Cx_k + v_k + Ff_k \end{cases} \tag{12.28}
$$

式中，f_k 代表间歇故障；系数矩阵 $F = [3 \quad -3]^{\mathrm{T}}$。

12.2.4　间歇故障检测方法

　　前面章节已经介绍了 MHE 方法，并给出了从残差中提取故障信息和检测间歇故障的方法，在设计 MHE 时并不需要系统的噪声分布信息，因此适用范围很广。本节利用 MHE 方法设计估计器和间歇故障检测方法。对于系统 (12.28)，在 $k - N$ 到 k 时刻，定义：

$$
\begin{cases} \hat{x}_{k-N|k} = A\hat{x}_{k-N-1}, & k \geqslant N+1 \\ \hat{x}_{i+1|k} = A\hat{x}_{i|k}, & k-N \leqslant i \leqslant k-1 \\ \hat{y}_{i+1|k} = C\hat{x}_{i+1|k}, & k-N-1 \leqslant i \leqslant k-1 \end{cases} \tag{12.29}
$$

另外，记

$$
\hat{y}_{k-N}^k = [\hat{y}_{k-N|k}^{\mathrm{T}} \quad \hat{y}_{k-N+1|k}^{\mathrm{T}} \quad \cdots \quad \hat{y}_{k|k}^{\mathrm{T}}]^{\mathrm{T}}
$$

$$
\tilde{y}_{k-N}^k = [y_{k-N}^{\mathrm{T}} \quad y_{k-N+1}^{\mathrm{T}} \quad y_{k-N+2}^{\mathrm{T}} \quad \cdots \quad y_k^{\mathrm{T}}]^{\mathrm{T}}
$$

有

$$\tilde{y}_{k-N}^k = Sx_{k-N} + L_w\bar{w}_k + L_v\bar{v}_k + L_f\bar{f}_k \tag{12.30}$$

$$\hat{y}_{k-N}^k = S\hat{x}_{k-N} \tag{12.31}$$

式中，$L_v = I_{2(N+1)}$；$L_f = I_{N+1} \otimes F$

$$S = \begin{bmatrix} C \\ CA \\ \vdots \\ CA^{N-1} \end{bmatrix}, \quad L_w = \begin{bmatrix} 0 & \cdots & 0 & 0 \\ C & \cdots & 0 & 0 \\ \vdots & & \vdots & \vdots \\ CA^{N-1} & \cdots & C & 0 \end{bmatrix}$$

$$\bar{w}_k = \begin{bmatrix} w_{k-N} \\ w_{k-N+1} \\ \vdots \\ w_k \end{bmatrix}, \quad \bar{v}_k = \begin{bmatrix} v_{k-N} \\ v_{k-N+1} \\ \vdots \\ v_k \end{bmatrix}, \quad \bar{f}_k = \begin{bmatrix} f_{k-N} \\ f_{k-N+1} \\ \vdots \\ f_k \end{bmatrix}$$

求解满足损失函数：

$$\mathcal{F}_k = \left\| \hat{x}_{k-N} - \hat{x}_{k-N|k} \right\|_P^2 + \left\| \tilde{y}_{k-N}^k - S\hat{x}_{k-N|k} \right\|_{\tilde{Q}}^2$$

的最优 $\hat{x}_{k-N}$。可得 $k-N$ 时刻的状态估计值为

$$\hat{x}_{k-N} = (P + S^T\tilde{Q}S)^{-1}(P\hat{x}_{k-N|k} + S^T\tilde{Q}\tilde{y}_{k-N}^k) \tag{12.32}$$

式中

$$P = Q = I_2, \quad \tilde{Q} = I_{N+1} \otimes Q$$

记 $\Psi = (P + S^T\tilde{Q}S)^{-1}$，$e_{k-N} = x_{k-N} - \hat{x}_{k-N}$，$\bar{e}_{k-N} = x_{k-N} - \hat{x}_{k-N|k}$，有

$$\begin{aligned} e_{k-N} &= x_{k-N} - \hat{x}_{k-N} \\ &= x_{k-N} - \Psi(P\hat{x}_{k-N|k} + S^T\tilde{Q}(Sx_{k-N} + L_w\bar{w}_k + L_{vk}\bar{v}_k + L_{fk}\bar{f}_k)) \\ &= \Psi P\bar{e}_{k-N} - \Psi S^T\tilde{Q}(L_w\bar{w}_k + L_{vk}\bar{v}k + L_{fk}\bar{f}_k) \\ &= \Psi PAe_{k-N-1} + \Psi Pw_{k-N-1} - \Psi S^T\tilde{Q}(L_w\bar{w}_k + L_{vk}\bar{v}k + L_{fk}\bar{f}_k) \end{aligned} \tag{12.33}$$

定义

$$\zeta_k = \hat{x}_{k-N} - A\hat{x}_{k-N-1} \tag{12.34}$$

有

$$\zeta_k = x_{k-N} - e_{k-N} - A\left(x_{k-N-1} - e_{k-N-1}\right)$$
$$= H_e e_{k-N-1} + H_w \tilde{w}(k) + H_v(k)\bar{v}(k) + H_f(k)\bar{f}(k) \tag{12.35}$$

又有

$$H_e = (I - \Psi P)A$$

$$H_w = I - \Psi P \Psi S^{\mathrm{T}} \tilde{Q} L_w$$

$$H_v = \Psi S^{\mathrm{T}} \tilde{Q} L_v, \qquad H_f = \Psi S^{\mathrm{T}} \tilde{Q} L_f$$

$$\tilde{w}_k = \left[\begin{array}{c} w_{k-N-1} \\ \bar{w}_k \end{array} \right]$$

进而得到

$$\zeta_k = \Pi_e \bar{e}_{k-N-1} + \Pi_w \tilde{w}_k + \Pi_v \tilde{v}_k + \Pi_f \tilde{f}_k \tag{12.36}$$

式中

$$\Pi_e = H_e \Psi P$$

$$\Pi_w = H_w - H_e \Psi S^{\mathrm{T}} \tilde{Q} L_w [I_{Nn_w}, \ 0_{Nn_w \times n_w}]$$

$$\Pi_v = H_v - H_e \Psi S^{\mathrm{T}} \tilde{Q} L_v [I_{(N+1)n_v}, \ 0_{(N+1)n_v \times n_v}]$$

$$\Pi_f = H_f [0_{(N+1)n_f \times n_f}, \ I_{n_f}] - H_e \Psi S^{\mathrm{T}} \tilde{Q} L_f [I_{(N+1)n_f}, \ 0_{(N+1)n_f \times n_f}]$$

$$\tilde{v}_k = \left[\begin{array}{c} v_{k-N-1} \\ \bar{v}_k \end{array} \right], \qquad \tilde{f}_k = \left[\begin{array}{c} f_{k-N-1} \\ \bar{f}_k \end{array} \right]$$

定义 $\hat{y}_{k-N}^k$ 为通过 $\hat{x}(k-N\,|\,k)$ 估计的时间窗口内的先验测量值, 其大小为 $\hat{y}_{k-N}^k = S\hat{x}(k-N\,|\,k)$。实际测量信息与先验测量信息的差别 σ_k 为

$$\sigma_k = \tilde{y}_{k-N}^k - \hat{y}_{k-N}^k$$

$$= Sx_{k-N} + L_w \bar{w}_k + L_v \bar{v}_k + L_f \bar{f}_k - S\hat{x}(k-N\,|\,k)$$

$$= S\bar{e}_{k-N} + L_w \bar{w}_k + L_v \bar{v}_k + L_f \bar{f}_k \tag{12.37}$$

最终得 $\zeta(k)$ 如式 (12.38) 所示:

$$\zeta_k = \Lambda_\sigma \sigma_{k-1} + \Lambda_w \tilde{w}_{k-1} + \Lambda_v \tilde{v}_k + \Lambda_f \tilde{f}_k \tag{12.38}$$

式中

$$\Lambda_\sigma = \Pi_e S^\dagger$$

$$\Lambda_w = \Pi_w - \Pi_e S^\dagger L_w [I_{Nn_w}, \ 0_{Nn_w \times n_w}]$$

$$\Lambda_v = \Pi_v - \Pi_e S^\dagger L_v [I_{(N+1)n_v}, \ 0_{(N+1)n_v \times n_v}]$$

$$\Lambda_f = \Pi_f - \Pi_e S^\dagger L_f [I_{(N+1)n_f}, \ 0_{(N+1)n_f \times n_f}]$$

最后，设计残差评价函数：

$$r_k = \|\zeta_k - \Lambda_\sigma \sigma_{k-1}\|^2 \tag{12.39}$$

故障检测阈值设为 J_{th}，由蒙特卡罗采样给出，得到

$$\begin{cases} r_k \geqslant J_{\text{th}}, & \text{故障发生} \\ r_k < J_{\text{th}}, & \text{故障消失} \end{cases}$$

12.2.5 实验结果

实验采样频率为 100Hz，共采集了 4000 个时刻 40s 的数据，前 2000 个时刻的电机转速为 0.1r/s，后 2000 个时刻的电机转速为 0.2r/s。下面针对这两种转速，得到两个定常系统，并应用上述方法分别进行间歇故障检测。加速度计测量值受振动影响，有很强的高频噪声，实验采集的数据如图 12.12所示，图 12.13是 MHE 方法估计结果。实验注入如表 12.5所示的加速度计故障。通过卡尔曼滤波等传统方法构造估计器，并通过测量值和估计值的残差来检测故障，其结果受测量噪声和估计误差的影响，检测结果极不理想，如图 12.14(b) 所示，而本节所用基于 MHE 方法构造的残差可以有效检测间歇故障，可以快速从残差信号中提取故障的发生时刻和消失时刻，如图 12.14(a) 所示。

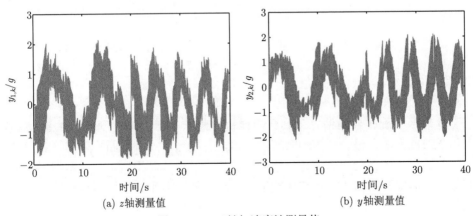

(a) z轴测量值   (b) y轴测量值

图 12.12 三轴加速度计测量值

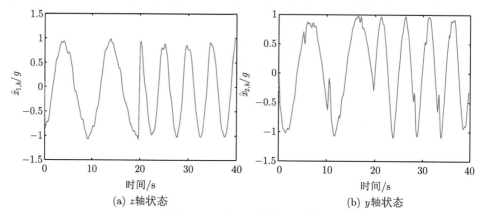

(a) z 轴状态　　　　　　　　　　　(b) y 轴状态

图 12.13　MHE 方法估计结果

表 12.5　三轴加速度计 z 轴故障

故障序号	发生时刻/k	故障幅值/g
1	620~800	8
2	1370~1600	8.5
3	1860~2170	7.5
4	2400~2700	8.5

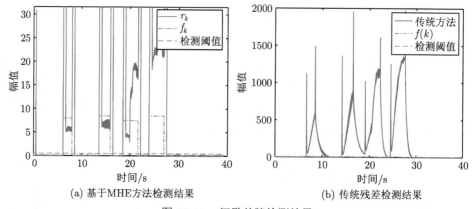

(a) 基于MHE方法检测结果　　　　　　(b) 传统残差检测结果

图 12.14　间歇故障检测结果

12.2.6　小结

　　本节基于旋转导向钻井工具原理样机，建立了三轴加速度计线性系统模型，利用 MHE 方法，设计了滚动时域估计器，并构造了一种截断式残差检测间歇故障。实验采集了三轴加速度计传感器测量信号，最终利用所提方法实现了传感器间歇故障的检测。相比于传统残差生成方法，本节所用方法检测精度更高、准确性更好。